生命的壮阔

[美] 斯蒂芬·杰·古尔德 著

郑浩 译

海南出版社

·海口·

图书在版编目（CIP）数据

生命的壮阔 /（美）斯蒂芬·杰·古尔德 (Stephen Jay Gould) 著；郑浩译 . -- 海口：海南出版社，2023.1

书名原文：Full House
ISBN 978-7-5730-0847-3

Ⅰ. ①生… Ⅱ. ①斯… ②郑… Ⅲ. ①进化论 - 普及读物 Ⅳ. ① Q111-49

中国版本图书馆 CIP 数据核字 (2022) 第 207288 号

生命的壮阔
SHENGMING DE ZHUANGKUO

作　　者：[美] 斯蒂芬·杰·古尔德
译　　者：郑　浩
出 品 人：王景霞
责任编辑：张　雪
策划编辑：李继勇
责任印制：杨　程
印刷装订：三河市祥达印刷包装有限公司
读者服务：唐雪飞
出版发行：海南出版社
总社地址：海口市金盘开发区建设三横路 2 号　邮编：570216
北京地址：北京市朝阳区黄厂路 3 号院 7 号楼 101 室
电　　话：0898-66812392　　010-87336670
投稿邮箱：hnbook@263.net
经　　销：全国新华书店经销
版　　次：2023 年 1 月第 1 版
印　　次：2023 年 1 月第 1 次印刷
开　　本：787 mm × 1 092 mm　1/16
印　　张：16
字　　数：262 千字
书　　号：ISBN 978-7-5730-0847-3
定　　价：49.80 元

序前释题

序是作者的原序《谦微的请求》，这篇释题是译者的微见。

这个译本沿用之前译本的书名。不过，“生命的壮阔”显然不是一个令人满意的书名选项。首先，我总觉得在汉语语境里，似乎没有用“壮阔”来形容“生命”的传统。其次，或许读者您已注意到，封面上有原书的英文主标题——*Full House*。我不知您是否能将它与“生命的壮阔”联系起来，但至少我不能。基于这两点，我觉得自己有必要在此对本书书名加以解释说明。

在英语里，“full house”是一条习语，在《韦氏词典》网络版里，其主义项所指，是下注型扑克游戏中的一种纸牌组合类型，俗称“满堂红”，而前一译本译者的说法更直观——“一对三同”。那么，“满堂红”或者“一对三同”能作为书名吗？显然不行。“full house”在原书中出现了约40次，除了在作者序中的一次，没有一次是指这手好牌。

在《韦氏词典》里，虽然“full house”的主义项是一条赌博游戏术语，但其次义项却较之早出现近200年，应为原义项。事实上，在英语“辞源”《牛津英语词典》里，两个义项的排列顺序与《韦氏词典》相反。不过，与原义项对应最好的翻译正是“满堂红”。在这里，“满堂红”指的是剧场满座，习语中的“house”原指剧场，即“playhouse”。不过，尽管作者也热爱表演艺术，但那约40次的“full house”却没有一次是讲“剧场满座”的。

作为读者，我曾对书名中的“full house”字眼感到疑惑。它在作者序中出现了9次，除了作为赌博游戏术语出现那次，另有7次是作为本书书名出现的。剩下 1 次出现在最后，是在倒数第 2 段末句，即“It is，indeed，a wonderful life within the full house of our planet's history of organic diversity”。但若要理解这句话，不仅须读完全书，而且要意识到作者玩了一个巧妙的文字游戏，因为本书及其姊妹篇的书名字眼都出现在这句话里，而这句话可谓浓缩了作者的生命观的精华。然而，即便在读到它时我已经意识到这句话之于作者的重要性，但这里的“full house”究竟指的是什么，该怎么处理，我仍没有一点思路。好在我相信作者是先完成正文，然后才作的序，我对本书的处理也依此顺序，坚信届时定能解决此问题。如我所想，待处理作者序时，我已经知道该怎么做了。

我的处理是，“的确，在这个行星的有机历史长河中，我们是‘千姿百态’的‘生灵万物’中的一个‘美好的生命’”。尽管我现在更愿意摆脱电影 *It's a Wonderful Life*（1946）译名“生活多美好”的束缚，采用“美妙的生命”甚至“美妙的生灵”的说法，但我仍觉得“美好的生命”至少比所谓“奇妙的生命”更切合本书姊妹篇原书名所指。而我对本书书名的处理，则是“万物生灵”。

在原书正文中，“full house”首次出现，是在第 1 章末段。作者指出“...we should be studying variation *in the entire system*（the‘full house’of my title）...”，可见其所言之“full house”指的是“整个系统”或“系统整体”。如此说法在书中还将出现多次，且所指不限于“the entire system”，而是“variation in the entire system”。所以，本书主旨不只是由“万物生灵”构成的整个系统，还强调组分生灵之间的不同，且这种差异的存在绝对没有贬损的意味。所以，我将“variation(差异性)”同“diversity(多样性)”联系起来，把本书的核心主题“the full range of variation in/within a/the complete/entire/full system”处理为“万物生灵，千姿百态”。“full house”在正文中出现约 30 次，我并没有每次都如此处理，但当您在阅读的过程中看到“万物生灵”（或与“千姿百态”同时出现）时（在正文中分别出现 22 次和 24 次），须知作者在原文相应处使用了“full house”这一隐喻。

就如作者“创造”了“full house”的上述独特隐喻，我也想就“万物生灵”在此处所指做进一步引申。一方面，我愿意把其中的“万物”与“生灵”等同，至少在生命这个系统里，组成它的“万物”都是“生灵”，或者说某一分类阶元意义上的生物。另一方面，对于所有系统，“万物”不必是生物，我愿意把“生”引申为因“出现”而“存在”，“灵”引申为地位平等的差异。这样一来，“万物生灵，千姿百态”在这里就有了双关的意味，既可以解读为“万物生灵各有不同，千姿百态”，也可以解读为“万物因存在差异而多姿多彩”。如此处理，实际上也是为了切合本书主旨。

如果要营造一种意象，我愿意把“full house”比作集合系统内所有个体的频次分布曲线图。曲线本身就好比“house”的屋顶，万物生灵都在这个屋顶下，“相爱相杀”、其乐融融，共同撑起这个屋顶。我没看过以“full house”为名的狗血电视剧，不知道是否有与本书主旨相符的意象，但我看过由著名作家约翰·斯坦贝克解说的根据欧·亨利短篇小说改编的合集电影 *O. Henry's Full House*（1952），有时我也会联想到“苍穹之下，人间百态”的意味。

可能您会问，既然标题文字“Full House”无“生命的壮阔”之意，那么“生命的壮阔”指的是什么？尽管我强烈反对以此为本书译名，但鉴于我自己在重译过程中也遭遇了相同的挑战，我能理解前译者的苦衷。或许该译者并未理解“full house”在本书中的含义；或许该译者理解了，但想不出更好的处理办法；或许另有其他原因，使得译者决定根据本书英国版译出标题。不错，本书英国版标题与美国版不同，而且也是作者本人定题的，题为 *Life's Grandeur*。

事实上，作者为英国版在序前另加一序，主要是因为担心英国读者不能领会他最热衷的体育项目——棒球，从而专门写了一篇“棒球入门”。在“序前教棒”结束之后，作者还加了一段补充说明，先解释美版标题文字“Full House”所指为何——“a good poker hand expressing both high value and use of all items—that is, the full range of variation”，然后表示虽然确信相对于棒球，押注型扑克游戏更容易为英国读者所接受，但他还是有些犹豫，于是把目光转向他最感兴趣的英国人——查尔斯·达尔文，将其《物种起源》的末句（开头）——“There is grandeur in this view of life ...”稍作改编，以此作为英国版书名。读到此处，我最初的反应是怀疑自己是否一直对这句话的含义有所误解。既然英国版书名为 *Life's Grandeur*，那么这句话岂不该是“There is grandeur of life in this view...”？

但我即刻又想到，若果真如此，那么作者岂不是一直在“自我打脸”——他在《自然历史》（我不愿译之为在我看来内涵相对狭隘的《博物学》）杂志上近30年的专栏的标题就叫"This View of Life"。我查阅了手边的几个《物种起源》译本，其中的处理（依出版时序）分别为"这种观点是极其壮丽的"（谢蕴贞译本；周建人、叶笃庄、方宗熙译本）、"这才是一种真正伟大的思想观念"（舒德干等译本）、"生命如是之观，何等壮丽恢弘"（苗德岁译本）——无一有"生命的壮阔"之意味。"壮丽/伟大/恢弘"修饰的对象主体确实为"观念"。由此可见，作者如此命名，实则又玩了一次文字游戏。如果撇开《物种起源》，英国版里的"grandeur"的确可以与美国版里的"full"相呼应，由此称之为"生命的恢弘"，似乎能与"美妙的生命"相呼应。不过，这仍让人觉得别扭。何况，本译本译自美国版，作者序之前没有"教棒"的内容。这样一来，对于本译本而言，"生命的壮阔"只是一个无意义的书名，既不出现在作者序里，也不出现在正文中。

本书副标题的原文为"The Spread of Excellence from Plato to Darwin"，看似也让人头疼。但可以肯定的是，其意所指并非前一译本采用的所谓"古尔德论生物大历史"。本书不涉及通常意义上的比较史学，至少，我不知道何为"生物大历史"，无论如何，我不敢沿用。

该译本再版时，副标题被改为"从柏拉图到达尔文"，这仍让人感到疑惑。显然，这只是副标题原文的后半段。对于前半段，"excellence"不难理解，意即"卓越"。在作者看来，以"柏拉图主义"的观念定义"卓越"，是从整体中抽取单一个体，以其表现代表整体本质，得到的是简化抽象、以偏概全的产物，不能反映现实；"达尔文主义"认为应评价整体中所有个体的表现，即考察表现的差异程度，或者说体现整体多样性的属性。因此，对于事物的发展，在达到极限之前，实为整体内部表现的差异程度之变，而在很多情形下，极值或均值之变只是整体变迁的附带后果。如此一来，就评价"卓越"而言，从柏拉图到达尔文，是着眼点之变，是视角由狭隘到宽阔之变，即从局部片面到整体全面的扩展。基于两个完全不同的视角，对同一现象得出截然不同的解读。放弃一个视角，转而接受另一个完全不同的视角，相当于从鸿沟的一侧变换到另一侧。这不是渐变，而是需要跨越才能完成的革命性巨变。这就是我对"spread"的理解。因此，我将副标题处理为"从柏拉图到达尔文的卓越之变"。

感谢您读完我的释题微见！最后，我不得不补充几句提醒。由于原书面对的是英语读者，尤其是美国读者，作者采用了美式英制度量衡。又因面对的是大众读者，作者在呈现某些科学研究结果时，使用的是取整的约数。按我国现阶段出版要求，当出现非公制度量衡数字时，其后必须补充公制转换值。这本无可厚非，且作者呈现的科学研究结果原为公制。但问题就出在这里，有些结果先被作者由公制转换为英制再取整，在译本的编辑过程中，英制取整值又被转换回公制值，如此反复转换所得的公制值，就与实际公制值有了很大的出入。所以，亲爱的读者，您在阅读过程中完全可以忽略英制数字后括号里的公制转换值（“译者注”中特别注明者除外）。再次感谢！

作者序

谦微的请求

有一个古老的文学主题，认为我们最爱的孩子，通常是兄弟姊妹中问题最多，也是被误解最深的一个。从耶稣讲述的不羁之子寓言，到田纳西·威廉斯的《热铁皮屋顶上的猫》，莫不是如此。[①] 这本小书就好比我疼爱的孩子，这个孩子特立独行，让我为之忧心。在写这本小书之前，我前后酝酿了十五年。其缘起归结于三个完全不同的来源（及途径）。其一，一则对演化趋向本质的领悟。某天，它忽然在我脑海中浮现，使我修订了对生命历史的个人看法，并最终以技术行文的格式面世，成为我在1988年古生物学会上发表的会长演说词。其二，一次统计学的顿悟。它发生在我身患致命疾病期间（见第4章），为我带来了巨大的希望和安慰。其三，一种对美国流行文化重大谜题“棒球0.400安打率绝迹”的解读。它与所有的传统解读天差地别，但在经过概念化之后，其不言自明的魅力和必然正确的特质立刻让我感到震撼。

这三方面缘起基于同一种领悟，无不以让知识分子最为激动的方式实

① 句中“不羁之子寓言”，出自圣经《新约·路加福音》（Luke）第十五章第二节（11—32）“不羁之子”（The Prodigal Son），人物为一父二子，不羁之子为小儿子，讲他提出分家之后发生的故事，下文还将提及。田纳西·威廉斯（Tennessee Williams，1911—1983），20世纪美国影响力最大的剧作家之一，其名作、佳作甚多，长演不衰，《热铁皮屋顶上的猫》（*Cat on a Hot Tin Roof*）为其代表作之一，改编自1952年发表于《纽约客》杂志的短篇小说《夏日博弈三对手》（*Three Players of a Summer Game*），1955年首演，并获得当年的普利策奖，后被改编为同名电影（1958）。故事的主要人物中亦有一父二子，被父亲寄予巨大期望的也是小儿子，故事围绕父亲去世前的财产划分和父子关系展开，但主题是谎言（mendacity）。——译者注

现——就在那“尤里卡”或“啊哈”时刻，旧有的视角被颠覆，过去含糊不清、不成熟、未成形之物事，在新的解读之下，变得明晰而井然有序。（我如是说，完全是出于个人经历，绝非就“绝对正确”的狂妄主张而夸夸其谈。如此“尤里卡时刻”，不过是您擦亮双眼、扫清关键障碍，进而茅塞顿开的一刻罢了。您的发现，或许早已为世人所知。然而，很多“尤里卡时刻”的发现大致是新颖的。）得益于这种领悟，我能以完全不同的视角去看待趋向，即视之为“系统整体内部差异的变化”，而非“或进或退的位移物象”。（本书副标题中“卓越之变”[①]所指，即为表现更加多元的差异幅度之变。）

领悟既得，担忧随至，原因有二。其一，对于趋向的不同解读，主题看似不大，也不合乎人之常情，又何以能成为引发广泛关注的话题？其二，关键的重新定义（想想要如何展现“‘系统整体幅度或展或缩之变化’而非‘位移之实体’”）基本上属于统计学的范畴，必须以技术图表的方式呈现。我不是担心读者读不懂。毕竟，核心观念再简单不过（只是一种概念上的翻转倒置，并无深奥难懂的数学公式）。而且，我深知自己可以采用完全形象（而非代数）的方式展开论证。但同时，我也深知，论证过程要谨慎，应先列出大致的观点，再以简单的案例进行初步验证，最后才切入本书两大主要命题：一则对棒球赛季中 0.400 安打率绝迹的解读，二则对生命历史上进步问题的解析。

然而，人们会拿起这本书读么？读者会读完必要的基本铺垫内容，坚持到关键重新定义的章节么？读到呈现技术图表的内容，他们会兴趣不减，坚持到底么？毕竟，在我们的文化里，任何与数学有关的暗示都会令人望而却步。然而，我依然确信，本书所呈现的新颖论点有着广泛的适用性。坚持到底的读者会得到满足，就如不羁之子的父亲那样，会原谅他的孩子（对另一向来顺从之子也宽宏大量），“我们理当欢庆”[②]。

好吧，让我们做一个约定。我曾用玩扑克打发过不少时间，虽然没赢什

① 即英文版原副标题“从柏拉图到达尔文的卓越之变”。下同。——编者注

② “我们理当欢庆”，出自文首《新约·路加福音》典故（15：32）。分家之后，长子在家侍奉父亲，不羁之子外出，将分得的钱财挥霍一空，吃到苦头后醒悟，回家向父亲忏悔，愿为其仆。父亲不计前嫌，为其大摆宴席。长子生怒，找父理论，父亲说：“我们理当欢庆，因汝弟死而复生，失而复得。”（It was meet that we should make merry, and be glad: for this thy brother was dead, and is alive again; and was lost, and is found.）——译者注

么钱，却收获了不少启发（比如说，我给本书起的英文标题叫 *Full House*[①]，它也有“满堂红”的意思）。作为一个扑克迷，我愿意就此下注：您若能坚持读完本书，定会有所回报（没准还能打出一手“皇家同花顺”，力克我的“满堂红”）[②]。为了达到这一目的，我严控篇幅（相对于我的其他抒发己见之作，本书篇幅要短得多），以期（引向两大主题所做的铺垫得法，使得）观点明晰、内容有趣，并采用一套概念工具[③]，保证将两个令人困惑且显然无关的重要现象解释清楚。

坚持到底所能得到回报有两个方面。其一，对于两个广为讨论的议题，若坚持沿用传统的柏拉图模式，以单一要素或范例代表系统整体，研究该实体随时间推移而形成的走向，只会使议题继续处于含糊不清、缺乏条理的状态。而我认为，自己采用的研究方法从系统整体差异入手，的确提供了切实的解决方案。而且，尤其令人满意的是，各个解决方案都没有那么极端，不至于让人难以想象。实际上，这些解决方案十分好懂，明晰得异乎寻常。一旦您接受基于差异的看法，传统解释所显现的自相矛盾之处便迎刃而解。依传统方法解读，0.400 安打率绝迹，是因为击球手的竞技水平有所退步。然而，在几乎所有运动项目的最好成绩都有所提升的大前提下，这种结论何以让人信服？按我的方法解析，则可揭示 0.400 击球率的绝迹，实际上记录了棒球竞技水平的提升。这种解读合情合理，令人满意，易为人所接受（但若在问题面前囿于传统思维模式，则根本无法领悟“绝迹”和“提升”之间的内在联系）。

对于生命历史议题的解析也是如此。我可以组织一系列精彩的论证，用理论（达尔文演化机制的本质）和事实（细菌在生物中占压倒性的优势）否定进步是生命历史的本质特征，表明进步甚至不能代表演化的导向动力。然而，出于某种人之常情的狭隘原因，人们仍会自然而然地欣然接受“人类的复杂程度无与伦比”的观念，坚持其所述事实乃进步趋向所造就也变得理所

① 此为本译本依据的美国版的原书名，亦为贯穿全书的中心隐喻，译者将之译为“万物生灵”。由于种种原因，本译本的正题仍沿用前人译名“生命的壮阔”，但它不出现于正文中。详见《序前释题》。——编者注

② 满堂红，指的是 5 张牌中包含一个对子和一个三条的组合，如一对 6 和三个 8。皇家同花顺（royal flush），即同花色的 10、J、Q、K、A。——译者注

③ 概念工具（conceptual apparatus），在此指考虑频次分布曲线的偏斜程度、采用正确的集中趋势量数（众数）、正视差异变化幅度界限（“边墙”）的制约，详见第四章。——译者注

应当。但是，利用“万物生灵，千姿百态”这一解释工具，我们不仅能坚持有关人类地位的共识，同时也能理解进步在生命历史中着实非普遍现象，甚至没多大意义。

其二，我不知如何开口，因为它与我真心意图的谦卑态度背道而驰——那就是本书确有更大的雄心，中心论点“万物生灵，千姿百态”所涉主张，实为现实之本质。我在书中的论述，无不是前人以其他的方式陈述过的。但是，我力求集合更广领域的、通常不被相提并论的案例加以阐述，以温和的例证引出主张，而非（如攻击现实本质之惯式，或为求吸引眼球以确保获得有限关注之常道）极尽曲解之能事，对哲学抽象的无上圣境发起正面攻击。在最后，我会请求读者将达尔文革命最深层之要义应用于实践，视自然现实为由差异个体组成的群体——换言之，即理解差异本身是不可能进一步简化的，是“成就这个世界之元素”的“真实写照”。要做到这一点，我们必须放弃自柏拉图起形成的一种思维习惯，承认以“集中趋势”刻画群体是一种谬误，不仅平均值不可行（它们通常被想象成“典型”，因而用以代表系统“抽象精华”或“模式”），极值也不可行（它们之所以被挑出，是因为人们觉得它们有特别的价值，如0.400水平的击球率、人类水平的复杂度）。本书的副标题——“从柏拉图到达尔文的卓越之变”，不仅点出了上述两种刻画方式的代表，也凸显出认同达尔文解读的重要性。

《万物生灵》是先前拙作《美好的生命》[①]（1989）的姊妹篇。两者的主张集合成一种不同于惯常意义的生命历史及生命意义的理念，让我们不得不重新定义人类在历史中所处的地位。《美好的生命》所主张的，是演化过程中的任何事件皆成于偶然，不可预见，并强调现代人类的起源也是这样，实属不可预见之事件，而非预期之果。《万物生灵》所呈现的，是就否定“进步成就生命历史，甚至作为普遍趋向存在”之观点而展开的综合论证。在这种视生命为整体的观念中，人类无法以无上辉煌或登峰造极之态占据优先的地位。毕竟，生命一直都以细菌模式为主导。

在基本论证的呈现过程中，两书都没有直接推出易产生偏见的泛泛之谈，

① 《美好的生命》（*Wonderful Life*），即作者代表作《美好的生命——伯吉斯页岩与历史本质》（*Wonderful Life: The Burgess Shale and the Nature of History*，1989），中文版译为《奇妙的生命》，为便于后文的解释和比较，行文采用直译书名，即《美好的生命》。——译者注

而是通过列举有针对性（且引人入胜）的例证实现。《美好的生命》是通过伯吉斯页岩动物群，揭示寒武纪生命大爆发的全貌。《万物生灵》列举的是棒球赛季中0.400安打率的绝迹，以及生命“钟形曲线”中不变的细菌模式。这些案例表明，与其孤立于一隅，死抱人类慰藉的传统根源不放，不如接受一种更加有趣的生命观，视生命为一个整体，且己类与其他生物皆为其中一员，只是更广阔的历史长河中的一个偶然性元素。我们必须抛弃“人类至上”的传统观念，但要学会珍惜生命的细节，我们也只是其中之一（《美好的生命》）；我们应乐居于生命整体之中，我们是其宝贵的一分子（《万物生灵》）。我认为，如此更为开阔的认识，足以置换那陈腐（且错误）的慰藉。的确，在这个行星的有机历史长河中，我们是“千姿百态”的“生灵万物”中的一个“美好的生命”。

所以，请您接受我谦微的请求，读完这本书。然后，我们再讨论，谈天说地，讲古论今，可以是各种最深邃的物事——还有包菜，以及国王[①]。

① “还有包菜，以及国王”，出自英国作家刘易斯·卡罗尔（Lewis Carroll，1832—1898）《爱丽丝漫游奇境》续作《爱丽丝镜中奇遇记》（*Through the Looking-Glass*）第四章中双胞胎兄弟给爱丽丝背诵的叙事诗《海狮与木匠》（“The Walrus and the Carpenter”）。——译者注

献给朗达，

你是卓越的化身。

永恒之女性，

引我等向上。[①]

① 朗达，应指作者当时的妻子朗达·罗兰·希勒（Rhonda Roland Shearer）；“永恒之女性，引我等向上”，原文为“Das Ewig — Weibliche zieht uns hinan”，引自歌德《浮士德》。——译者注

目录

壹

势何所趋，何辨何读

01
赫胥黎棋盘

在我们的隐喻里，宇宙是微缩模型，我们身在其中，也是那么渺小。莎士比亚的比喻正如我们所料，他将世界看成“一个舞台，世间的男男女女，不过是台上做戏的演员”。年迈的弗朗西斯·培根内心苦楚，他把外部的现实世界看成一个泡泡。我们把世界缩得很小很小，有着种种意图——可以是出于宗教式的敬畏，以突出上帝统治界域之宏大（如17世纪中叶托马斯·布朗爵士所言，神创的人间“只是无尽永恒当中的一个小小间隙”）；也可以是出于人生的简单欲求（就如这方面的行家——皮斯托尔和法斯塔夫之间那令人记忆深刻的对话——“世界是我盘中的牡蛎，我要用剑剖开它”）。①

---

① 莎士比亚的隐喻出自喜剧《皆大欢喜》（*As Your Like It*）第二幕第七场，原文为“...a stage, and all the men and women merely players”。弗朗西斯·培根（Francis Bacon，1561—1626），英国伊丽莎白一世到詹姆斯一世时期的政客，在晚年达到权力顶峰不久，便被迫结束政治生涯。他也是著名的哲学家、科学家、作家，力求改变陈旧的认知体系，为现代科学研究方法的建立打下基础。文中典故的原文出自诗歌《世界是一个气泡》（*The world's a bubble*）的首句，即“The world's a bubble and the life of man less than a span”（“世界如气泡，人生限其中”），意为世界渺小、脆弱，之于所处的更宏大界域，就如气泡之于水，人生一世亦不过如此。与之同时代的莎士比亚也有过类似的提法，如《奥赛罗》（*Othello*）第二幕第三场中的“a man's life's but a span”（人生苦短）。托马斯·布朗爵士（Sir Thomas Browne，1605—1682），英国作家、医生，其学术领域涉猎较广，作品题材广泛，行文游走于宗教、古典主义和科学之间，有独特的个人风格，但对于后世的大众读者而言，略有晦涩难懂之嫌。皮斯托尔（Pistol）和法斯塔夫（Falstaff），莎士比亚剧作中的人物。引文出自《温莎的风流娘儿们》（*The Merry Wives Of Windsor*）第二幕第二场，出自皮斯托尔之口，原文为“the world's mine oyster, which I with sword will open”。——译者注

所以，托马斯·亨利·赫胥黎[①]的选择不会让我们觉得意外。这位坚定的理性主义者，斗士中的王牌，把自然现实比作棋盘：

> 棋盘即大千世界，棋子即宇宙万象。博弈规则，即我们所言之自然法则。我们的对手隐身暗处。我们知道，他出棋向来公平、公正，富有耐性。不过，我们也知道，他从不放过对手的任何一个错误，或者说，他从不容忍对手的无知——这是我们从惨痛经历中汲取的教训。〔引自《通识教育》(1868)〕

在这般刻画下，自然被赋予的形象，是一个难以应付的公平对手。不仅如此，赫胥黎还认为，自然屈服于两件武器——观察与逻辑。这些形象，在赫胥黎最著名的宣言中有所强调，“科学简直就是最好的常识，换言之，其依凭的观察绝对准确，其论证不容逻辑谬误”。〔引自《螯虾》(1880)[②]〕

然而，赫胥黎的隐喻并不合理。毕竟，我们不能把科学刻画成“与非我之众作对”的事业，那样也会使人类揭示自然的任务变得更为艰巨。因为，棋盘另一边的对手，既有自然难以驾驭的本性，也结合了我们迂腐守旧的社会和心理习性。在很大程度上，我们是在与自己作对。自然是客观的，自然是可认识的，但我们能见到的只是不明之镜中的模糊之影[③]——是我们模糊了

---

① 托马斯·亨利·赫胥黎（Thomas Henry Huxley，1825—1895），英国著名生物学家，达尔文进化论的坚定维护者，被称为“达尔文的斗犬”（Darwin's Bulldog），在1869年提出不可知论（Agnosticism）这一术语，并在后来加以具体阐释。下文所引其著《通识教育》（*A Liberal Education*，1868）的题名所指，也译作“自由人文教育”“自由教育”“素质教育”“博雅教育”等。——译者注

② 《螯虾》（*The Crayfish*，1880），即《螯虾：动物学研究导论》（*The Crayfish, An Introduction to the Study of Zoology*）。叙述对象为欧洲螯虾（common crayfish、noble crayfish、European crayfish），汉译又作“奥斯塔欧洲螯虾”，当时的学名为*Astacus fluviatilis* Fabricius, 1775，现已恢复为*Astacus astacus* (Linnaeus, 1758)，属十足目（Decapoda）螯虾总科（Astacoidea）螯虾科（Astacidae）螯虾属（*Astacus*）。crayfish所指的螯虾总科动物是一类淡水龙虾，我国产有与螯虾科同属一总科的美螯虾科（Cambaridae）动物（亦称蝲蛄科），如产自东北的东北蝲蛄（*Cambaroides dauricus*），即“东北黑螯虾”，属蝲蛄属（*Cambaroides*）（亦称拟螯虾属）；近年来在我国流行的“小龙虾”原产北美南部，为颇具入侵性的克氏原螯虾（*Procambarus clarkii*），属与东北蝲蛄同科的原螯虾属（*Procambarus*）。赫胥黎所指的淡水龙虾与这两种无关，与部分中文媒体报道的有所不同。——译者注

③ 不明之镜中的模糊之影（through a glass darkly），《圣经》典故，出自《歌林多前书》（1 Corinthians）第十三章有关爱的一节（13:12），原文译自希腊语，其中的glass按现代版本的理解，为mirror，即镜子。因此，16世纪“日内瓦版”《圣经》中的“For now we see through a glass darkly”，在“新国际版”《圣经》中，相应的表述为“Now we see but a poor reflection as in a mirror”，即“我们现在看到的，不过是镜中的模糊之影”。——译者注

自己的视线——凭借的是社会和文化的偏见、心理的喜好、心智的限制（我是说思考的普遍模式，而非指愚钝的具体表现形式）。

造成这等困难局面，自有人类的因素。而研究的主题越接近我们世俗和哲学关怀的核心，这类因素发挥的作用就越大。在对产自大西洋底的须腕动物[①]物种进行分类鉴定时，我们或许能够保持最大限度的客观，做出论断。倘若要考量人类化石的分类地位，我们则显得步履蹒跚。而在对现代人类进行种族划分时，情况甚至更糟。

因此，每当面对事关人类存在最为重大的演化问题——我们如何出现在生命之树上？是何时出现的？为何会出现？是注定如此，还是仅凭运气？——有限的已知信息就会被我们自身的巨大偏见所蒙蔽。上面那些带有偏见的表述，有不少是如此令人敬重、如此下意识，在我们的第二天性[②]中占有如此之重的分量，以至于我们从未认识到它们的实际地位。它们不过是另类激进的社会决策产物，却被我们想当然地视作富有启示意味的真理。

在重构生命历史的过程中，也会滋生偏见，只是我们未能意识到。这样的例证，我认为最好且最直白者，就体现在我们绘制的图画之中。对脊椎动物化石的完全重构，到居维叶[③]的时代才首次出现，也就是在19世纪早期。因此，利用连续场景图组合而成的图说，阐述时间长河中生命的“行进”过程——如是传统的形成，甚至还不到两百年。这样一连串的图像，我们都很清楚——开始的场景所描绘的，是寒武纪海洋中的三叶虫；到中间，会有很多恐龙的场景；最后，以克罗马农人先辈们在法国忙碌地“装饰”洞穴收尾。[④]这一系列景象，我们在自然历史博物馆的墙壁上见过，也从有关生命历史的咖啡桌书[⑤]中翻到过。那么，它错在哪里？在什么方面有强烈的偏见？毕

---

① 须腕动物（pogonophoran）是一类管状蠕虫，原指须腕动物门（Pogonophora）的动物，但该分类阶元已被弃用，这类动物现属环节动物门（Annelida）多毛纲（Polychaeta）管触须目（Canalipalpata）之下的须腕科（Siboglinidae）。——译者注

② 第二天性（second nature），指后天形成的习性熟稔到根深蒂固的程度，几同于与生俱来的天性。——译者注

③ 居维叶，即乔治·居维叶（Georges Cuvier，1769—1832），法国著名博物学家，他在比较解剖学方面的贡献促进了古生物学的学科形成，因而被尊为“古生物学之父”。——译者注

④ 克罗马农人（Cro-Magnon），最早的旧石器晚期欧洲现代人类化石，现泛指欧洲的早期现代人类。文中的“装饰”，是指绘制具有动物形象的岩画。——译者注

⑤ 咖啡桌书（coffee-table book），指摆置在咖啡桌上供人打发时间的大尺寸消遣图书，通常装帧精美，图多字少。——译者注

竟，三叶虫的确在最早的多细胞动物群中占有支配地位，人类的确只是在不久之前才形成，而在两者之间的时期，恐龙也的确曾欣欣向荣。

下面来看看这类图说的三组例子。它们出现的时期前后贯穿近一个世纪，作者皆堪称历史上最负盛名的行家。每组图说各选取了两幅场景，描绘的皆为古生代和中生代的海洋生物。其中，古生代的图景突出展现无脊椎动物，而中生代的场景仅展示由陆生类型演化而来的（非陆生）爬行动物。第一组图说选自一部 19 世纪 60 年代早期的著作——路易 · 菲吉耶的《大洪水之前的世界》，就是这本书创立了这一图说类型（有关该图说类型在 19 世纪的创立历史，详见拉德威克的精彩之作《史前图景》）。第二组是美国的权威版本，出自伟大的史前生物重构艺术家查尔斯 · R. 奈特之手，是《国家地理杂志》所刊文章的配图，题为《历代生命巡礼》。第三组是同等权威的欧洲版本，由捷克艺术家 Z. 布里安所绘，出自他与古生物学家 J. 奥古斯塔合著的《史前动物大观》(*Prehistoric Animals*)，出版于 1956 年。[①]

在古生代早期，脊椎动物尚未出现。在中生代，海洋爬行动物确实重返海洋。那么，我的抱怨原因何在？从狭义上讲，这些图作是“正确”的。但是，这只是一种形式上的正确，是将背景完全隐藏而形成的假象。它们反映的信息是有限的，没有什么比它们更具误导性。（想想那个“船长不待见大副”的古老故事吧。在大副唯一一次酒醉之后，船长在航行日志上记录道：“大副今日酒醉。”大副恳求船长，力争删除这段话。其理由所言不虚。一来，如此情形在以前从未发生过；二来，如此污点会有碍其前程。船长不肯删除。于是，当第二天轮到大副负责记录日志时，他写道：“船长今日未醉。”）

偏见如斯，此航海故事如此，生命历史亦然。有什么比以偏概全更能误导人的呢？在这类反映史前面貌的艺术作品中，所有知名的系列图作皆标榜

① 路易 · 菲吉耶（Louis Figuier，1819—1894），法国化学家，致力于科普写作。文中提到的《大洪水之前的世界》(*La terre avant le deluge*，英文译名为 *The World Before the Deluge*）出版于 1863 年，其中的插图由法国著名插图家爱德华 · 里乌（Édouard Riou，1833—1900）绘制。查尔斯 · R. 奈特，即查尔斯 · 罗伯特 · 奈特（Charles Robert Knight，1874—1953)，是作者最敬重的美国古生物复原艺术家，在其著作中经常被提及。《历代生命巡礼》(*Parade of Life Through the Age*）发表于《国家地理杂志》1942 年 2 月号。拉德威克，即英国地质学家马丁 · 约翰 · 斯潘塞 · 拉德威克（Martin John Spencer Rudwick，1932— ），《史前图景》(*Scenes from Deep Time*）出版于 1992 年。Z. 布里安，即捷克著名插图家兹德涅克 · 布里安（Zdeněk Burian，1905—1981）。J. 奥古斯塔，即约瑟夫 · 奥古斯塔（Josef Augusta，1903—1968)，捷克古生物学家，科普作家。——译者注

自身为生命历史核心及精髓之体现（且无一例外，因而可见本例之典型）。这些系列图作，开篇一两幅所描绘的，皆为古生代的无脊椎动物。值得注意的是，最先的偏见在这里便已出现。因为，在脊椎动物出现之前，多细胞动物的生命历史已过近半。然而，这一以海洋非脊椎动物为主的阶段在系列中所占的篇幅，却从未超过 10%。一旦鱼类在泥盆纪兴起，水下场景便切换到这类最早的脊椎动物。在接下来的场景中，我们再也见不到哪怕一种无脊椎动物（除非有菊石[①]被塞进中生代场景，在画面边缘走个过场），甚至连鱼类也只是被一带而过（算是名副其实地忏悔赎罪[②]），之后也再未见其踪影（除了作为鱼龙或沧龙[③]的猎物，以逃命的形象出现之外）。

如今，有多少人曾经静下心来想过，这种有限的“生命巡礼”，其实质有多么古怪、多么没有代表性？毕竟，无脊椎动物没有在鱼类出现后灭绝，也没有停止演化。在其历史最重要的篇章中，它们大多时与同时代的海洋脊椎动物休戚与共。（例如，生命历史中最扣人心弦、最重要的事件——五次规模最大的生物灭绝，其发生的最好证据，便是通过无脊椎动物群的演变反映出来的。）与之相似，鱼类也没有因为一个边缘支系上岸繁衍，就灭绝或者停止演化。时至今日，脊椎动物中一半以上都是鱼类（现存种类超过两万）。就因为它的一个小小支系移居陆地，我们就将这脊椎动物的绝大多数从后来所有的图景中通通抹除——如此为之，岂非荒唐之举？

在陆生脊椎动物的故事里，偏见骇人听闻的程度不相上下。首先，一旦脊椎动物上岸繁衍，海洋就从生命历史叙事中消失，仅有一种“例外”情形（如图 1 所示）。而这种“例外”所展现的，实际上是我们的“修史原则”——如果某种“高度进化”的陆生生物重返大海，它所代表的，是某一进步阶段的不同表现。因此，中生代海洋里的爬行动物，就被视作陆地统治者恐龙的同辈；而生活在同一时期的鱼类，之所以在图景中了无踪影，是因为它们在演化的“向上”征程中掉队，已处于落后的地位。（同理，新生

① 菊石（ammonite），亦称鹦鹉螺，从属于软体动物门头足纲（Cephalopoda）菊石亚纲（Ammonoidea）的一类海生动物，存在于（古生代）泥盆纪到（中生代）白垩纪，现已灭绝。——译者注

② 此处的“一带而过”和“忏悔赎罪”是“short shrift”的双关修饰义，指按偏见，鱼类取代了海生无脊椎动物的地位，但也难逃被迅速取代的命运，因而“赎”其取代鱼类之“罪”。——译者注

③ 鱼龙（ichthyosaur）存在于几乎整个中生代（早三叠世到晚白垩世），但在晚白垩世结束之前灭绝。沧龙（mosasaur）形成于早白垩世，在鱼龙和上龙（pliosaur）灭绝后成为海洋中的优势捕食者。——译者注

第一组

第二组

第三组

图 1　三组对生命历史艺术再现的成对套图，以示充斥于该类型作品中的偏见经久不变。这三组成对套图，分别选自菲吉耶 19 世纪 60 年代的作品、奈特 20 世纪 40 年代的作品、奥古斯塔和布里安 1956 年的著作。各组图中的第一幅，展现的是出现在多细胞生命历史早期的无脊椎动物；第二幅，展现了（陆地由恐龙统治的）中生代的海洋景象，鱼类和无脊椎动物都不见于其中，仅有重返海生环境的爬行动物

代）第三纪的图景里有鲸出现，是因为彼时陆地的统治者是哺乳动物；而同一时期的海生爬行动物，已与鱼类沦为一道，皆成主流之外的类型，自然不见于图景之中。

其次，图作对陆生动物出现的先后安排所展现出的，不过是我们“以己度人”的观点——历史长河中的某种权力更替，而非公正地呈现生物多样性的变化。一旦两栖动物和爬行动物上岸繁衍，鱼类就被排除于图景之外。但是，为什么要惩罚鱼类呢？就因为它们有少数几个“奇葩”亲戚，在截然不同的未知环境中做了些什么？何况，当时的地表 70% 是海洋，而作为脊椎动物，鱼类在这一主流环境中的主导地位并未变过。当哺乳动物出现时，两栖动物和爬行动物也从图景中被抹去了——尽管，它们的兴盛还在继续，而且对哺乳动物造成影响——从成为神助摩西而降的灾难，到诱惑夏娃[①]，不一而足。最后几幅所描绘的，往往是人类——尽管，我们只是哺乳动物之下一个小小类群（灵长目）中的一个物种而已。（灵长目动物约有两百种，而其从属的哺乳类共有四千余种）可是，哺乳动物演化的佼佼者——蝙蝠、鼠、羚，皆不见于图景之中。

我不是存心找碴儿。如果这些系列图作仅仅是为了展示生命之树上人类这一条小枝的祖先来历，我是不会计较的。毕竟，那种见解过于狭隘，用不着为之大动干戈——在此，我先把立场挑明。但是，这些有先后顺序的图说，往往意在阐释“生命通史”，而非讲一条小枝的故事。看看图 1 所列三组系列

① 神助摩西而降的灾难（原文为“Mosaic plagues”）和诱惑夏娃，皆为调侃《圣经》典故。前者出自《出埃及记》（*Exodus*），故事中，埃及国王一再拒绝摩西放行以色列人的请求，上帝降灾埃及，以显其存在和威力。灾难之一即为蛙（两栖动物）灾（8:1–4）。后者出自《创世记》（*Genesis*），故事中，夏娃受到化身为蛇（爬行动物）的撒旦的诱惑，不顾上帝先前的警告，与亚当食树结之果，遂始知羞耻，终致被逐出伊甸园（3:1–24）。——译者注

图作的原题吧——“大洪水之前的世界”“历代生命巡礼”“史前动物大观”。下面，我打个比方，或许有助于说明这种图作的古怪之处。假设我们要组织一次花车游行，按时序展现美国在大陆地区扩张成四十八州的过程。难道应该让代表新英格兰地区的花车最先走完一英里之后就使之从我们的视野中永久消失？然后，让西北领地、在路易斯安那购地案中获得的区域、西部的地域依次“接力”，一次展现一个代表相应土地的花车，走过以后就将之拆除？待到游行结束之时，只剩下一辆花车，代表通过盖兹登购地案获得的西南方向的一小块地方——如此残景，能够充分体现美国版图扩张所达到的顶峰吗？[①]

同样，虽然我们珍爱自己，可现代人类（*Homo sapiens*）并不能代表地球上的全体生命，亦非其象征。我们不是（占动物整体 80% 以上的）节肢动物的替代者，既非某种特例，亦非某种范例。我们是意识——这种演化中产生的非凡创新成果的拥有者。它使我们有别于其他动物，使我们能就上述诸言思来想去（或者更准确地说，是“牛儿喜反刍[②]，我们好深思”）。但是，这种创新怎么能被看作演化的一大动力或主要发展方向呢？况且，80% 的多细胞生命（节肢动物门动物）在演化方面何等成功，却也未展现出形成复杂神经系统的趋向；而我们的神经系统虽然精巧，但或许也会让我们自食其果——在往我们定义的“更高级”层次推进的过程中，于电光石火之间，使自己化为灰烬。

那么，脊椎动物生命大河中的那支细流，那般局限得可怜的景象，为何被我们不断地描绘成多细胞生命群像的整体典范？我们当中，又有多少人在目睹这般标准式的系列图说之后，对其根本的真实性提出过疑问？常见的如此图说，看似那么正确，那么符合事实。然而，在本书当中，我得提出不同

① 作者在此仅列出部分版图扩张事件。其中，新英格兰地区，在此指 1776 年美国建国十三州东北部，即北起现缅因州，西邻现纽约州，南至现康涅狄格州的地域，不包括如今属于该地区的佛蒙特州。西北领地（Northwest Territory，作者误作 Northwest Territories），指根据 1787 年西北法令（Northwest Ordinance）被纳入美国版图的东邻现宾夕法尼亚州、俄亥俄河以北、密西西比河以东、大湖区以南的区域，原由英国在英法北美战争（French and Indian War）中赢得，英国方面原有意将之恢复为印第安人领地。路易斯安那购地案（Louisiana Purchase），指美国于 1803—1804 年自法国购得法属路易斯安那的广大区域（位于美国中部）。盖兹登购地案（Gadsden Purchase），指美国于 1853—1854 年自墨西哥购得小块土地（位于现亚利桑那州和新墨西哥州南部）。——译者注

② 此处“思来想去”和“反刍”，指“ruminate”的相关修饰义。反刍，指某些动物具有的将未充分消化的食物从胃倒回口腔再次咀嚼消化的行为。——译者注

的意见。我要论证，大众对趋向的推断普遍存在谬误。我们对那种图说不加怀疑地接受，便是此等谬误体现于我们文化的一个突出实例。这种谬误的症结在于——我们专注于特例或抽象代表（通常是带有偏见的案例，如现代人类谱系）。那些不具代表性的鲜见案例，让我们觉得有趋向蕴含其中，进而被错误地选中。然而，我们的研究本应着眼于整个系统（即本书标题所指的“万物生灵”）当中（“千姿百态”）的变异或差异，以及其扩展模式随时间推移而发生的变化。我将要着重讨论一系列趋向，它们能激发我们最强烈的兴趣，形成那个我们自以为正确的命题——万物必与时俱进，即随着时间推移，便会有进步发生。我还将展现一种非同寻常的诠释，它很少进入我们的思想框架，不过一点即明。那就是，将所谓趋向正视为差异幅度或增或减的结果，而非实体位移而形成的明确方向。换言之，本书探讨的“卓越之变”，或所谓“提升之趋向”，对其最好的诠释即为——整体差异幅度或展或缩之变。

02
任人打扮的达尔文主义

勇敢接受第四次“弗式革命”[①]

我常有机会提起弗洛伊德精准又不失伤感的心得。据其观察，科学史上所有重大的革命，虽形式多样，但都有着共同的主题——将人类从前无限自信的支柱逐一推倒，让人类自大的冠冕消失于无形。如此革命，弗洛伊德提到三例（后称“弗氏革命”）。曾经，我们以为宇宙是有限的，而自己居于中心的位置——直到哥白尼、伽利略、牛顿的出现，确认地球只是一颗偏远之星的一粒小小卫星，是为其一。之后，我们便自我安慰，幻想上帝当初不顾一切，看中这偏远之境，并依照自己的形象，创造出我们这独一无二的生灵——直到达尔文横空出世，“将我们的祖先降级为动物”，是为其二。于是，我们只有从自己理性的心智中寻求慰藉，为拥有它而感到庆幸——直到弗洛伊德在智识史上最大胆的言论中提到，心理学家发现了潜意识[②]，是为其三。

---

① 标题原文为“Biting the Fourth Freudian Bullet”，意为“咬紧弗洛伊德的第四发子弹”，所使用的成语“bite the bullet”源自早期战地外科手术中因无麻药而让病人咬紧（较如今质地软的）子弹以防伤牙的举措，意指“咬紧牙关，承受痛苦”。——译者注

② 潜意识，原文为“the unconscious”，即 unconscious mind，或 unconsciousness、nonconsciousness，也称作无意识，有别于下意识（subconscious）。按全国科学技术名词审定委员会 2014 年发布的《心理学名词》第二版，潜意识或无意识指“处于意识层面之下，不为人所觉察的活动能量或内容。包括人的本能冲动与原始欲望”，而下意识指“被压抑的无意识已通过稽查和抵抗作用进入中间层次，但尚未回升到意识境界的心理内容”。文中“最大胆的言论”，应指弗洛伊德于 1915 年发表的详细阐述潜意识的著作《潜意识》（*Das Unbewusste*）。——译者注

弗洛伊德言辞深刻（其见解究竟有多深，在此我不做评论。毕竟，他只是想阐述一个过程，而非罗列一纸细节浩繁的清单），不过，他也遗漏了不少捣毁信念根基式的重要革命。特别值得一提的是，他漏掉了我所在的研究领域——地质学与古生物学——在这一过程中的贡献。哥白尼的发现是在空间维度上的，而我们领域的贡献是在时间维度上的，与之旗鼓相当。《圣经》里的故事，若从字面上直接解读，是令人十分舒心的——自地球诞生之日算起，才过去数千年，除了前五日，地球一直被作为万生之首的人类占据着。如此一来，地球的历史与人类的故事在时间跨度上几乎是完全重叠的。既然如此，何不将物理世界诠释为“为我们而存在”“因我们而存在”的呢？

但是，古生物学家们发现，地质年代久远得让人难以想象——约翰·麦克菲精准地以“深时”谓之。[①] 地球已有数十亿年历史，历时之久有如可见的宇宙空间之广。其实，“深时”本身并不具“弗氏革命”的威胁性。如果这数十亿年的历史都有人类贯穿其中，就意味着人类雄霸地球的历史更为久远，我们的自大之心会更加膨胀。然而，古生物学家们向我们揭示，按本行星的历史尺度估量，人类才存在了一瞬间，好比宇宙英里的一两英寸，或者宇宙年的一两分钟。如此一来，便成就了另一次“弗氏革命”。它使得人类时代在地球历史中的分量大减，其结果影响深远，构成的威胁显而易见，尤其在与“第二次‘弗氏革命’”（或者说达尔文主义革命）相结合时。因为，如是缩减有着“浅显直白的意义”——如果在枝繁叶茂、繁花锦簇的生命之树上，我们只是一条小枝，且形成于地质年代尺度的一瞬之前，那么，我们可能不是一个本质上进步之过程所能产生的可预见成果。或许，无论有过多少荣耀和成功，我们的存在也只是在一“宇宙瞬间”发生的一次意外事件。若让生命之树从种子开始，在相似的环境下重新长一次，我们可能再也不会出现。这层意义虽然浅显直白，但在通常情况下，浅显直白意味着正确（尽管在不少令人着迷的智识革命中，我们所推翻的，正是看似显而易见的诠释）。

实际上，我认为上述“浅显直白的意义”是正确的，而且，我们应为新

① 约翰·麦克菲（John McPhee，1931— ），美国著名作家，普林斯顿大学教授，普利策奖获得者，将文学手法引入纪实题材。深时（deep time），即地质年代，由18世纪苏格兰地质学家詹姆斯·赫顿（James Hutton，1726—1797）提出。作者在此提及麦克菲，应因麦克菲在其著作《盆地与山脉》（*Basin and Range*，1981）〔作者曾在《纽约书评》（*New York Review of Books*）杂志上发表过该书书评〕中指出，“深时”概念的确立，奠定了现代地质学的基础。——译者注

认识到的客观定位感到欣喜，并肩负起随之而来的重任——重建我们存在的意义。不过，这属于另外一个故事的范畴，我把该故事称作“美好的生命”，已作一书（Gould，1989）。从某种意义上讲，本书为其哲学“姊妹篇”，主题是“万物生灵，千姿百态”。在此，我只想指出，这一“浅显直白的意义”与西方世界最深层的社会信念和心理慰藉相背。由此，大众文化不情愿承受这第四次“弗式革命”之痛。

如果我们想要顽抗，只有两个选项在逻辑上可行。其一，我们或许可以继续拥护圣经直解论[①]，坚持地球目前的年龄只有几千年，在地球历史开启几日之后，上帝便创造了人类。但是，这类神话不会被善于思考的人接受，他们不得不尊重基本事实——历史是久远的，进化是真实的。于是，我们退而求其次，转换到另一种诉求模式——曲解达尔文理论，此为其二。如何歪曲，才能让演化的故事也支持人类传统的自大地位呢？

如果我们愿意承认，人类时代的存在，仅局限于地球历史的最近一瞬，同时，还想继续坚持，我们仍拥有至高无上的重要地位——那么，我们就得往演化的故事里掺点“作料”，搅一搅，让它变味。在文学作品中，常幻想有初访地球的火星生物。它们智力超群，不动感情，对地球生命没有任何先入之见，因而象征着绝对客观。我相信，这种“作料”给它们留下的，会是一个荒谬的初步印象。然而，我们对这种“作料”上了瘾，深陷其中，无法自拔。久而久之，我们已察觉不到传统曲解独有的荒谬滋味。

这是一种自带“正能量”的曲解。它立足于这样一个谬论，即演化体现了一种根本的趋向或推动力，会促成明确的主要后果，使某一种特征出类拔萃，成为生命历史的典范。这种至关重要的特征，自然与“进步”有关。定义这种进步，有很多种实用的标准可选[②]，但都表现为生命的向上趋势——或解剖学结构更加复杂，或神经系统越发精妙，或行为更加多样、更加灵活——或者，任何明目张胆的附会托词，只要能将现代人类推上趋势之巅，

① 圣经直解论（biblical literalism），即严格按《圣经》的字面意思理解其思想。——译者注

② 有一种反对“进步”的论证，基本算得上诡辩。它认为，“进步”一词本身过于含混不清，或过于主观，在描述方面不严谨。因此，应弃用这一概念。这一论证是一种逃避的表现，我当然不会在本书中采用这种没有说服力的防御策略。“进步”一词的确含混不清，站不住脚。但是，它有诸多实在的“替身”——从具体的可测量指标，如脑容量，到更笼统但仍可界定的观念，如解剖学特征的复杂性（通常被解释为组成结构的数目、分化的程度、评估的手段多种多样）。我要辩述的是，进步作为生命历史推动力的说辞不能成立，即便有这些实在的“替身”也无济于事。——作者注

便可成为标准（只要我们对自身的行为动机足够坦诚，思考触及内心，就会发现这个真相）。

是什么原因让我们觉得有为自身存在正名的需求，将我们确立为宇宙的独宠，把我们的存在当作是可预见的？或许，我们应该请教历史学家、心理学家、神学家、社会学家，他们对此各有高见。我只从一个古生物学家的角度，以第四次“弗氏革命”为背景，发表一下个人之见——我们将演化视作可预见的进步动力，目的在于用曲解的“正能量”平衡地质学最令人恐慌的事实——人类的存在，仅限于地球纪年的最近一刻。有了这种曲解，即便人类存在的历史极为短暂，也不会对我们自身至高无上的重要地位构成威胁。我们会觉得，现代人类仅存在于最近一刻，可能确为事实，但如果之前的成十上百亿年呈现出一种整体趋向，切合实际地以人类意识的演化形成为巅峰，那么，我们人类的最终起源，在时间之始，就已暗暗开启。从某一角度看，它有着重大的意义——这意味着我们在混沌初开之时就已存在了，一如“太初有道”[①]。

对进步的执信或许容易被打上“潜在偏见”的标签，不过，有些偏见的事实基础是正确的，就如我在（20世纪）50年代迷上洋基队[②]，是我绝对主观的支持偏向使然，但从客观上讲，它的确是当时最优秀的棒球队。那么，我们为什么要对进步心存疑虑，不认为它是推进生命历史的实质性主导呢？毕竟，生命显然变得更加复杂了，正如我们希望发生的那样，难道不是吗？35亿年前，世上所有活物，都是形式最简单的单细胞——细菌及其近缘类群，而现在，有蜣螂、海马、矮牵牛[③]，还有人类。在这古生物学最重要的事实面

---

① 太初有道（*In principio erat verbum*），在此为对《圣经》典故的调侃。出自新约《约翰福音》（John）序言始句（1:1），作者引用的是拉丁文本，典故全句为“*in principio erat Verbum et Verbum erat apud Deum et Dee erat Verbum*”，意为“太初有道，道主与共，主即是道”。按神学家的诠释，其中的“道”指作为上帝“天道”化身的耶稣。若以此倒推，耶稣体现的上帝之“天道”，在天地之初，就已通过上帝而存在。换言之，耶稣在天地之初即已存在，是为调侃。——译者注

② 洋基队（the Yankees），即美国著名职业棒球队纽约洋基队（New York Yankees），被认为是美国国内最成功的职业球队，1901年组建于马里兰州巴尔的摩，于1903年迁至纽约，属美国联盟东赛区。——译者注

③ 细菌及其近缘类群，按2015年七界系统，指细菌界及古菌界（Archaea）微生物。蜣螂（dung beetle），泛指鞘翅目（Coleoptera）昆虫中的粪食性甲虫。海马（seahorse），海马属（*Hippocampus*）海生动物，属辐鳍鱼纲（Actinopterygii）海龙目（Syngnathiformes）海龙科（Syngnathidae）。矮牵牛（petunia），即碧冬茄属（*Petunia*）植物，是常见的茄科（Solanaceae）园艺植物。——译者注

前，何以否定进步的趋向？似乎只有脾气暴躁还管不住自己的老顽固，乐于耍弄文字游戏、喜好为争论而空洞争辩的“讨人嫌”，才会否认如此显而易见的论点——进步是生命历史的主要趋向。

然而，本书将试图展现，“进步”不过是一个基于社会偏见和心理期望的虚幻概念，缘于我们不情愿接受第四次“弗氏革命”浅显直白的真义。要证明这一点，我不会采取否定上述基本事实的策略，即否认很久以前，地球上只有细菌繁衍，而现在的生物种类丰富得多，现代人类亦在其中。我要论证的是，我们针对这一基本事实的思量方式存在偏见，是徒然的。我还要提出一种与传统天差地别的趋向解读方式，它需要我们改变更基本的心理习惯，而这些习惯至少可以回溯到柏拉图。只有这样，才能形成一个富有成效的概念构架。立足于这个新的“制高点”，还有助于我们破解更多的难题，从棒球赛季中 0.400 安打率[①]的不复再现，到莫扎特、贝多芬式作曲家在现代的缺失。

我们最终能完成达尔文的革命吗?

“进步”的偏见以不同的形式表露出来，可以是略显幼稚的字句，见于流行文化；也可以是笔风老练的表述，出现在技术含量极高的文献中。将之简化至极，就形成这样一种意象——孤零零的一架梯子，人类位居其顶。这种意象的影响仍然很广，甚至在专业学术期刊上也能见到。不过，我也肯定不会说，所有人（即使只是很多人）都欣然接受这种简化。有一些演化生物学研究背景的写作者，大多会如此理解演化，即将其视作一株枝繁叶茂的灌木，枝杈繁多，结果无数，而非一条高速路或一架通往孤顶的梯子。由此可见，他们认识到，必须将进步理解为一种广义上的总体平均趋向（同时允许存在一些稳定的谱系，它们“错过”了这一“启示”，因而在漫长的岁月里一直保持着比较简单的构型）。

然而，在我们的文献记录中，有关“进化即进步”的断言和比喻仍处于主导地位，无论它们以何种方式呈现、愚蠢的程度如何之深——该偏见之强势，由此可见一斑。对于这些记录，我多有留存，时至今日，仍有所增。下列数例，即从中大致随机抽取而得。

① 安打率（hitting），即平均击球率（batting average），另见 76 页注②。——译者注

◇ 据《体育画报》杂志 1990 年 8 月 6 日号报道，丹佛野马队卡尔·梅克伦伯格的位置曾从防守端锋调整到中线卫，现在又调到外线卫。对此，他自我评价道："我正沿着进化之梯步步升迁。"①

◇ 在一封写于 1987 年 1 月 18 日的来信中，来自缅因州的寄信人感到困惑，因为他看不出某本神创论宣传册有何谬误之处。他觉得，如该本小册子"所示，通过研究多个年代已知的类人物种，人们发现，其中有些物种在存在的数千年中没有取得过任何进步。此外，有些物种貌似共存过。按进化准则的规定，各个物种都是朝更高层次的方向演进的。然而，上述两点发现皆与之相背"。

◇ 另一封信寄自新泽西州（1992 年 12 月 22 日），这回的寄信人是一位专业的科学家。在信中，他表达了自己对进化的理解，认为与时俱进的是生命整体，而非仅局限于某些类群中处于顶梢的谱系。"我相信，（生命）在演化的过程中，组成结构和生理行为的特化程度变得越来越高。既然生物演化已进行了十亿年或更长时间，依吾愚见，与过去相比，现存的物种是高度特化的。"

◇ 在一封写于 1992 年 6 月 16 日的英国来信中，寄信人的文字可谓直接："生命拥有某种朝着复杂化方向推进的'内置'驱动力，来自'反复杂化'的阻力无法与之匹敌……当初一踏上复杂化之路，人类意识的形成就已在所难免。"

◇ 在一本出版于 1966 年的高中生物主流教科书里，能见到一个采用真实依据（下文第二句话）做出错误推断（下文第一句话）的经典实例："关于进化模式的表述，多数基于一个假设，即生物随进化越来越复杂。如果这一假设正确，那么，在过去的某段时间里，地球上只有简单的生物。"

◇ 在美国顶级学术期刊《科学》1993 年 7 月某期上，刊有一篇题为《追溯免疫系统进化史》的文章。它基于这样一个前提，那就是——当发

---

①《体育画报》（*Sport Illustrated*），美国体育杂志，现为双周刊。卡尔·梅克伦伯格（Karl Mecklenburg，1960—），职业橄榄球运动员，1983—1994 年期间效力于丹佛野马队（Denver Broncos），现已退役。防守端锋（defensive end）、中线卫 (inside linebacker)、外线卫（outside linbacker），指美式橄榄球中防守方的位置。防守端锋在最前的防守线上，位于防守截锋（defensive tackle）外侧。线卫（linebacker）位于防守线之后的位置，中线卫位居中间，外线卫位于两翼。——译者注

现“低级生物”（原文如此，非吾杜撰）具有成熟的免疫系统时，我们应当感到惊讶才对。为什么会感到惊讶呢？只要“人人皆知”生命是与时俱进的，便不难理解个中缘由。这篇文章自以为道出非凡的洞见：“简单生物拥有的，不只是一个与我们自身免疫系统相似的不完善版本。”（为何会有人认为“其他”生物整体上“比不上我们”呢？何况，该文讨论的“简单生物”是节肢动物，在五亿多年前，它们就已与脊椎动物分道扬镳。而且，许多昆虫具有复杂多样的化学防御系统，这已是科学家们的共识。）该文认为，令人吃惊的事实还有，“像海绵这样远在进化之梯下层的生物，能识别其他物种的组织”。如果连我们的顶级学术期刊都依旧沿用“进化之梯”的意象，那么，当（线卫）梅克伦伯格先生使用相同的比喻时，我们凭什么要嘲笑他呢？[①]

这种传统意象相当诱人，我也未能免俗，落入了它的圈套。我在上文列举诸例，从作为主要流行偶像的体坛英雄之言论，到数封措辞越来越雅致的书信，再到教科书，最后到《科学》所刊之文，俨如阶梯上一系列依序渐升的梯级。不过，首末两例都误用了“进化之梯”的相同字眼，我这线形的顺序又被掰成了一圈“错误之环”。所以，顺序在此并不重要[②]。至少，那个线卫借用该字眼是为了打趣。

这种错误的案例数不胜数。在此，我再举两个突出的案例，分别代表流行文化和专业学术领域的功名之巅（“进步”之喻又来了），以此为本节收尾。

① 《追溯免疫系统进化史》，为刊登于《科学》（*Science*）1993 年 7 月 9 日号的一则研究新闻，详见 Travis, J. 1993. Tracing the immune system's evolutionary history. *Science*, 261(5118): 164–165。文中“低级生物”的原文为“the lower organisms”。“众人皆知”并非引用，而是表明后接的内容为一种广泛的误解。作者引用的“像海绵这样远在进化之梯下层的生物，能识别其他物种的组织”，在该文中实为“……昆虫能识别其他物种的组织……脊椎动物如此，像海绵那样远在进化之梯下层的生物，亦是如此”（...that insects, as do vertebrates and creatures as far down the evolutionary ladder as sponges, can recognize tissue from other species...）。昆虫是节肢动物的主要组成类群。——译者注

② “顺序在此并不重要”，原文为“the last shall be first”，应为调侃《圣经》典故，原意大致为，该信仰体系中，人在世间的物质付出多少，即“贡献”排位先后如何，与在天堂中所得的“回报”无关，重要的是对信仰及其决策者的信任，以及信仰人对自己与信仰之间“契约”的固守。在《马太福音》（*Matthew*）（19:30、20:16）、《马可福音》（*Mark*）（10:31）及《路加福音》（13:30）中皆有提及。——译者注

◇ 流行文化的突出版本

心理学家M. 斯科特·派克的《少有人走的路》初版于1978年。在广受追捧的自我提高“实用指南”类图书的出版史上，它肯定是最成功的。该书在《纽约时报》畅销书榜上已停留600余周，迄今总销量位居第一，在我们有生之年无它能及。书中有一章，标题为“进化的奇迹”。[①]

派克在讨论之始，便暴露出对热力学第二定律的典型误解。

> 自然进化过程最突出的特征在于，它是一个奇迹。以我们对宇宙的现有了解思量，进化本不该发生，这种现象根本就不该存在。有一条基本的自然法则，称作热力学第二定律，规定能量从组织程度高的状态，自然地流向较低的状态……换言之，宇宙处于一个不断松弛的过程。

但是，第二定律的这种表述，通常表现为熵值（或混乱程度）随时间推移而递增，仅适用于无外源新能量注入的封闭系统。地球不是一个封闭系统，太阳产生的能量源源不断地流入我们的行星。因此，地球也会变得更加有序，无须违背任何自然法则。（太阳系可以被视作一个封闭的整体，其运行因而服从第二定律。在太阳的能量耗尽并最终爆炸的过程中，整个太阳系会变得越来越混乱。但是，这最终的宿命不会妨碍整体当中那个叫作地球的角落在相当长的一段时间里变得更加有序。）

派克将进化称作奇迹，是因为它与时俱进的推动表现违背了（热力学）第二定律。

> 进化过程表现为生物自下而上的发展，使之提升到更加复杂、更加

① M. 斯科特·派克，即美国心理医生、作家摩根·斯科特·派克（Morgan Scott Peck，1936—2005）。《少有人走的路》（*The Road Less Traveled*，1978）为其代表作，副标题为“一门有关爱、传统价值、心灵成长的新心理学”（*A New Psychology of Love, Traditional Values and Spiritual Growth*），是一本带有类似基督教说教意味的通俗读物，最初影响不大，但在初版五年后登上畅销书榜，并在《纽约时报》畅销书榜上停留了十数年之久，被翻译成多种语言，有汉译本（《少有人走的路——心智成熟的旅程》，于海生译，2006，长春：吉林文史出版社）。“进化的奇迹”（“The Miracle of Evolution”）为书中第四篇“恩典”（“Grace”）的一章内容（Peck，1978，263—268页），可视作一种对演化的伪科学解读。——译者注

> 分化、组织程度更高的状态。（之后，派克依次列出病毒、细菌、草履虫、海绵、昆虫、鱼类，似乎这种成员混杂的序列代表着一种进化的先后次序。他接着写道：）就像这样，在进化的阶梯上，越往上，复杂程度、分化程度、组织程度越高。人类拥有高度发达的大脑皮层和极其复杂的行为模式。由此，我们可以肯定，人类高居阶梯之顶。我之所以说进化过程是个奇迹，是因为在这个过程中，组织和分化程度的不断提高，是与自然法则背道而驰的。[①]

接下来，派克用一幅图表（如图 2 所示）对自己的观点进行总结。论及展现进步之偏见强加给我们的重大误解，该图可谓范例，令人印象深刻。他承认，任何朴素的生命“进步观”都有悖于大自然的一大现实，那就是——最高级的生物形式（人类）稀少，而最低级的形式（微生物）无所不在。如果进步真是好得要命，为何我们看不到更多的成果？

派克想抓住在最后一刻反败为胜的机会，索性将生命刻画成向上的（进化）推动力，与熵向下拖拽的力量相抗衡，并取得优势。

> 可以将进化过程绘制成一幅棱锥图。其中，人最复杂，种类最少，位于顶端；病毒种类最多，但也最简单，位于基底。朝着顶端的方向，有一股向上的推动力，大过熵形成的反向力。我在棱锥内部标上一个箭头，作为进化推动力的象征。这股“力量”与“自然法则”抗争，在生物繁衍生息的数百万代中，一直常胜不败。其自身，一定也代表着某种尚未定义的自然法则。

这幅简单的示图（图 2 上）集“进步”偏见主要错误之大成。首先，即便派克有可能对“生命阶梯”式意象的最幼稚版本持以否定的态度，但他的示图展示的也是一个线性序列。它通往进步尖端，好似有一股向上的推动力。就这样，“阶梯”又回来了。该版本有两个特征，透过它们，可见派克对自然历史和生物多样性缺乏应有的关注和同情。其一，在细菌和脊椎动物之间的广大区域，仅有一个“集落生物”（colonial organisms）。我得承认，看到这一带而过的

① 括号内文字为本书作者所注。——译者注

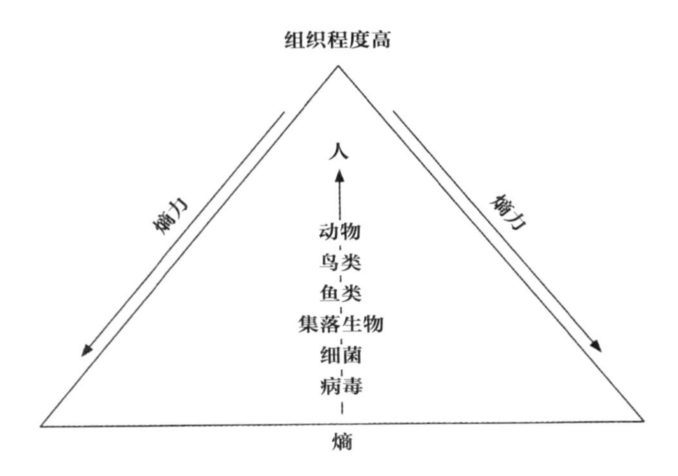

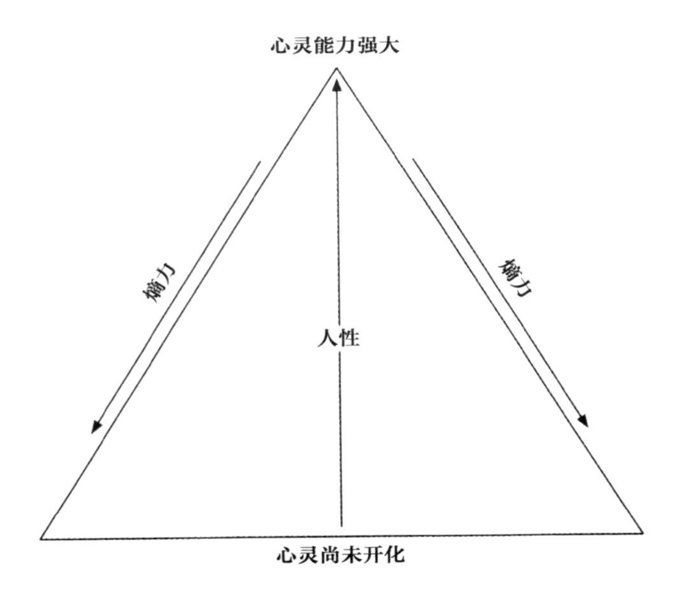

图 2　M. 斯科特·派克《少有人走的路》中两幅带有“进化即进步”偏见的棱锥图。上图展示的，是所谓生命向上推进、趋于复杂的金字塔；下图展示的，是将相同的形式套用到所谓人类心灵能力的培养

轻佻处理，一种被侮辱的情绪直冲上脑。此处的“集落生物”所代表的，一定是所有单细胞真核生物，以及所有多细胞无脊椎动物。不过，两者都不包含多少聚集而居的种类。其二，同样让我感到懊恼的，还有派克对形成于人类之前的脊椎动物的处理——“鱼类、鸟类、动物”。我知道鱼得到水里游，而鸟得去天上飞，[①]但我十分肯定，它们也被称作动物。毕竟，动物不仅限于哺乳类。

其次，基于这种“有机生命向上推进”对抗“无机自然向下拖拽”的模型，派克认为，进步是生物演化最强有力的普遍趋势。然而，这与我们看到的情形相反。实际上，大多数生物并没有在这条路上走多远。熵在反方向的作用如此之强，要与之抗衡，生命必须全体集合到底部，合力往上推。这样，积聚的力量才能将少数幸运儿推向顶端，使之出类拔萃。就如妈妈和牙科医生一直苦口婆心地提醒我们（而很少有人听命），挤牙膏要从底部往上挤，牙膏整体的压力才能使其中小小一段完成其终极使命——被挤到顶端，直至牙膏管之外，为人所用。

派克为该章收尾的方式，好比渐强的乐章。不过，它基于一幅牵强附会的愚蠢示图（图 2 下），而正是那一种图像，使我对该类读物心生反感。在作者看来，人类的生命和奋斗变成了“生命整体趋向进步”的缩影。其中，熵力（按作者的认定，即为我们自身的懒散）仍发挥着向下拖拽的作用，但爱充当了进步驱动力的角色（不过，我会问，两者怎能等同），将我们带出“心灵尚未开化”的状态，朝着棱锥之尖、“心灵能力”顶峰的方向推进。派克得出结论，“爱，是自我的外延，进化的本身。它是正在发生的进化。进化的动力，存在于所有生命当中，体现于人类，就是人类之爱。爱是一种人性，是藐视熵之自然法则的一股神奇力量”。这听起来可能让人悦耳舒心，但是，如果它有什么意义的话，那我算是撞到鬼了。

◇ 来自专业领域的相似见识

我的同行 E. O. 威尔逊是世界上最伟大的博物学家之一。他是无与伦比

---

① 鱼得到水里游（fish gotta swim），鸟得去天上飞（birds gotta fly），应为作者调侃，出自著名音乐剧《演出船》（*Show Boat*，1927）中的代表性歌曲《情不自禁爱着他》（*Can't Help Lovin' That Man*）。——译者注

的蚂蚁专家，也是为生物多样性保护事业孜孜不倦奋斗的志士。在对物种的概念与界定及两者相互关系的理解方面，他堪称典范。我喜欢他的著作《生命多姿多彩》，在为英国顶级学术期刊《自然》撰写的书评中，对其予以好评（Gould，1993）。不过，在很多议题上——从社会生物学到达尔文理论的奥秘，埃德和我的看法并不能达成一致。但是，当面对进步的迷思时，我们本该统一思想——就算仅仅是因为保护生物多样性是我们共同奋斗的事业，而为了取得胜利，人类必须得端正对其他物种的态度，对它们不再忽视、尽力剥削，转而待之以关注、爱与敬意。如果我们继续认为，自己较其他生物更为优越，且是宇宙的安排，那么，端正态度从何谈起？[①]

然而，威尔逊用最古老的"进步"意象，将生命历史的过程归纳为一连串（首字冠以大写）略显正式的"时代"（令人感到意外）。[②] 在我年少时，这种处理几乎为所有流行读物和教科书所采纳，不过（我认为）现已弃用。因为，变革的影响通常最先触及语言层面（就如我们无休止的辩论，是否该保持政治正确，当涉及族群和性别时，什么样的称呼才是恰当的），然后才是概念本身。

> 在它们〔最先登陆的节肢动物〕之后（登陆的），是从肉鳍鱼类进化而来的两栖动物。接着，陆生脊椎动物爆发，出现体型相对较大的种类，进入"爬行动物时代"。再接着，是"哺乳动物时代"，直到最终迎

---

① E. O. 威尔逊，即美国昆虫学家、生物理论学家爱德华·奥斯本·威尔逊（Edward Osborne Wilson，1929—2021），文中的埃德（Ed）为爱德华的昵称。作为昆虫学家，威尔逊以蚂蚁研究见长。他推进了社会生物学（sociobiology）的发展，将之定义为"种群生态学和进化理论在社会组织的延伸"，但被认为试图从生物演化的角度解释社会行为的形成，因而备受争议，本书作者即为知名批评者之一。此外，他也是自然保护运动的重要人物之一，生物多样性的一种英文写法 biodiversity 在他的推动下广为人知。威尔逊专著颇丰，有多部著作获奖，曾凭《论人性》（*On Human Nature*，1979）和《论蚂蚁》（*The Ants*，1990）两获普利策奖。《生命多姿多彩》（*The Diversity of Life*，1992）是一部有关生物多样性的通俗读物，已至少有两个汉译本，分别为《缤纷的生命——造访基因库的灿烂国度》（金恒镳译，1997，台北：天下文化出版公司）、《生命的多样性》（王芷、唐佳青、王周、杨培龙译，2004，长沙：湖南科学技术出版社）。下文案例即来自该书。——译者注

② 指下文提及的"爬行动物时代"（Age of Reptiles）、"哺乳动物时代"（Age of Mammals）、"人的时代"（Age of Man，另见 173 页讨论）以及下章提到的"细菌时代"（Age of Bacteria），首字用了大写，因而成为有所限定的特指历史阶段。——译者注

来“人的时代”。[1]

这些字眼看起来令人舒心，却不过是略显过时的措辞。出现在文中，并非因作者修辞失误使然。实际上，威尔逊另有为进步辩护的明确说辞，其末句几乎让我毛骨悚然。

> 在生命历史的进程当中，会出现多次反转，但从总体上看，是由简单稀少变为复杂繁多。在过去数十亿年里，动物整体的进化趋势是向上的——体型更大、取食和防御手段更强、脑结构及行为更加复杂、社会组织程度更高、对环境的控制更加精准……所以，进步是生命作为整体进化的一个属性，无论以何种可想象的直观标准评价，几乎都是如此，比如说，根据动物完成目标和实现意图的行为能力。因此，否认其重要性实无必要。让我们聆听 C. S. 皮尔斯[2] 的教诲，不要假装否认内心所信为实之事的真实性。

皮尔斯或许是美国最伟大的思想家，但是，把他这句话放到上文的背景中，效果几近恐怖。有些显然正确的观念，在好几代人之前，我们就已不再耗费脑力揣思，而是将之铭记于心——这就是我们最狭隘的心理习惯。要阻碍智识变革，没有什么比劝导我们放弃审视的习惯更加直接。请不要忘记，太阳确实每天从东边升起，穿过天空，到西边落下。而又有什么解释比“地球稳居正中，太阳绕之位移”更合乎直觉呢？

达尔文与林肯同日出生。1859 年《物种起源》出版之日，也是达尔文“正式”发起以其命名的革命之时。在 1959 年出版百年庆典期间，伟大的美国遗传学家 H. J. 穆勒大泼冷水，发表了一篇题为《达尔文主义缺席百年已够长》

① 六角括号内文字为本书作者所注，圆括号内为译者注。肉鳍鱼类（lobe-finned fish），在此指肉鳍鱼纲（Sarcopterygii）动物早期形成的类群，如肺鱼与四足动物的共同祖先。——译者注

② C. S. 皮尔斯，即查尔斯·桑德斯·皮尔斯（Charles Sanders Peirce，1839—1914），美国著名数学家、哲学家。作为数学家，皮尔斯对数学原理、符号逻辑（即数理逻辑）有很大的贡献；作为哲学家，他被认为是现代实用主义（Pragmatism）的创立者。引文中“不要假装否认内心所信为实之事的真实性”（let us not pretend to deny in our philosophy what we know in our hearts to be true），为皮尔斯原话“让我们不要假装质疑内心无疑之事的真实性”（Let us not pretend to doubt in philosophy what we do not doubt in our hearts）的引申。原话意指，对于自身根深蒂固的思想，个人无故进行质疑，实际是质无疑之疑，至少在最初缺乏客观性，并非真正的质疑，而是自欺欺人的行为，详见 Peirce, C. S. 1868. Some Consequences of Four Incapacities. *Journal of Speculative Philosophy*, 2:140–157.——译者注

的演说。[①] 他指出，这场革命对人群两极的渗透都不算成功。因此，神创论仍占据着美国流行文化的大多数阵地；受过良好教育的人士接受进化论，但对自然选择的了解十分有限。

不过，我认为，处于两个极端之间的更多人群的意见，才一直是达尔文革命成功的最大障碍。弗洛伊德正确地指出，人类的自大得以收敛，是几次重大科学革命的共同成果。但作为原版“弗氏革命”的第二弹，达尔文的革命却从未完成，它需要人们全盘接受生物演化的主要推论。依弗洛伊德的标准，即使有朝一日，盖洛普先生 [②] 的调查结果发现，否认进化论者已屈指可数，即使大多数美国人能准确地道出自然选择的精义，革命也不算完成。当我们将自大的信念根基完全捣毁，承认生物演化“浅显直白”的含义——生命不可预见，没有趋向；当我们对达尔文主义的生命之树严肃待之，承认现代人类是（将修订的“连祷经”[③] 诵一次）——一条小枝，昨日才从这参天大树上生出，如果让这棵大树从种子开始，在相同条件下重新再长一次，那条小枝将不复再现——到那时，达尔文的革命才算完成。我们紧抓进步这根稻草（一条干枯的意识形态小枝）不放，是因为我们仍未打算接受达尔文的进化论。我们渴望进步。因为，在这个不断演化的世界里，若要固守人类自大的妄念，进步就是我们的最大念想。只有考虑到这一层，我才能理解，为什么时至今日，某种漏洞百出、难以置信的辩词仍能稳稳地把我们唬住。

---

① H. J. 穆勒，美国著名遗传学家，曾因发现 X 射线辐射诱变获得过诺贝尔奖。《达尔文主义缺席百年已够长》（*One Hundred Years Without Darwinism Are Enough*），是穆勒于 1958 年 11 月 28 日在印第安纳波利斯发表的演说，标题中的“达尔文主义”（Darwinism）即进化论，常被误写成“达尔文”（Darwin），本书作者亦是如此。演说全文见 Muller, H. J. 1959. One Hundred Years Without Darwinism Are Enough. *School Science and Mathematics*, 59(4): 304–316.——译者注

② 盖洛普先生（Mr. Gallup），指美国民意调查先行者乔治·盖洛普（George Gallup，1901—1984），在此泛指民意测验。——译者注

③ 连祷经（litany），在此指基督教主要教派的一类重复应答形式的祷告文，每句通常由两部分组成，前半句是祈祷的具体内容，各句间互有不同，后半句类似应答，格式简短，各句间相似或相同。以天主教《谦卑连祷经》（*Litany of Humility*）第一段为例，第 2 ～ 4 句的前半句分别为“从被敬之欲”（From the desire of being esteemed）、“从被爱之欲”（From the desire of being loved）、“从被颂之欲”（From the desire of being extolled），“从被赞之欲”（From the desire of being praised），而后半句皆为“拯救我，耶稣”（Deliver me, Jesus）。前文已多次提到现代人类是一杈“小枝”，作者在此为调侃，把“一杈小枝”比作上述连祷经反复出现的简短应答。——译者注

03 解析有别趋向异

趋向的发现与解读之误

我们在构建分析策略框架时，分析对象的主题越重要，越接近我们所希望和需求的实质，就越有可能出错。我们是善于讲故事的动物，我们自身也是历史的产物。趋向让我们着迷。一方面，展现趋向的基本手段，是让对象在时间尺度上有所指向，有故事可讲。另一方面，它们通常将连串事件的发生赋以道德是非的属性，让我们为衰败而哀叹，或让我们发现罕见的灯塔，看到难得的希望。

但是，这种急于确定趋向的强烈欲望，常使我们产生发现某种指向的错觉，或者得出一些站不住脚的推断。因此，趋向这一主题不仅催生了人类论理中的一些经典谬误，其自身也是这类谬误的体现。人们那么不善于从概率入手思考，而又那么渴望从接连发生的事件中找到固有的规律。所以，在很多时候，摆在我们面前的，不过是一串随机的事件，却被我们认为有“千真万确”的趋向蕴含其中，进而穷究其动因。这就是第一类最突出的谬误。

在此类谬误的经典案例中，大多数人对纯粹随机数据中貌似存在的某种模式的出现频率鲜有认识。以掷硬币为例，要计算事件连串发生的概率，我们可以将各事件单独发生的概率相乘。既然掷币结果为正面的概率为 1/2，连掷 5 次结果为正面的概率就是 $1/2 \times 1/2 \times 1/2 \times 1/2 \times 1/2$，即 1/32。这一现象的发生概率的确很低，但它偶尔会出现，毫无缘由，纯粹随机使然。然而，当连续 5 次出现正面的现象发生时，很多人，尤其是押结果为反面的人，却将之视作作弊的初步证据。有人因此无故成为枪下冤魂——无论是在现实生活中，还是在西部片中。

另有一案例，人们对它抱有相同的误解，但症结更加微妙，不易被察觉。这也是我偏爱的一个案例，即每个篮球运动员和球迷都绝对“信”以为真的现象——“手顺”，或为“进入状态”，或为“打出境界”的神奇时刻——每投必中，连续得分。这一现象听似天经地义——“手顺连连胜，手背节节败”。然而，它已被研究人员戳穿（Gilovich，Vallone & Tversky，1985）。我的三位同行调查了费城76人队数个赛季的每一次投篮。他们的发现澄清了两个误解：其一，前一次投篮命中不会提高下一次投篮命中的概率；其二，也是更重要的一点，即“连中”数，或者说连续投篮成功的次数，并未超出标准的随机模型预测的范围，与掷币连续得到相同结果的情形并无二致。还记得吧，在掷硬币游戏中，以连掷5次为一轮，平均每32轮，就会出现一次5掷皆为正面的情形。与之相似，我们可以算出任一篮球队员投球“连中”数的期望值。假设有一位“空心球先生”，其投篮水平极高，场上投篮命中率达60%。那么，若以连投6次为一轮，他在场上每投20余轮，就会出现一次6投全部命中的情形（按0.6×0.6×0.6×0.6×0.6×0.6计算，其连中六球的概率约为0.047，即4.7%）。若“空心球先生”在实战中连中6球的概率与之相符，那么，就没有证据表明“手顺”的存在，而只能说明“空心球先生”每次投球都发挥了正常水平。的确，研究人员也发现，那些连续投球得分无一超出随机发生的期望范围。①

我的同事埃德·珀塞尔曾获得过诺贝尔物理学奖，他同时也是一位热情的棒球球迷。正因为此，他对棒球比赛的连胜和连败记录进行过相似的研究，我们还联合发表了研究结果（Gould，1988）。珀塞尔发现，纵观成就英雄（和

---

① 文中“手顺”（hot hands）、“进入状态”（getting into the groove）、“打出境界”（finding the range）、“连中”（runs），皆为形容连续得分的俚语。空心球（swish），指篮球运动中不触及篮板和篮筐的进球。“手顺连连胜，手背节节败”（when you're hot you're hot, and when you're not you're not），出自杰瑞·里德（Jerry Reed，1937—2008）1971年发表的格莱美奖获奖歌曲《手顺连连顺》（*When You're Hot, You're Hot*）。在歌曲中，“手顺”“手背”指“双骰”赌博的“手气”，以及现实生活中的“运气”。实际上，歌曲对“连连顺”和“节节败”的看法基本持否定态度。三位同行，分别为康奈尔大学心理学教授托马斯·季洛维奇（Thomas Gilovich，1954—）以及斯坦福大学心理学家罗伯特·瓦洛内（Robert Vallone）和阿莫斯·特沃斯基（Amos Tversky，1937—1996），特沃斯基生前的合作者丹尼尔·卡内曼（Daniel Kahneman，1934—）后来凭两人的合作成果获得2002年诺贝尔经济学奖。——译者注

狗熊）神话主题的所有连胜（和连败）战绩，只有一例超出合理的概率，而且本不该发生——那就是乔·迪马吉奥在 1941 赛季创下的连续 56 场安打的纪录。有了这一发现，便可以肯定，迪马吉奥的辉煌胜绩就是现代体育史上最伟大的成就，让众多球迷安心（也让许多可怜的倒霉蛋不再负疚，确认自己的连续失败完全符合连败发生概率的合理预期）。[①]

最后一个案例与股票市场有关。为发现（并充分利用）行情的涨跌趋势，人们投入大量心血，可能比寻找其他任一趋势所耗费的精力都多。原因显而易见，毕竟，以我们文化的价值观评判，这就好比赌博，下注甚高，输赢事关重大。但事实上，虽然世界上最优秀的某些人才付出了极大的努力，但谁也未曾发现这一难题的破解之道。或许，这也说明，如此趋势并不存在，一连串事件的发生并无缘由，实为随机使然。

有关趋向的第二类最突出的谬误，在于人们虽能发现某一现象的正确指向，却落入另一个错误的圈套，以为那是同一时间内变化方向相同的其他现象所致。这一错误将相关和因果混为一谈，（只要您愿意去思考，很快就能意识到）犯错的原因显而易见。那就是，在任一时刻，都有大量事物朝着相同的方向发展（例如，哈雷彗星与地球渐行渐远，我家猫咪脾气越来越大），然而，这些相关（或巧合）的现象之间，绝大多数没有因果关系。曾有一位著名统计学家展示过一个经典案例。在 19 世纪的美国，因醉酒而被逮捕的人数与浸礼会牧师[②]的人数之间，呈现出完美的相关关系。这一紧密的关联真实无误，但我们认为，这两种呈上升态势的现象并不存在因果关系，而两者之所以呈上升态势，应缘于另一共同因素——美国人口的增加。

本书中详述的错误，通常无人指出，或者说，无人认识到。不过，我们之所以对趋向有所误解，这种错误发挥的作用非常大。我要强调的两个中心案例，分别来自截然不同的文化领域。其一，棒球赛季中 0.400 的安打率为

---

① 埃德·珀塞尔（Ed Purcell），即美国物理学家爱德华·米尔斯·珀塞尔（Edward Mills Purcell，1912—1997），曾因发现核磁共振现象，与瑞士裔美国物理学家费里克斯·布鲁赫（Felix Bloch，1905—1983）共同获得 1952 年诺贝尔物理学奖。连胜（streaks）和连败（slumps），亦指连续得分或连续失分。英雄和狗熊，分别指胜利的贡献者和失败的责任者，后者原文为 goat，可理解为责任“背锅”的“替罪羊”（scapegoat），这种说法源于 20 世纪 20 年代的美国体育新闻，经著名漫画《花生》（*Peanuts*）为人熟知。乔·迪马吉奥（Joe DiMaggio），亦译作乔·狄马乔，即美国棒球史上最著名的运动员之一约瑟夫·保罗·迪马吉奥（Joseph Paul DiMaggio，1914—1999），是美国家喻户晓的明星。——译者注

② 浸礼会成员（Baptist），指信奉新教独立宗派浸礼宗的基督教徒，坚持成年浸礼。——译者注

何不复再现？其二，生命历史的进步特征是如何形成的？两者都是某种重要传统的精髓体现和历史缩影，而且都有着道德是非的内涵。在这层意义上，两者都体现出典型的趋向。一方面，棒球的案例貌似要告诉我们，“卓越”水平下滑，或者说传统美德逐渐丧失，是现代生活的某些因素所致。另一方面，生命的案例给予我们的，不仅有必不可少的精神慰藉，还有让我们继续自视为万生之王的借口。

我把两例放到一起，不是为了纠缠细枝末节，胡嚼生命如何模仿棒球，或者棒球如何模仿生命。① 不过，我要向大家展示，基于同一错误，我们将两者变化趋势的方向完全看反。在谬误被纠正之后，您会看到（无论乍听起来有多么荒谬），0.400 的安打率不复再现，正表明棒球运动竞技的“卓越”水平有所提高。相反，生命整体并未大幅进步。30 多亿年来，生命仍维持着不变的细菌模式，只是偶然增添了一种生命类型。这一类型较从前更加复杂，但仅局限于解剖学结构仅有的可塑空间之内。总之，棒球运动进步了，而生命世界可谓一直处于“细菌时代”，且将一如既往，直至太阳爆炸。

两例的共同错误在于，我们没有认识到，整体表现出的某些外在趋向，并非某种因素直指某个方向变化的结果。它可能只是一个副产物或次要后果，为系统之内的差异幅度增减所致。实际上，在一个系统之中，均值如常数一般长久不变（就如美国职业棒球大联盟比赛的平均击球率 ②，或如生命永恒的细菌模式），而我们心生趋向的感知（或者说错觉），或许只能表明我们目光短浅，（在系统边界扩展或收缩时）仅聚焦于处在系统某一极端（即边界上）的鲜见事物。而导致边界扩展或收缩的原因，可能与导致均值变化的原因大不相同。因此，如果我们将一个整体边界的扩展或收缩错当成整体的变迁，可能就形成一种反向解释 ③ 的情形。我将展示，0.400 安打率不复再现所标志

---

① “生命如何模仿棒球，或棒球如何模仿生命”，作者调侃爱尔兰文学家奥斯卡·王尔德（Oscar Wilde,1854—1900）《谎言的衰朽》（*The Decay of Lying*，1891）中的字句——“生活对艺术的模仿远甚于艺术对生活的模仿”（Life imitates Art far more than Art imitates Life）。——译者注

② 平均击球率（average batting percentage），亦作 batting average，即安打率，直译为“平均击球百分率”，但一般不以百分比表示。其中的“击球”也译作“打击”，后同，另见 76 页注②。——译者注

③ 反向解释（backwards explanation），指用后来可能发生的事件（e_2）解释先前可能发生的事件（e_1）。如果两个事件之间不存在单一的因果关系，或事件未实际发生，这种解释则不能成立。作者的意图大致是，貌似一种趋向的外在表现（e_2）与整体变化（方向）与否（e_1）没有必然的因果关系，若单从 e_2 的现象解释 e_1 的发生，或 e_2 本身即为假象，那么，这种反向的解释就不能成立。——译者注

的，就是这种边界的收缩，且因竞技水平整体提升所致。这并不代表一种令人珍视的实体消失（若果真如此，就的确象征着某种“东西”的绝迹，某种“卓越”的丧失）。

下面，让我举一个简单（且显得愚蠢）的例子，来阐述这个不为人熟知的概念，展示在两种情形下，差异幅度的消长是如何形成趋向的假象的。在这两种情形下，我们都趋于对现象加以误读。之所以如此，原因就在于我们将趋向视作“定向变化的实体”的习惯根深蒂固。

假设有一神秘之地，住有居民 100 人，饮食完全相同，体重同为 100 磅[①]。关于营养问题的讨论渐起，现在出现第一种情形，即一些居民推崇一个新品牌的蛋糕（卡路里尤其高），另有一些居民倡议进一步节食。而大多数居民才不想那么多，饮食如故。结果，10 位大量进食蛋糕的居民，平均体重增至 150 磅，另 10 位采取运动和挨饿措施的居民，平均体重降至 50 磅，而该地全体居民的体重均值根本没变，还是过去的 100 磅。但是，居民个体间体重的差异幅度显著增大了（且在体重增减两个方向呈对称延伸）。

“增食蛋糕者”推崇体态浑圆的新审美观，只关注受其影响而增重的那一小部分居民，忽视了其他人，因而会宣扬趋向是体重增加。而“运动 - 节食卫道者”以拥有竹枝似的身架为荣，独见自己关心的那一小部分居民，因而会肯定趋向正朝着骨瘦如柴的方向发展。但就整体而言，并未见何种趋向，至少没有通常意义上的那种。全体居民的体重均值没有增减 1 磅，大多数居民（80%）的体重未发生 1 盎司的变化。唯一发生的改变，是体重差异的幅度在不变均值的两侧对称地增大。（当然，您或许会认识到这种增大的重要性，不过，我们通常不会把这种非定向的变化称作“趋向”。）

您或许会认为，这一情形不仅愚蠢，还过于简单，几乎没有谁看不出变化的实际情况。无论是“增食蛋糕者”，还是“运动 - 节食卫道者”，即便他们的“托儿”想将各自代表的一小部分居民的体重变化夸大成整体趋向，我们也不过一笑了之。但请您对我多些耐心。因为，我要揭示的许多现象（其中也包括 0.400 安打率的不复再现）通常被当作趋向，人们或为之而喜，激情澎湃，或为之而悲，哀叹之词滔滔不绝，但它们也是不变均

① 磅（pound）和后文中出现的盎司（ounce）皆为重量单位，1 磅 = 16 盎司，1 磅约合 0.45 千克，1 盎司约合 28.3 克。——译者注

值两侧差异幅度对称变化的体现。因此，它们是同一种谬误的体现，只是隐藏得更好而已。

现在出现第二种情形，即“运动－节食卫道者”占上风，形成了由其统治的专制社会。他们推行自己的理念，日久经年，使得所有人不得不屈服于社会压力，将体重维持在 50 磅。后来，一个开明的政权接手，允许居民自由讨论体重的理想水平。这的确是个很好的姿态，但这次束缚居民的不是政治观念，而是生理限制。在本例中，50 磅是维持生存的下限，没有谁能更瘦。因此，虽然公民们现在有了决定体重是增是减的自由，可行的选项却只有一个。绝大多数居民保持着过去的生活习惯，选择维持 50 磅的体重不变。15%的居民乐享新生的自由，开始无节制地增重。6 个月后，这 15 位居民的体重

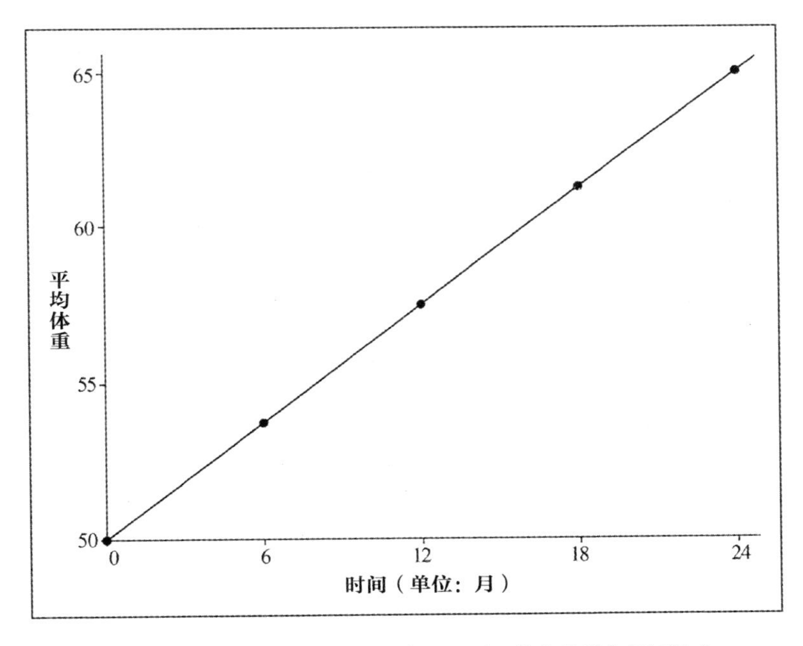

图 3　假想居民的体重均值—时间图，以示趋势的假象何以形成

均值升至 75 磅；一年之后，则为 100 磅；而两年之后，已达 150 磅。

为“十五胖”代言的统计操纵家登场。他们辩称，其客户的观点已征服整个社会，证据确凿无疑——全体居民体重均值已稳步提高。又有谁能否认这一证据呢？他们甚至搬出一幅像模像样的图表（见图 3）。如图所示，解放之前，全体居民人均体重 50 磅，6 个月后升至 53.8 磅（尽管 85% 的居民体

重均值依旧为50磅，但其余15%的居民体重均值已升至75磅），一年以后升至57.5磅，两年之后达65磅（在最初50磅的基础上增重了30%）——的确表现为稳步、未倒退、显著的增重。

您或许会认为，这一情形也是那么愚蠢（而且，只要您已明白系统整体和个体差异的概念，就还会觉得，本例是特意设计的，为的是展示论点显而易见的特质）。了解过故事的全貌，知道大多数居民的体重没有增减，知道有体重截然不同的两组居民——占多数的坚定守旧者和占少数的革命践行者，就几乎没有人会上当。整体体重均值的稳步上升，只是将两组数据混合而形成的假象。但是，假使您对故事全貌不感兴趣，只想听那个代理"十五胖"的统计操纵家的说辞，还有意赋予均值一种趋近真实的意味，使之凌驾于实际个体及其差异之上（恐怕大多数人都会），那么您应该会被图3说服，认为广大居民受到一种趋向的影响，并在其推动下，使得整体体重均值不断提升。

我们更容易被第二种情形愚弄。因为，若群体的异化区间局限于平均水平的某一侧，均值也只能朝着一个方向变化。在如此情形下，均值上升并不为"假"，但展示的趋向确有误导之实，就如马克·吐温或迪斯雷利的金句"假话、谎言、数据统计"[①]所指。在后面，我会列出技术性细节，但在此之前，先容我做出简单的解释——为何在这种情形下，真实可靠的数据会产生假象，以至于被财经名嘴和政论操纵家们频频滥用。就如那条有关剥猫皮的俗语所言[②]，表达"平均水平"的方式也不止一种。最常见的方法，是计算平均值（mean），即先累加数值，求得总和，再除以数值的总个数。如果10个小孩儿共有10块钱，那么，这些小孩儿的"财富"平均值为1块钱。但是，平均数可带有很强的误导性，尤其如前述"特意设计"的那一类案例中所展现的情形，异化在（平均水平之上或之下的）一个方向表现得尤为突出，而在相反

---

① 假话，谎言，数据统计（lies, damned lies, and statistics），也译作"谎言、该死的谎言、统计数字"，出自马克·吐温（Mark Twain，1835—1910）刊登于《北美评论》（*North American Review*）杂志1907年7月5日号的自传文稿《我的自传章节》（*Chapters from My Autobiography*）第20章。在文中，马克·吐温统计自己多年以来写作产出的走势，发现30多年前曾日均3000字，后来逐渐降低，直至当前减半，并感慨在走下坡路。但他回头又发现，过去每日工作时间是当前两倍，因此抱怨自己常被数字忽悠，并称按迪斯雷利〔Disraeli，即英国前首相本杰明·迪斯雷利（Benjamin Disraeli，1804—1881）〕的话说，就是"谎有三种——假话、谎言、数据统计"（There are three kinds of lies: lies, damned lies, and statistics.）。但后来有人进行考证，并未发现迪斯雷利生前曾说过此话。——译者注

② 剥猫皮（skinning cats）的俗语，指"剥猫皮的方法不止一种"（there is more than one way to skin a cat），意为实现一个目标的方法有多种，亦即"条条大路通罗马"。——译者注

的方向微乎其微，甚至根本没有。如此一来，平均值便滑向发生异化的一方，从而给人一种（通常为非常错误的）印象，认为那也是整体趋向所指。

毕竟，若有 1 个小孩儿手里有一张 10 块钱的钞票，而其他 9 个一无所有，小孩儿们的“财富”平均值依然为 1 块钱，但这个数字能准确反映出整体的实际情况吗？与之相似的，还有更严肃的真实案例。例如，有一些为当权政客服务的舆论操纵家，就经常利用收入平均值不诚实地粉饰太平。假使存在一种“超级里根经济体系”[①]，只为富人减税，以致少数富翁变得更富，而在贫困线上挣扎的广大人民尝不到任何甜头，甚至会变得更穷。在这种情况下，收入平均值仍可能会上升，因为一个大款一年增加的收入，比如说从 600 万增加到 6 亿，就可将数百万穷人拖的“后腿”扯平。也就是说，若一人获得 5.94 亿元，而 1 亿人人均损失 5 元（总共 5 亿），整体人均收入仍是上升的。不过，谁也不敢（问心无愧地）说，广大人民的收入提高了。

对于这类情况，统计学家另有量数反映“平均水平”，或者说“集中趋势”。其中一种被称作众数（mode），即整体中最普遍的值。没有一条数学定律能够告诉我们，哪一种展现“集中趋势”的方式在任何一种情形下都最为适用。正确的解决方案，取决于分析人对特定案例所涉全部因素的了解，以及分析人的诚实底色。

对于上述诸例，众数比平均值更能反映真实情况，有谁会否认呢？10 个小孩儿的“财富”众数值为零。我们整体的收入众数值原地踏步（或略有下降），但只因一个大款赚了一大笔，平均值升高了。在我那个愚蠢例子的后一种情形下，整体体重众数值仍为 50 磅。虽有 15 人体重稳步增加（整体平均值因而上升），但又有谁能否认，占多数者的稳定表现才最好地代表了整体呢？（至少，得允许我在此提醒，首先，若出于某种个人原因，您站在增重者一边，选择关注他们，请不要像图 3 那样，以持续增长的平均值来代表整体；其次，您必须将多数个体的稳定性状作为其主要表现。）我不遗余力地强

① “超级里根经济体系”（super-Reaganomic system），应为作者调侃里根倡导的俗称“里根经济学”（Reaganomics）的经济政策。该政策是一种“供给学派经济学”（supply-side economics），力图通过减税、放松市场监管、放缓政府支出增速、控制货币供应量等措施，达到抑制滞胀的目的。在该政策的影响下，美国经济形势得以好转，但因导致贫富分化拉大、国债翻番而受人诟病。它被认为是一种“下渗经济学”（trickle-down economics），即越厚待富人，他们才有越多余利惠及大众，或“马惠麻雀理论”（horse and sparrow theory），即马吃进的燕麦越多，排出的马粪越多，留给麻雀的未完全消化的燕麦越多。——译者注

调这一观点，是因为我的第二个中心案例——生命历史中的“进步”错觉，也有着完全相同的形成基础。一些生物在唯有的变异方向演化得更加复杂，但代表细菌的众数坚如磐石——而且，从任何合理的标准评价，从开始到现在，且可能一直往将来，细菌都是地球上最成功的生物。

差异是普遍现实

在一些体系里，貌似存在着某种趋向，依传统解读，即一种定向变化的“东西”（比如在前节案例中提到的整体平均值）。不过，那只是系统内部的差异幅度发生了变化。这种幅度的增减是如何被误读成“趋向”的？在上节中，我已尝试揭示其来龙去脉。我们之所以犯如此错误，或许是由于自身的短视，只看重少数极值的变化，并将该变化误解为系统整体的趋向（如我的第一个中心案例的主题，体现为棒球赛季中 0.400 安打率的不复再现）。或许，是因为差异幅度或消或长的变化有时只朝着一个方向进行，只不过被我们错误地归纳为平均值的变化。然而，众数的表现是稳定的，我们本可得出截然不同的诠释（如我的第二个中心案例的主题，体现在将进步妄想成生命历史的主导）。

我并不是说，所有的趋向都是基于这种错误的假象（若确为“东西”，其变化亦确有一定的方向性），或者，这种“将差异‘物化’[①]的谬误”比另两种已为人们普遍认识的错误（或将趋向与随机发生的连串事件相混淆，或将相关与因果混为一谈）更重要。但是，这种谬误使我们将一些最为重要、讨论得最为频繁的文化趋向完全搞反。这种谬误也让我着迷。因为，我们对差异的普遍误解和低估，引出一个更深层次的问题，事关对客观现实的基本理解。

我们通常将生物分类学说成最枯燥的学科，贬损的隐喻比比皆是。例如，

---

① Reification（物化）不是一个广为人知的词，但用这条术语来描述该谬误，实在太合适了，我立即就想到了它（并要加以解释）。“物化”一词是 19 世纪中期的哲学家和科学家们提出的，指的是“将人和抽象的概念转换成实物的心理行为”（《牛津英语词典》）。该词源于拉丁文 res，意为物事〔英文为“a republic”（共和），拉丁文为“*res republica*”，即“人民的物事”（一般认为，*res republica* 多指其另一义项，即“公共事务”。——译者注）〕。当我们犯本书所探讨的错误之时，会将存在于系统之内的差异表现泛化，将之归结为某种集中趋势的量数，如同求平均值。然后，我们又错误地将这种泛化的指标加以物化，把所得平均值诠释为实在的“东西”。接着，我们继续犯错，认为平均值的增减必须作为既定事实，被解读成一个实体的定向变化。或者，有如相同谬误的另一种表现，我们将视线集中于差异的极端，并错误地将相应的数值“物化”为与整体不相干的实体，而不是将之视作整个系统不可避免的差异表现个体中的一分子。——作者注

将自然比作衣帽架，或如同鸽笼一般的分类架（分信格），分类学就好似挂衣服、归置东西，各归各位。或者，让现实化身为邮票定位册，分类学就是往上贴邮票（这是让集邮爱好者有理由诟病的意象）。这些意象让分类学显得死板，分类科学进而被贬低为最枯燥的杂务——将东西归置得井井有条。不过，这些说法也反映出一个重要的谬误——假定存在一个绝对客观的自然，在任何不抱偏见的观察者眼里，它都是一个样（这一意象，与我在本篇首章中批判的“赫胥黎棋盘”相同）。我想，若不改变分类学的这种形象，它可能会变成最令人郁闷的学科。因为如此一来，自然所呈现的，可能是一系列显而易见的分类架，而分类学家要做的，不过是找寻能归入其中的相应物件。投身这等事业，固然需要具备勤奋的精神，但事业本身没有多少创造力或想象力。

可是，分类学并非一种被动的分门别类手段，这个世界也没有被客观地划分为显而易见的类别。分类是人类对自然的一种主观判定——一种有关自然秩序成因的理论。分类系统的历史变迁，便是人类思想观念革命的最佳写照。客观的自然确实存在，但我们只能通过自己定义的分类系统与之对接。

我们可能赞同这种观点的大致内容，但仍会坚持认为，某些根本类别的特征显得如此明确，其基本划分一定恒久不变，放之四海而皆准。但现实并非如此，不光针对生物，对任何主题皆非如此。类别是人类强加给自然的（尽管自然现实也有“反馈”，会给我们“心领神会”的印象），比如说，人类“显而易见”的两性划分。

在我们眼里，“男女有别”或许是一种恒久不变的二元划分，是两种不同途径在胚胎发育和后来成长阶段的体现。我们可能想象不出还会有别的什么划分标准。然而，这种“两性模型”很晚才雄踞西方历史舞台（参见 Laqueur, 1990；Gould, 1991）。在新柏拉图主义世界观被牛顿和笛卡儿的机械论哲学[①]击败之前，“两性模型”并不居于主导地位。从古典时代[②]到文艺复兴时期，受人青睐的是“单性模型”。它评判人体的优劣水平，并以之为标准建立等级。当

① 新柏拉图主义（Neoplatonism），柏拉图哲学分支，源于公元 3 世纪，形成于中期柏拉图主义（Middle Platonism）之后，代表人物为普罗提诺（Plotinus，约 205—270）及其老师、学派创始人阿摩尼阿斯·萨卡斯（Ammonius Saccas，约 175—242）。机械论哲学（mechanical philosophy），是一种自然哲学，认为宇宙就像一台巨大的机器，世间万物就如组成机器之零件，其运行机理可以通过力学定理来解释。——译者注

② 古典时代（classical times），指公元前 8—7 世纪以古希腊和古罗马为中心的地中海文明繁荣的时期。——译者注

然，依该标准，人类仍可分为两大类别，即男性与女性，但只存在一种理想的，或者说典型的人体类型，其所有实际体现（即现实中的人）都得以之为参照，以确定自身在无形的连续单向进步序列中的位置。这个更早的体系，当然同后来的“两性模型”一样，也带有性别歧视的意味（“两性模型”认为，两性从一开始就拥有与生俱来、命中注定的价值差异），只是理由不同而已。相比之下，如今的分类学全然不同，但我们必须了解它的过去，方可领略历久经年的压迫之深。（在“单性模型”中，传统的男性凭借更多力量，占据了单向序列的顶端，而女性虽有魅力，却因这种力量相对较弱，而远居于这单向阶梯的下方。）

本书探讨的是更为根本的分类问题，即对现象的物化本身。我将要论证，一种可追溯至柏拉图的遗毒仍在作祟；在其影响下，我们习惯抽取整体中单一的理想表现或平均水平并视之为整个体系的“本质”，而整体中个体组分的差异被低估或忽视。〔只要想想我们渴望“正常”的那种焦虑，就可领会到。在我初为人父之时，妻子和我买过著名儿科医生 T. 贝里・布雷泽尔顿[①]所著的一本好书。该书内容直指每个父母心中的过度恐惧——对于儿童的成长，是否存在一种标准来定义何为正常，且各家宝贝的一举一动都必须以这种不留情面的标准为准绳，加以评判。布雷泽尔顿采用了一种简单的手段，定义了三条完美的路径，与之相对接的，是三类宝贝——一类闹天闹地，一类中规中矩，一类羞头羞脑（被委婉地标作“慢热”）。虽然设置的方向有三个，而非一个，但也无法捕捉到差异常有的千姿百态。不过，这仍算得上是一个踏上正轨的良好开端。〕

柏拉图在（其《理想国》）著名的“地穴类比”中，认为实际所见之生物，仅是投映到地穴壁上的影子（即经验性自然），一定存在本质所属的理想界域，而影子的主人就来自那里。[②]如今，已很少有人相信柏拉图这种匪夷所

---

① T. 贝里・布雷泽尔顿，即美国儿科医生托马斯・贝里・布雷泽尔顿（Thomas Berry Brazelton，1918—2018），是新生儿行为评定量表（Neonatal Behavioral Assessment Scale）的创立者。——译者注

② 地穴类比（analogy of the cave），即 allegory of the cave，亦作 myth of the cave、metaphor of the cave、parable of the cave、Plato's Cave 等，亦译作“洞穴之喻”“洞穴隐喻”“洞穴寓言”等。该类比出自柏拉图《理想国》（*Republic*）第七卷，将地穴比喻为可见世界。有一条通道通往穴外，但穴内有一堵墙，挡住了从穴外射进的光线，全凭矮墙和通道内口之间上方的火光照明。一群人自幼被禁锢在矮墙背向洞口的一面，从头到脚不能动弹，只能看到所面对的地穴之壁。矮墙后方立有傀儡，有人操纵，火光投其影于穴壁之上。这些影像就是被禁锢之人的经验性现实。如果他们能打破禁锢，转过头去，在适应了直面火光之后，便会发现自己的经验性现实实为虚像，认识提高一大层次。若能走出地穴，进入真实的界域，在适应阳光之后，见到傀儡的实物来源，认识便更上一个层次。不过，有观点认为，这种类比是对现实世界的曲解。——译者注

思的理念。不过，我们从未放弃带有其鲜明特征的想法，认为现实中构成整体的个体皆有不幸。他们各存瑕疵，必然都是不完美的，只是离理想状态的距离长短有异而已。人们觉得应当对这种意外的集合进行调研，形成某种关于本质的想法。具体而言，就是将不同方面的上佳之选拼凑到一起，比如说甲最对称的鼻、乙最卵圆的眼、丙最圆的肚脐、丁比例最完美的脚趾，但没有哪一实际个体可以代表整体的这种“深层现实”。

只有认识到这种柏拉图主义的思想至今遗毒未散，我才能理解，为何我们对平均水平的估计多是彻底的本末倒置之举。达尔文生活的年代已属于“后柏拉图主义时代”[①]。在这个时代，差异代表的是现实之根本，估算而得的平均水平则沦为抽象概念。但是，我们依然偏爱立场相反的古老观念，将差异看作无足轻重的偶成表现的集合，其存在价值，主要在于可用以估计平均水平——我们所认为的理解本质的最佳途径。我们将体系内差异幅度的增减误读为均值（或极值）朝着某个方向变化——这就是与趋向有关的常见错误，也是我有必要写作本书的缘由。对于这一点，只有认识到它是柏拉图的精神遗产，我才能有所领悟。

我在第二章里说过，要完成达尔文的革命。这一颠覆性的智识变革包括诸多元素，一部分是接受进化论，取代神祇创世的说法（在达尔文有生之年，就已在受过教育的人群中实现了），还有一部分是（第四次）捣毁信念根基式的“弗氏革命”，承认现代人类不过是庞大的古老系谱灌木上的一条小枝（至今尚未实现）。但是，从更根本的意义上讲，达尔文的革命应被概括为以差异取代“本质”作为自然现实的中心范畴（伟大的遗传学家迈尔[②]曾为“以‘整体思考’替代柏拉图‘本质论’”的观点辩护，并提出达尔文革命的核心，参见 Mayr，1963）。针对现实的概念，还有什么比完全反转，或者说“大翻转”更令人迷惑的呢？——在柏拉图的世界里，差异是意外的表现，而“本质”记录的是更高一层的现实；达尔文将之反转过来，认为差异即（实实在在的）

① “后柏拉图主义时代”（post-Platonic world），译者不明其具体所指，亦未查得其确切定义，故按上下文理解，认为在此应指前文所述“新柏拉图主义世界观被牛顿和笛卡儿的机械论哲学击败”之后的时代。——译者注

② 迈尔，即恩斯特·迈尔（Ernst Walter Mayr，1904—2005），20 世纪最伟大的演化生物学家之一，现代综合（进化）论的奠基人之一。他于 1954 年提出近域物种形成（peripatric speciation）学说，被认为是本书作者“点断平衡”假说的基础。——译者注

现实，是其确义，而平均水平（我们最接近“本质”的可行指标）沦落为心理上抽象简化的结果。

达尔文明白，自己要颠覆的，是受人尊敬、源远流长的古希腊根本理念。在二字头将尽的年龄，达尔文写下了富有青春气息的生物演化笔记。其中，有一段对柏拉图“本质论”的点评，精彩且带有几分讥讽的意味。文字简明扼要，指出存在天赋观念[①]，并不意味也存在一个保有永恒精义的超凡界域。唯一能说明的，仍是我们的祖先属于物质世界。“柏拉图在《斐多》[②]中说道，‘心生之观念’源自先存之灵魂，而非形成于后天之经验——我认为，先存何处寻，度猴以觅之。”

在所有的主题当中，历史可谓重中之重。拉尔夫·沃尔多·爱默生[③]在诗歌《历史》里，记录了该主题所承载的一些重大精神遗产。

> 我拥有这个地球……
> 恺撒之手，还有柏拉图之脑
> 基督之心，及莎士比亚之韵

这些精神遗产是我们的欢乐和灵感之源，但也是我们认知的负担和障碍。先存何处寻，度猴以觅之，我们应将差异视作自然现实的首要表现特征。

---

① 天赋观念（innate ideas），亦作天赋论（innatism），认为人的观念或知识与生俱来，因而是一种唯心主义先验论。——译者注

② 《斐多》（*Phaedo*），柏拉图记录的苏格拉底在临刑数小时前与门徒的对话，对话主题为灵魂不朽，死后之生。斐多是参与对话的门徒之一。——译者注

③ 拉尔夫·沃尔多·爱默生（Ralph Waldo Emerson，1803—1882），美国思想家、哲学家、诗人，美国超验主义运动的领导者。——译者注

贰

死与马：差异主导之一例

我的中心案例与棒球和生命史有关。在呈现它们之前，我先另举两例，借此提出我的论点，即在我们的文化中，深藏着一种强烈的偏见，对差异或不以为意，或完全忽视。我们将注意力集中到集中趋势量数上，进而酿成一些大错，常造成惨重后果。

04
案例一：一次亲身经历

我们将看到：描述集中趋势的量数过于简化抽象，唯有差异表现反映实际

1982 年，我才 40 岁，就被确诊身患腹膜间皮瘤[①]。那是一种罕见的癌症，（当时的权威意见一致认为）患者“必死无疑”。然而，经过治疗，我抗癌成功。这归功于无畏的医生，他们采用了一套实验性的治疗方案。现在，该方案已可用来挽救不少早期确诊病患的生命。

在癌症幸存者的推动下，大量相关书籍应运而生。它们或是患者的经历自述，或是利于患者自助的文献。我珍视这些书籍。在挣扎求生的那些日子里，我从中获益良多。我所抵抗的，是一种令患者痛不欲生且无望治愈的疾病。因此，这场漫长的搏斗是我有生以来所经历过的最激烈的冲突。尽管我也算得上是个作家，却未有过将这次亲身经历诉诸文字的冲动，也不觉得有此义务。与之相反，对于像我这样一个极其注重隐私的人来说，该题材是可憎的，我避之不及。这么多年来，有关那段重要的人生经历，我只被说动过一次，写出一篇篇幅不长的文章。

努力付出后，若成果能收获赞许，必因其中蕴含有潜在的应用价值——

---

① 腹膜间皮瘤，原文为“abdominal mesothelioma”，即 peritoneal mesothelioma。间皮瘤（mesothelioma）指生于包被器官的薄膜组织间皮细胞的一种肿瘤，多源于胸膜，少见于腹膜（占 20%），罕见于心包和睾丸鞘膜；多良性，罕恶性。——译者注

这是我所接受并努力付诸实践的一大道德理念。因此，看到有那么多读者前来索取那篇文章，或为自己，或为身患癌症的朋友，我都感到十分欣慰——它的确有其价值。但是，我写该文，既非出于冲动（以作为个人见证），亦非出于义务（以满足上述道德之需）。我写《中位数并非启示》（*The Median Is Not the Message*）一文，是出于一种完全不同的知性之需。我相信，正是因为误信"'差异物化'之谬"，换言之，即由于未对差异表现（"千姿百态"）的所有情形加以考量，才使得我们陷入一错再错的境地。我与癌症搏斗之始的经历，就是一个因避免该错误而获益的佳例。对于分享这一经历的冲动，我实在克制不住。

如今，人们对癌症的态度已大不如前。在条件艰难的过去，人们会对病人隐瞒确诊结果。究其原因，一方面，当时的许多医生认为，如此隐瞒是得以把握全局的优先途径（虽然这样显得有点可悲）；另一方面，人们以为这一做法是出于怜悯之心，觉得确诊结果中哪怕有一个字流露出死刑宣判般的终极恐怖意味，大多数病人都承受不起（尽管此举有误导之嫌）。但是，视而不见也解决不了问题。试想，如果富兰克林·D. 罗斯福当初不精心掩饰其残疾的实情，而是告诉大家，自己的双腿已不听使唤，那么，在我们对残疾的认知方面，他将会有多大贡献？[①]

如今，在美国，尤其是在波士顿这样知识分子集中的地方，针对这一最为棘手的问题，医生采取了另一种策略。在我看来，它可谓最佳之选——遵从患者的意愿，若想知悉病情，不管现实有多残酷，医生都会如实告知（当然，得以尽可能怜悯的态度，辅以尽可能和缓的言辞）；若不想知道，不问即可。在这方面，我的主治医生仅有过一次闪失。当我了解到相关背景之后，便即刻原谅了她。当时，我已接受过首轮手术。（由于从未听说过这种疾病）在初次会面期间，我请她推荐有助于了解间皮瘤的阅读材料。她回答说，现有文献没有什么值得深究的内容。但是，想不让一个知识分子看书，就好比

---

① 富兰克林·D. 罗斯福，即美国第32位总统富兰克林·德拉诺·罗斯福（Franklin Delano Roosevelt，1882—1945，常被引作 FDR），民主党人，自 1932 年上任，连任 4 届，其间对内实施新政，对外加入反法西斯阵营，于二战胜利前夕死于任上。罗斯福曾于 1920 年与俄亥俄州时任州长搭档竞选总统，失败后暂别政坛。1921 年 8 月，他在加拿大坎波贝洛岛（Campobello）度假期间因急性炎症导致健康迅速恶化，几近病危，后虽康复，但腰部以下永久失去知觉。凭借亲友和工作团队的精心掩饰，以及自身坚强的意志，他给公众留下完全康复的印象，并最终重返政坛，赢得纽约州州长选举，直至当选美国总统。——译者注

古谚所云——当一头犀牛迎面冲来之时，在场的人怎么可能执行不去想它的命令？[1] 一旦我下得床来，便拖着蹒跚的脚步前往医学院图书馆，坐到计算机前，打开检索软件，敲入关键词“间皮瘤”。半小时后，通过浏览最新的研究论文，我明白了，为何我的医生对有限的信息如此信赖。

那些文献都包含有一条相同的残酷启示，即间皮瘤不可治愈，患者确诊后生存期中位数为 8 个月。曾有观点认为，在与诸如癌症的重大疾病做斗争的过程中，患者应保持积极向上的态度。在过去，这曾是一个热门话题，它强调“正能量”所发挥的作用，在伯尼·西格尔的畅销书中所述尤多。[2] 尽管在我富有怀疑和理性的灵魂深处，我会祈求上苍，让我免受加州情感宣泄主义[3] 的荼毒。然而，我必须承认，对于西格尔表达的重要主题，我也有相同的看法。虽说如此，我仍要在第一时间补充两条重要说明。其一，对于患者而言，保持心态平稳，固然有其潜在价值，但这并不会让我感到不可思议。尽管其作用机理尚不得而知，但我可以肯定，在将来，人类有能力得出科学的解释（且有可能与思维活动、情绪表达的生物化学途径同免疫系统之间的反馈互动有关）。其二，我们应坚决抵制这种“正能量”运动造成的无心伤害。因为，总有人难以克服绝望，内心深处无法产生积极情绪。对于他们而言，这种运动的教条可能会在不觉间沦为责备之词。毕竟，我们的个性是经过日积月累塑造而成的。我们不可能出于功利的考量，就让它发生根本改变。在我们心里，不存在标有“正能量”的按钮，也不存在轻轻一触，不痛不痒便诱发“正能量”爆棚的指头。有的人秉性根深蒂固、原则性强，当人生不幸意外袭来之时，或许换一种人格即可更好地应对，但我们又有多足的底气借此对不善变通的人横加指责呢？一位癌症患者若在恐惧和绝望中死去，他因痛苦而嘶喊，权当作生命的礼赞。另一位患者积极抗癌，始终保持乐观，却也在劫难逃。在弥留的日子里，他可能会好过一些，但也有可能走得无声无

---

① 原文为“...ordering someone not to think about a rhinoceros”，即“命令某人不想犀牛”，意为对显而易见的危险视而不见。——译者注

② 伯尼·西格尔，即伯尼·S. 西格尔（Bernie S. Siegel，1932—），美国儿科医生。著有强调病人心理与治疗联系的畅销书，代表作为《关爱、治疗、奇迹》（*Love, Medicine & Miracles*，1986），至少已有两个中文译本《爱·治疗·奇迹》（李松梅、李铁英译，1988，上海译文出版社）及《关爱·治疗·奇迹：全新康复理念——精神、意志、爱心……》（邵虞译，1999，中国轻工业出版社）。——译者注

③ 加州情感宣泄主义，原文为 California touchie-feeliedom，touchie-feeliedom 应取自 touchy-feely，形容“令他人不安的过分表现自我”行为。——译者注

息，不见人性的闪光。

亲自研读这些令人心寒又悲观的文献，我的反应别有不同。它让我看清自己的某些方面，对此，我从前怀疑过，只是不能肯定（因为，只有在生死关头，才能真正意识到）——原来，我的确具有乐观的秉性，也抱有“正能量”的心态。坦率地讲，在最初几分钟里，我的反应也曾是倍感震惊、呆若木鸡，但随后便愁眉舒展，因为我渐渐明白——哦，原来这就是她不建议我读有关文献的原因（我的主治医生后来向我道歉。她解释说，当初过于提防，是因为不知我的“底细”。她还说，若早知我的反应如此，她会把那些文献都复印出来，翌日便送到我的病床前）。

我最初的“正能量”源于直觉，几乎出于感情用事。但是，那些论文的结论如此残酷，如此悲观，如果不是坚信有更好的方法，可对数据重新加以分析且得出不同的结果，我将难以有足够的理由巩固这番乐观情绪，使之持久（如果我紧随那些论文的节奏，深陷其中，判定自己在 8 个月以内必死无疑，我的心情定会沉重至极，恐怕什么心态也不能让我释怀）。我之所以会重新分析那些数据，一方面是因为我受过统计学方面的训练，另一方面则源于我对自然历史的了解。这两方面的经验让我意识到，真正能反映基本现实的是差异，而非平均水平。对于后者，我们使用时须谨而慎之。毕竟，代表平均水平的指标是抽象化的量数，既不宜施用于具体的个人，也往往与构成整体的各个个体不相干。本书主题“万物生灵，千姿百态”所要强调的，即为关注“系统整体之内的差异化表现”，而非死盯着描述“平均水平”或“集中趋势”的抽象化量数。换言之，在我最无助的日子里，正是这一理念为我提供了实质性的慰藉。可千万别说学术百无一用，什么知识和学习是花哨的小摆设、什么重压之下唯有切身感受可靠云云。

我从最初几分钟的“休克”反应中一醒过神来，便开始琢磨那些数据、那一关键判词——“确诊后生存期中位数为 8 个月”。我是一名演化生物学家，以我受过的学术训练，会问这样一个问题：“确诊后生存期中位数为 8 个月”究竟意味着什么？在回答这个问题的过程中，我们不仅会发现哲学层面的错误，还将使自己置身于两难的境地，但这也成为我撰写本书的动机。在大多数人眼里，平均值被视作基本现实，是有意义的集中趋势量数，而估量差异不过是用于计算平均值的一种辅助手段。在一个理想化的世界里，“确诊后生存期中位数为 8 个月”只可能意味着“我很可能活不过 8 个月”，在任何人眼里，它大概都算得上最令人心寒的诊断。

但是，如果我们把整体的集中趋势量数视作整体中任一个体最有可能的表现，就犯了一个严重的错误（尽管如此，我们中的大多数人仍一贯如此为之）。因为，集中趋势只是一种简化的抽象概括，差异反映的才是实际情形。在展开讨论之前，我们先得认识到何为“生存期中位数”。中位数是第三个常用的集中趋势量数（我在上一章里介绍过前两个，其一为平均值，先求总和，再除以总数，即可得之；其二为众数，即出现次数最多的数值）。中位数的英文为 median，依词源，意指在分级排序过的集合中处于正中位置的数值。在任一群体中，位于中位数两侧的个体数目各半[①]。例如，现有 5 个小孩儿，手里分别有 1 分、1 毛、2 毛 5、1 块、10 块钱，若按他们拥有的现金排位，有 2 毛 5 的那个孩子就处于中位数的位置。因为钱更多的孩子和钱更少的孩子人数相等，皆为两人（值得注意的是，在该例中，平均值与中位数不相等。平均值为 11.36 ÷ 5 = 2.27 元，处于第 4 和第 5 个小孩儿之间某处，因为第 5 个“大款”“坐拥”的 10 块钱足以把所有“穷鬼”拖的“后腿”扯平）。在这类案例中，差异在某个方向上表现得尤为突出，导致平均值往该方向大幅偏移。在这种情况下，我们乐于采用中位数。对于间皮瘤等疾病的生存期，人们通常选择中位数作为描述集中趋势的量数。我们想知道，在一个以存活时间分级排序的集合里，位于中点处的时长几何。在间皮瘤案例中，若以平均值衡量，数值可能会偏高，有误导之嫌。毕竟，如果有一两个病例的存活时间相当长（相当于那个有 10 块钱的小孩儿），平均值就会被拉高。这样一来，平均值就造成一种假象，即大多数病患的生存期将大于 8 个月；而中位数向我们如实展现，在病患群体中，有一半个体会在确诊后 8 个月以内死亡。

思考到这一步，我发现了问题的关键——自己不是某一集中趋势量数的化身。无论该量数是平均值，抑或中位数，都不必然与我的实际生存期相吻合。我是间皮瘤患者群体中的一员，一个活生生的个体，自己存活的机会究竟如何，我要有切实的估计。如何决策，取决于我自己，既然是我个人的事，

① “在任一群体中，位于中位数两侧的个体数目各半”，原文为“In any population, half the individuals will be below the median, and half above”。按原文，意为在任一群体中，一半个体的数值小于中位数，一半大于它。实际上，若一个群体由奇数个个体组成，且个体数值互不相同，尽管大于中位数的个体与小于它的个体（下称两组个体）数目相等，但这一数目显然小于整体的一半。此外，若数值与中位数相等的个体数大于 1，甚至可能出现两组个体数目不等的情形。——译者注

就不能听命于抽象的平均水平。我需要着眼整个患者群体，根据自身案例的具体因素，看自己最有可能属于哪个差异区间，而绝非轻易地以为自己的命运将落在某个集中趋势量数的位置上。

就在这紧要关头，我领悟到关键所在。事实证明，正是它让我的心态如此乐观。由此，我开始琢磨病患生存期的差异，并得出一个结论，以统计学的专业术语表述，即生存期的频次分布一定是“右偏”的——往某一指定集中趋势量数两侧方向延伸的曲线不对称，且右侧的幅度远大于左侧（见图 4）。毕竟，对于生存期而言，在绝对最小的 0 值（即患者在确诊时即刻倒地身亡）和中位数 8 个月之间，没有多少扩展的余地，但一半的差异表现个体都挤于其间。与左侧不同，从理论上讲，右侧可以无限延伸，至少可及耄耋之年。（统计学家将分布曲线末部称作“尾”。因此，我要说的是，生存期分布曲线左尾有界，止于 0 值“边墙”，而右尾无确切边界，只受制于人类的寿命极限。）

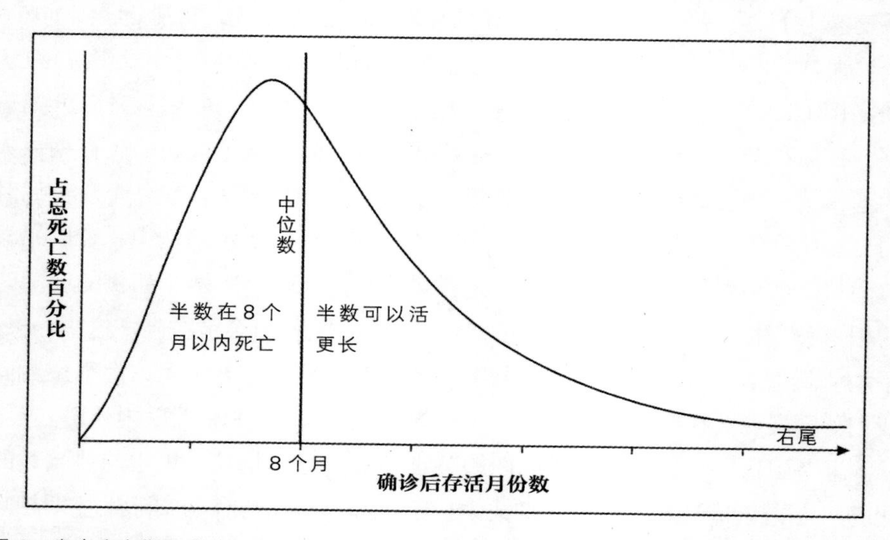

图 4 患者生存期呈右偏分布，中位数为 8 个月，不过患病群体中的每一个体都是一个独立实体，中位数因而反映不出整体的分布特征

我所需要抓住的重中之重，是弄清呈现差异的曲线的形状和展幅如何，以及我在其中的最大可能位置。我当时年轻，且自幼善斗；我身处医疗条件最好的城市，又有家人的全力支持；而且，幸运的是，就这种疾病而言，我是在病程相对早的时期确诊的。我意识到，所有因素都指向一种潜在可能，

那就是我处于曲线右尾。因此，我对曲线右尾（我的可能归宿）的兴趣，自然远远胜过对任一集中趋势量数（与我无特别关联的抽象概括）的关心。接下来，如果能得出该曲线呈强烈右偏势态的推论，那么还有什么消息能比它更令人振奋的呢？于是，我查验了数据。结果证实了我的推测——其差异显著右偏，因为，有数位患者的生存期相当长——我没有理由认为自己不与这些处于右尾区域的患者为伍。

这一领悟虽不能保证我寿命不减，但至少让我在紧要关头收获了最珍贵的礼物（活下来的希望），这样我才得以有充分的时间去思考、计划、斗争，而无须立即遵循以赛亚向希西家王传达的神谕——“汝当理清身前事，因汝将亡，不复存”[①]。关于差异表现的重要性、平均水平应用的局限性，我从统计学的角度推断，得到乐观的结论，并通过实际数据加以证实。我利用了知识，因而活了下来。（在此，略显夸张地讲，这个故事甚至会有更好的结果。我本已注定属于“右尾一族”，而我接受的实验性治疗又获得成功，或许病根已被完全铲除，旧有的分布模型已无法就新生现实做出预测。我相信，在基于这种成功治疗的新分布模型中，我现在正稳步迈向右尾，直到活够为止，寿终时的岁数将是两位数见顶，或许还会是三位数出头。）

我讲这个故事，不只因为它与自己的亲身经历有关，作为一大谈资，讲起来颇有快感，还因为它蕴含了构成本书核心的所有理念。首先，该故事揭示了“系统整体内差异化表现”（作为最根本现实）的重要性，以及平均水平（的抽象本质及其）在应用层面的局限性。其次，若将本书比作教科书，那么，从教学的角度，三个术语和几个概念在这个故事中都有所体现，使之成为一个概念工具，可应用到其他所有例证中。下面，我将正式呈现这些概念，但会尽量不使行文显得枯燥或让人望而却步。

1. 偏态分布。如果我们决计将差异视作现实主体，就必须了解用以描

---

① “以赛亚向希西家王传达的神谕”，《圣经》典故，出现在《列王记下》（*2 Kings*）、《历代志下》（*2 Chronicles*）、《以赛亚书》（*Isaiah*）中。“汝当理清身前事，因汝将亡，不复存”（Set thine house in order: for thou shalt die, and not live.），出自《列王记下》（20：1），《以赛亚书》（38：1），作者引文取自英王詹姆斯译本（King James Version）。在故事中，犹大王希西家（King Hezekiah）患病将死，先知以赛亚前来，告知上帝神谕。希西家遂向圣像祷告，以示对上帝虔诚，至死不渝。上帝感其念，延其寿 15 年。——译者注

述群体及其差异幅度的标准术语和图。就后者而言，众所周知的一种，即传统意义上的频次分布图。其横轴指代所考察的指标（例如身高、体重、年龄、病患生存期、棒球平均击球率、生物解剖学构成复杂程度）的渐增分级序列，纵轴指代落入横轴诸分级区间（例如，以体重为例，分为 10 ～ 20 磅、20 ～ 30 磅等区间；又如，以年龄为例，分为 10 ～ 15 岁、15 ～ 20 岁等区间）的个体数。频次分布曲线可以是对称的，即落入集中趋势量数两侧的个体数相等，两侧形状一致。理想化的“正态分布”，或现今为人熟知的“钟形曲线”（图 5），就有着符合如此定义的对称。这种分布普遍存在，我们见到正态曲线的机会如此之频，潜移默化中，使得我们误以为所有自然存在的体系都倾向以这种理想化的形式呈现。但在现实中，大多数群体并非如此简单，或者说不会表现得如此匀整。（若个体在均值附近表现出的差异完全随机，这样的系统的确是对称的——因为，落入均值两侧的机会相同，且靠近均值的概率大于远离的概率。例如，抛硬币看正反，结果连续相同的频次就呈正态分布。我们之所以视正态分布为正统，是因为我们倾向于认为所有体系由理想化的“正确”个体构成，平均水平两侧的差异表现随机、均等——这是柏拉图主义遗毒未散的另一后果。但是，自然的表现往往与我们的期望不一致。）

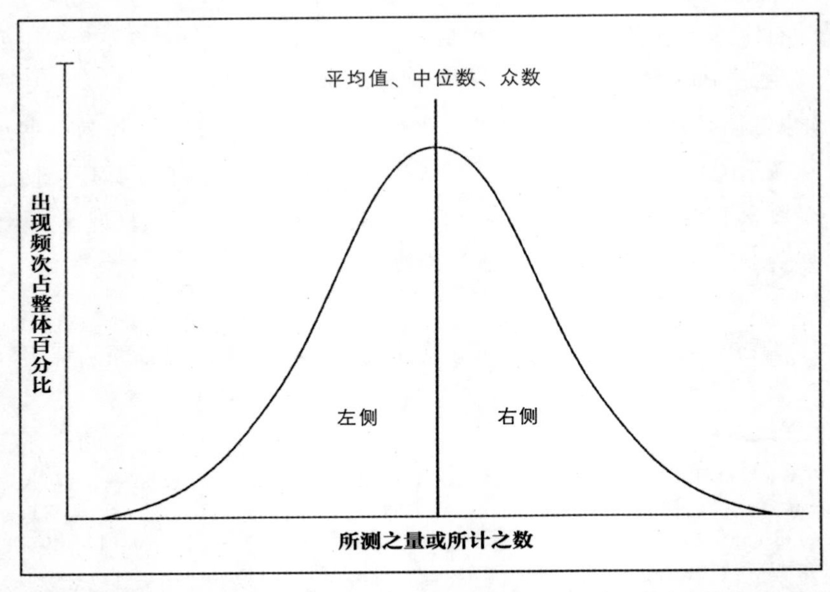

图 5　钟形曲线，或呈正态的频次分布图，可见描述集中趋势的所有量数（平均值、中位数、众数）重合

现实中的频次分布通常是不对称的，或者说是偏斜的。在我的个人故事中展现出的，就是这样一种偏态分布，差异在曲线一侧的延伸幅度超过另一侧——我们依延伸的方向，将之称为“右偏”或“左偏”（图6）。偏斜的成因常令人着迷。其中不乏事关系统本质的洞见，毕竟，偏斜反映的是脱离随机的程度。既然本书讲述的是系统内差异之本质、差幅变迁之成因，那么书中所有的案例都体现了偏斜这一重要规律。

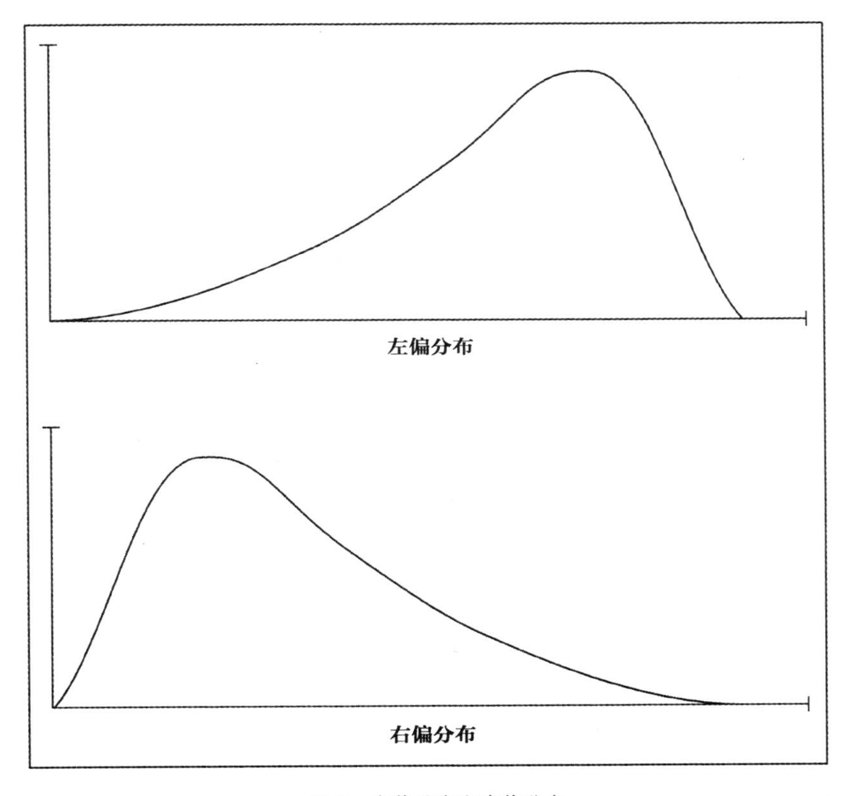

图6　左偏分布和右偏分布

2. 集中趋势量数及其意义。我已介绍过三个用来描述集中趋势的标准量数，或者说“均”值，它们分别是平均值（即总和除以总数所得之值，最常用）、中位数（即处于正中位置的值）和众数（即出现次数最多的值）。在对称分布中，出现次数最多的值恰好处于正中（即分布于两侧的数值个数相等），且等于平均值。因此，在如此情形之下，这三个量数是重合的。我怀疑，正是这种巧合使得我们当中的大多数人忽视了这些量数之间的关键区别。究其原因，在于我们视“正态曲线”为常态，偏态分布（即便我们知其为何物，仍视之）为个别现象。然而，在偏态分布中，不同集中趋势量数的值不相重合。经济和政治领域的舆论操纵家们玩弄的伎俩主要从此入手。这些人听命于雇用他们的主子，知道如何选择对宣传最有利的量数，以满足雇主的需求。

如前文所述，在收入分布呈右偏的人群中，尽管众数偏低，但平均值偏高，因而可被人利用，得出不实的结论（详见 35 页）。总而言之，当分布严重偏斜时，平均值所受影响最大，在偏斜方向上被拉得最远，中位数所受影响相对较小，而众数完全不受影响。因此，在右偏分布中，平均值大于中位数，中位数大于众数。图 7 清晰明了地展现出三者的关系。如图所示，若我们将一条正态分布曲线（平均值、中位数、众数相等）向右拉长，使之成为一条右偏分布曲线，平均值往右方偏移的幅度最大，就如在前章列举的例子中，处于右尾的一名百万富翁所拥有的财富，即可抵左尾数百名穷人的财产总和，使得平均值被拉高；而中位数变化略小，好比按收入升序点数，通过数总人数来决定中点所在位置，若要抵消序数靠后的那名百万富翁的影响，只需派出序数靠前的一名乞丐即可（若处于分布右侧的个人财富整体提升而人数保持不变，中位数也不会变）。在平均值和中位数双双提升之时，众数原地不动，完全不变。即使富人人数稳步增多，2 万元可能仍是最为普遍的年收入水平。

3. “边墙”——差异幅度的界限。偏态分布之所以形成，一大原因在于，差异在一个方向的潜在延伸范围往往有所局限（而在相反方向则广阔得多）。而这种局限之所以存在，原因不一而足，有的微不足道，有的则是逻辑使然——就如在我的癌症故事中，因间皮瘤身亡的患者不可能去世于患病之前。由此可见，在患病之始和死亡之间存在着一个无法更小的起点值，作为存活期 0 值。还有一些原因，不仅微妙，而且更容易引起人们的兴趣，就如本书第三篇和第四篇中将要展现的平均击球率和生命历史案例中所涉及的。在这些案例中，无论是哪种，都有界限存在，使得差异只能往另一个方向延伸，因而形成偏态分布。对于间皮瘤患者而言，他不可能因病去世于患病之前，但可在确诊之后活很多年。就生存期而言，中位数为 8 个月，加之有严格的下界作为起点 0 值，形成的分布除了呈强烈右偏，怎么可能有别的形式？

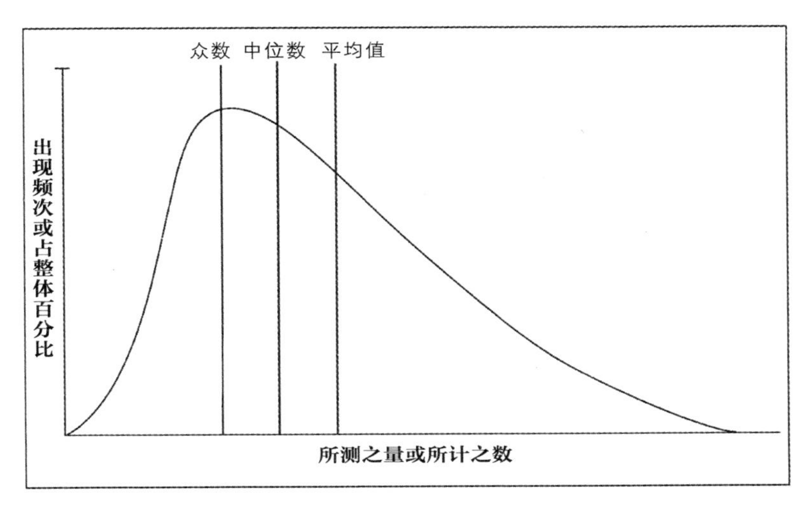

图 7 在右偏分布中，描述集中趋势的各个量数不相重合，中位数位于众数之右，而平均值位于两者之右

在本书中，我将这种差异幅度的界限称作“边墙”——根据其所在方向，进一步分为“右墙”或“左墙”。“左墙”催生右偏分布（因为差异只能朝远离“边墙”的方向自由延伸），“右墙”促成左偏分布。在我的癌症故事中，正是“左墙”的存在，导致生存期呈右偏分布。

（我认为，将数值排列方向武断地定义为左低右高是文化偏见使然，尽管在有的案例中，低值或许被认为更优，如前一章里那个刻意节食社会的案例中的居民体重分布。大众陷于这一误区，我想大概出于两方面的原因，有其险恶的一面，也有善意的一面。世人对我们左撇子少数派的偏见由来已久，恐怕还可能是人类文化的普遍特征之一，这就是险恶的主要原因之所在。耶稣坐在“圣父右首侧”，拉丁文即 *ad dextram patri*。从词源上看，“右”意味着灵活——“法律”的法语为 droit，德语为 Recht，意皆为“右”[①]；“左”却意味着阴险和笨拙。从善意的一面解释，我们习惯自左向右阅读，因此也将这一方向的概念赋予增长和提高。不过，如果本书撰写于以色列，我该认为往左是增长的方向，尽管右撇子在那里也是主流。如果我在日本写作，我该

① *ad dextram patri*，一般作 *ad dexteram Patris*，见于基督教赞美诗《荣归主颂》（*Gloria in Excelsis Deo*）。“‘右’意味着灵活”，原文为“Right, etymologically, is dextrous”。其中，“dextrous”即“灵活”所指，源自拉丁文 *dexter*，意为“在右边”。——译者注

讨论“上墙”和“下墙”。既然如此，就这么着吧。）

欲吃透本书列举的所有案例，读者仅需掌握三个有关差异本质的基本概念——差异幅度有界限，即“左墙”“右墙”；界限的存在导致偏态分布，即左偏、右偏；描述集中趋势的量数之间有所区别，即平均值、中位数、众数不是一回事。

05
案例二：生命史开的小玩笑——马的演化

我们将看到：整体的集中趋势确实发生了意义重大的变化，却因忽视其差异之变而导致反向的解读。

错误最多的故事，往往也是我们自以为最熟悉的那些。正因为如此，它们很少被深究或质疑。试问在所有进化案例中，哪一种最为人熟知？回答几乎肯定是“马的演化”。从被冠以“曙马”之美名的小型多趾[①]始祖马，到牵引百威啤酒车的克莱兹代尔马，抑或如驰骋马场、在直道上犹如闪电的“战神驹”那样的大型单趾马[②]，马的线系演化谱图俨如跑马场。它必定从众多进化图说中脱颖而出，深入人心。凡主流博物馆，都有这样一组展橱，它们或倚于墙壁，或摆在大厅中央，每橱各陈一具骨骼，无不构成线性序列，以展现一种成功的趋向。

马的故事之所以有名，原因主要在于它还代表了演化序列构建工作的最早成果。该序列的构建者，正是最负盛名的达尔文支持者——托马斯·亨

---

① 趾（toe），在此指马掌骨（metapodial）以下的部分，骨骼即脊椎动物中的趾骨 / 指骨（phalanx）。如图 8 顶行第 1 ～ 2 列所示，马的掌骨（即最上一节）以下各骨依次为籽骨（sesamoid bone）、系骨（compedal bone，或 long pastern bone，即第一趾骨）、冠骨（coronal bone，或 short pastern bone，即第二趾骨）、蹄骨（ungual bone，或 coffin bone，即第三趾骨）。——译者注

② 百威啤酒车（Budweiser truck），美国 20 世纪初禁酒时期结束后偶成的百威啤酒广告造势。克莱兹代尔马，最初培育于苏格兰克莱兹代尔（Clydesdale）的大型现代挽马。“战神驹”（Man O' War，1917—1947），美国著名赛马，亦为著名良种牡马，后代不乏名赛马，如“战将驹”（War Admiral，1934—1959）、“海饼干”（Seabiscuit，1933—1947）等。——译者注

利·赫胥黎本人。他最初于1870年提出欧洲马化石进化序列，但对于这一主张，他并未坚持多久。这是因为，赫胥黎用来构建演化序列的三件欧洲马化石，实际上代表了三次源自北美地区的独立迁徙，只是每次都以灭绝告终。与此同时，故事全貌正在美国揭开。

1876年，赫胥黎来到美国。这是他一生中唯一一次访美，主要目的是参加美国建国百年的庆祝活动——具体而言，是为了在约翰斯·霍普金斯大学建校大会上发表重要演说。在美期间，他拜访了美国当时的头号古脊椎动物学家——奥赛内尔·C. 马什[①]。马什在美国西部采集了丰富的马类化石，赫胥黎登门拜访的目的，即是为了一睹其风采。马什让赫胥黎确信，根据美国马化石构建的序列是真正的进化主干，欧洲化石为其旁枝，且后者所含各类群之间没有传承关系。此前，赫胥黎已答应在纽约发表有关马类化石的演说。彼时，距演说日期仅有几周之遥，他却不得不对内容进行全盘修订，时间变得非常紧迫。

马什答应帮忙，以便迅速完成这些调整。为此，他还制备了一张图表（图8），供赫胥黎在纽约演说时使用。这幅图极为著名，可谓彪炳科学史册。在我们这个经典故事里，蕴含的主要趋向有三个，该图就展示出两个。其一，马的趾数有所减少，从早期马类的前足4趾、后足3趾（如图8底行所示），减少为前后皆3数，但各趾皆具功能，再到1数“中趾”、2数较短的“边趾”，最终形成单趾，而从前的其他趾仅余残迹，沦为2数夹板状小骨（如图8顶行所示的现代马）。[②]其二，臼齿牙冠长度稳步增加（如图8中第五列所示），咀嚼面齿尖的纹路越来越复杂（如图8中最右两列所示）。马什将所有标本画成一般大小，因而没能展现最显而易见的第三个趋向，即体型大小显著提升，从初期的情形〔他将之描述为如猫一般

---

① 奥赛内尔·C. 马什，即美国古生物学家奥塞内尔·查利斯·马什（Othniel Charles Marsh，1831—1899），曾任美国国家科学院院长，是当时古生物学界的领军人物，发现过大量化石，并为多个古生物类群命名。其舅为著名银行家、慈善家乔治·皮博迪（George Peabody，1795—1896），在马什的提议下，皮博迪捐资在耶鲁大学建立了著名的皮博迪自然历史博物馆（Peabody Museum of Natural History），马什采集的标本构成该博物馆最初的核心收藏。——译者注

② 现代马的前肢掌骨（metacarpal）和后肢蹠骨（metatarsal）的主体为第三掌骨（metapodial Ⅲ），是文中“中趾”（central toe）以上的结构。其基部两侧有紧贴的近楔状骨质结构，即第二掌骨和第四掌骨，应为文中“边趾”（side toe）之上结构的退化残迹，亦称作“小掌骨”（splint bone），即文中“夹板状小骨”（splint）所指。完全消失的为第五掌骨。——译者注

大。不过，现今人们大多用猎狐㹴[①]来形容（参见 Gould，1991）〕演变为现今如克莱兹代尔马那般壮硕。不过，在后来出现的图说版本中，这三个趋向终得以同时呈现。其中，最为人熟知的版本来自马什之后的新一代古生物学界领军人物——威廉 · D. 马修[②]。该版本始现于（20）世纪之初，收录在美国自然历史博物馆出版的小册子中。甚至到 50 年代，我孩提时，那本小册子在博物馆商店仍然有售。该版图说被多次翻印，从未间断。（约翰 · 斯科普斯向田纳西州代顿的中学生们讲授进化论时，采用的教科书上就有该图影印版。因此，在针对斯科普斯的著名“猴子审判”上，它招致 W. J. 布赖恩的控诉——“其鼓吹之教条可恶至极，愧为人言”。[③]）在马修的图版中，标本按地层形成的先后次序排列，与地质信息一栏相邻，同时展示体型、趾、臼齿的演化趋向（图 9）。

尽管这些趋向有其局限性，但它们也是真实有据的。最早的马是始祖马，学名为 *Hyracotherium*（虽然我也喜欢非正式的 eohippus，即“曙马”，但从分类学的角度看，这一名称并不正确）。这种马体型小，前足确为 4 趾，后足亦确为 3 趾，且牙冠短。将那些趋向解读为有利的标准说辞，可能也大致正确。该观点认为，马的生活环境及取食习性发生了变化，从在森林茂密的地区生活（地面柔软，动物多趾则利于其“脚踏实地”）、取食枝芽（植被叶阔，短牙冠足以应付），转变为在地势平坦的地区生活（地面质硬，单趾成蹄则更具优势）、食草（草叶质粗，硅含量高，长牙冠更强大，能更好地应对这类食物。马类在演化的过程中形成了取食草类食物的能力。[④]这为马开辟了广袤的新生境，进而促成了上述趋向）。因此，若

---

① 猎狐㹴（fox terrier），一类体小而行动灵活的㹴犬，进一步可分为短毛猎狐㹴和刚毛猎狐㹴。著名比利时漫画《丁丁历险记》中跟随主角丁丁的白雪（Milou，英译 Snowy）即属后者。——译者注

② 威廉 · D. 马修，及后文中出现的 W. D. 马修，即出生于加拿大的美国古生物学家威廉 · 迪勒 · 马修（William Diller Matthew，1871—1930），曾长期服务于位于纽约的美国自然历史博物馆，晚期为加州大学古生物博物馆馆长。马修认为人起源于亚洲，气候变化是现代生物地理分布的成因。——译者注

③ 猴子审判（“monkey” trial），指 1925 年针对美国田纳西州代顿（Dayton）代课老师约翰 · 托马斯 · 斯科普斯（John Thomas Scopes，1900—1970）的著名审判，罪名是故意违反地方禁止公立学校讲授进化论的法律。W. J. 布赖恩，即该案公诉律师——著名演说家、政客威廉 · 詹宁斯 · 布赖恩（William Jennings Bryan，1860—1925），于宣判 5 日后意外去世。“其鼓吹之教条可恶至极，愧为人言”，原文为“No more repulsive doctrine was ever proclaimed by man”。——译者注

④ 原文意为“草初现于马的演化过程当中”，并由此影响马的演化，这也是传统认同的观点，但草类远早于马类形成，只是未从一开始即形成广袤的开阔草原生境而已。——译者注

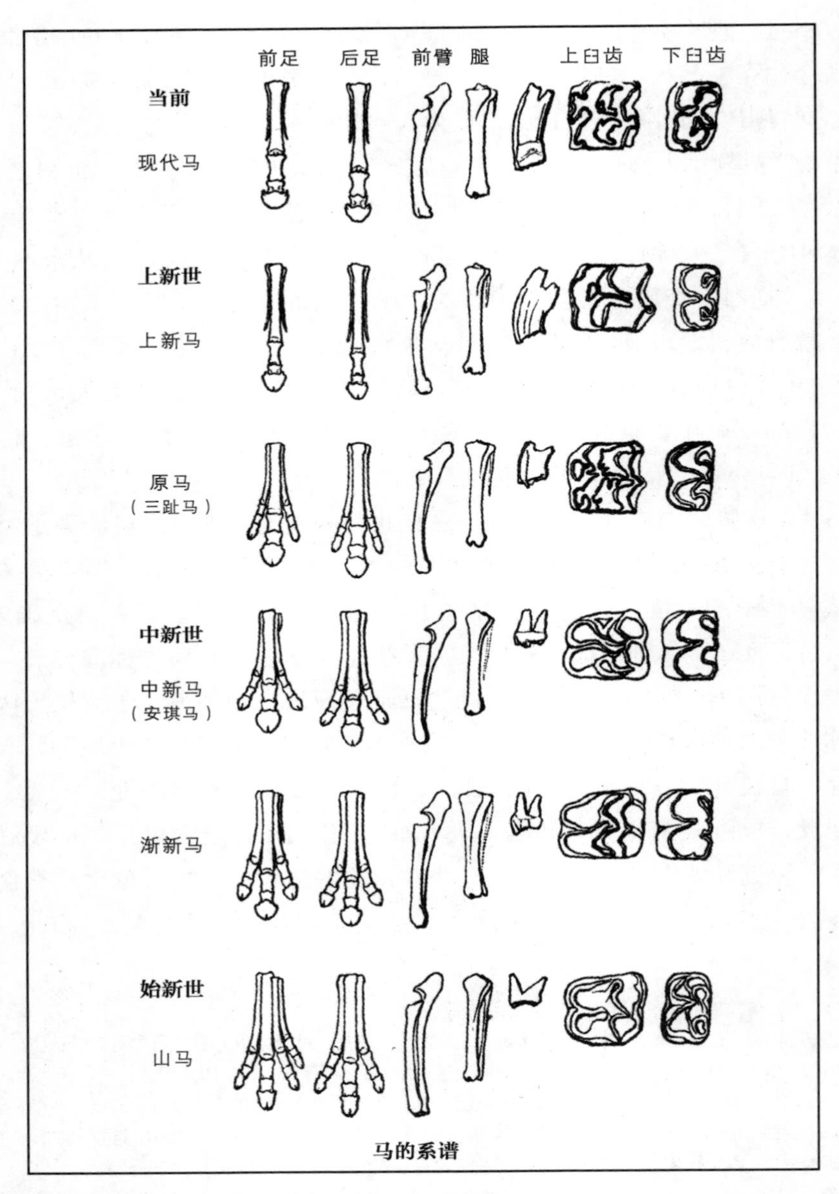

图 8　马什为赫胥黎纽约演讲制备的著名马类演化图表，可见所有性状都表现出“线性进步”之势[①]

① 在赫胥黎的演讲词中，并无对本图标注的详细说明，图中“前足”（fore foot）、“后足”（hind foot）应分别指前肢和后肢掌骨至蹄骨各结构，“前臂”（fore-arm）应指前肢掌骨上接的桡骨（radius）及尺骨（ulna），“腿”（leg）可能指“前臂”上接的肱骨（humerus），上臼齿左侧为牙冠。——译者注

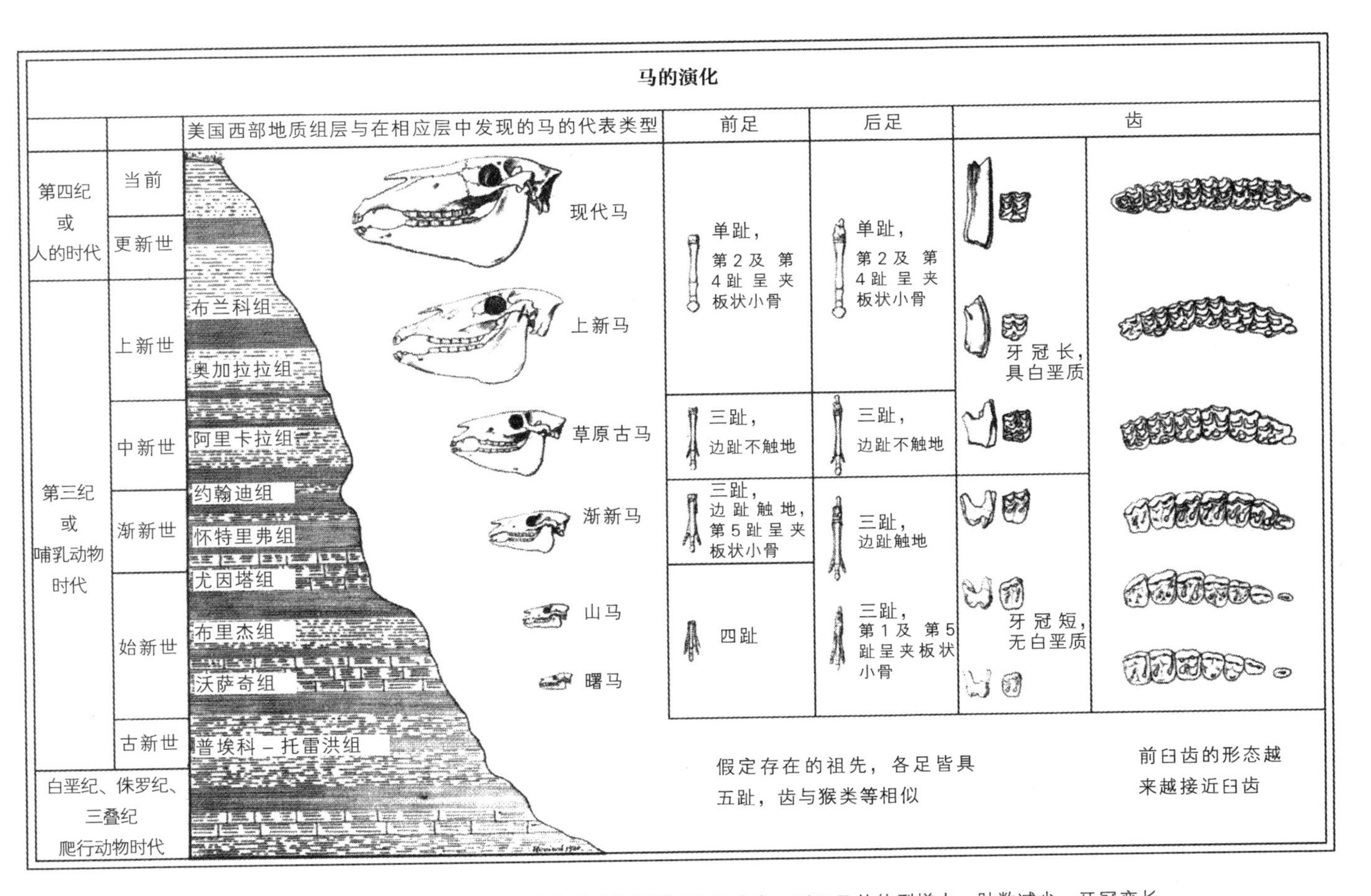

图9　马修版本的马的“线性进步”演化图以地层形成先后为序，以示马的体型增大、趾数减少、牙冠变长

将代表始祖马的点与代表现代马属[1]动物的点连成一线，并仅对如此"取点连线"的结果进行评价，我们对马类传承系谱的诠释就是正确无误的。

如是解释，尚且不错，只是（如下文即将展示的那样）能说明的问题非常有限，且颇具误导性。因为，马在过去5500万年的演化过程中时盛时衰，形成的进化树分枝异常繁杂，而从始祖马到马属的这脉谱系，仅仅代表了众多演化路径中的一条。这一独特的路径不能被解读为该进化树的缩影，亦不能作为用以概括更宏大叙事的范例。或者可以说，不能以此为证，认定它就是马类演化的"集中趋势"。我们从整体中挑出这一小小的样本，原因只有一个——马属是马唯一的现存属类，因而也可被视为处于某个演化过程终点的唯一现代动物类群。若您坚持认为，所有现存动物类群皆自某一祖先为起点，沿着某条单一路径进化，达到当前的辉煌状态，那么，我估计马的故事就只能以这种传统的方式呈现出来。然而，鉴于生物演化模式不止此一种，出于综合考虑，这类图说被质疑是在所难免的。

就这样，我最爱的主题呼之欲出——"'阶梯'对'灌木'"，或者说，结合本书的内容，前者就是依偏见认定的个别路径，后者则为系统整体（"万物生灵"）及其中应有尽有的差异表现（"千姿百态"）。《圣经》中有关"智慧"的箴言有云，"拥其者视之为生命之树"[2]。这句话也可以被我们用来形容正确呈现演化的图说。假设有一个群体，在某一历史阶段是某一类群，当历史进行到另一阶段时，则自然地转变成另一类群。这种进化模式，用术语表述，即"前进演化"。"阶梯""链条"或相似的线性道具，都可以作为暗喻这种转变的手段，应用到相应的进化图说中。但是，这种模式很少见，推动演化历程的，是复杂又不失精妙的一系列"分枝"事件或（又被称为）物种形成

---

① 马属（*Equus*）是马唯一的现存属类，由8个物种组成，包括3种斑马、4种驴，还有那个"老多宾"——学名为*Equus caballus*、唯一真正代表马的物种〔马属亦称真马属，现由7种组成，其中斑马3种，驴3种、马1种。3种驴分别为非洲野驴（*Equus africanus*）、蒙古野驴（*Equus hemionus*，亦称蹇驴、野驴、亚洲野驴）、藏野驴（*Equus kiang*），在作者写作的年代，可能包括波斯野驴（*Equus onager*），但现已归入野驴。在原文中，驴表述为"donkey and ass"，其中ass指野驴，即驴亚属的3个物种，而donkey指的是野驴（尤其是非洲野驴）的驯化亚种。另外，马的学名已修订为*Equus ferus caballus*，属于野马（*Equus ferus*）的驯化亚种。"老多宾"，原文为"Old Dobbin"，dobbin即马，一般指农用马。该用法源于16世纪，取自人名，可为Robert的昵称，或为Robin（亦可为Robert昵称）的变型。——译者注〕。——作者注

② "拥其者视之为生命之树"，《圣经》典故，原文为"She is a tree of life to them that lay hold upon her"，出自《箴言录》（*Proverbs*，3:18）。——译者注

事件（术语为“分支发生”，意为形成“枝节”）。[①] 如果说这是一种趋向，也不会是一种沿着单一路径“高歌猛进”的趋向。它由一系列复杂的传承事件构成，或者说，在物种形成事件中时有“侧步旁移”的表现。马的进化树就如这样的灌木一般，有很多末梢。每一末梢所代表的类群，都是经过一系列分枝事件形成的，若要回溯，就好比穿越迷宫，但最终都会回到始祖马。回溯的路线没有一条是端直的。这些路径蜿蜒曲折，无一具备代表“集中趋势”

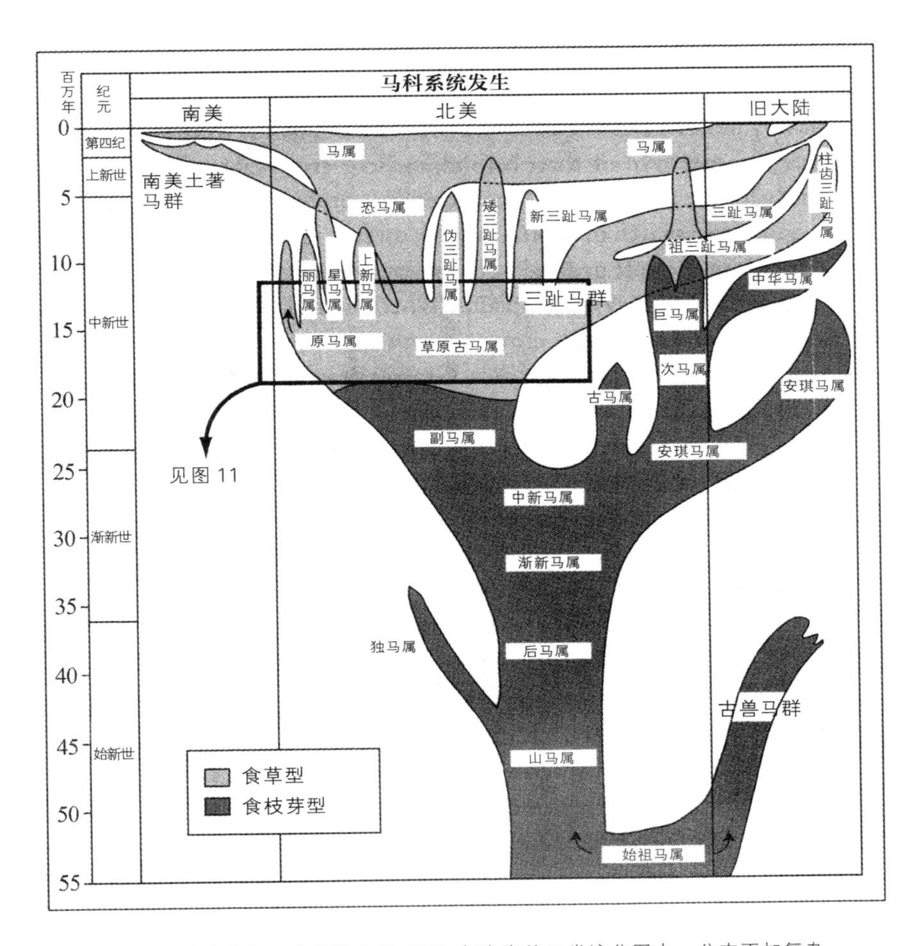

图 10 在布鲁斯·麦克法登于 1988 年发表的马类演化图中，分支更加复杂。

① 前进演化，即 anagenesis，又称作前进进化、累变发生等，有时被误作种系进化（phyletic evolution，或线系进化）。分支发生，即 cladogenesis。物种形成（speciation）事件，也称作“成种事件”。——译者注

的特质（见图 10）。当我们依循传统图说的呈现方式，将从始祖马到现代马的演化路线处理成直线时，就好比用压路机把地形复杂的崎岖之地碾平一般。

那么，我们为什么会选择如此扭曲的重构？为什么马成了进化“趋向”的典范？言及至此，一个反讽的事实出现在我们面前，我称之为“生命史开的小玩笑”（参见 Gould，1987）。马类之所以被我们选中，是因为其现存物种所代表的，竟是这样一个不甚成功谱系的传承之末。更加糟糕的是，我们竟然还视之为演化的普遍现象，全盘接受。换言之，我们对存在于系统整体之内的差异表现抱以偏见，转而要将趋向刻画为“定向变化的实体”。这样一来，体现演化走向乃至“进步”的范例，都几乎必然以失败的类群为主角。因此，入选者好比须由先前枝繁叶茂的灌木败落成孤零零的一条小枝，成为昔日辉煌的一脉孑遗——沦为生命史上的“小小”笑料。

在哺乳动物进化的成功故事中，谁才是真正的主角？我们可以给出明确的答案，它们是鼠类、蝙蝠、羚羊（或者以更正式的术语，即来自啮齿目、翼手目、偶蹄目牛科的动物），至少从物种数目和辐射能力的角度评价毫无争议。的确，在哺乳动物的世界里，这三个类群的物种数量最多、生态分布范围最广，由此处于支配地位。然而，谁曾见过展现它们成功的图说？

这些类群从未被我们选为主角，是因为我们不知如何描绘它们的成功。在我们眼里，进化是线性的序列，涉及的生物一字排开，体型越来越大、特征越来越新奇，或至少越来越适应局部环境。然而，对于真正成功的类群，它们的进化树有无数分枝，每个分枝上的亚类群都曾兴旺过。面对这种情形，我们找不出既定的进化路径，因而没有形成刻画其演化的传统，甚至没有（真正）考虑过如何去做。但是，若某一类群的进化树被灭绝事件“修剪”得仅余一脉孤支，昔日的“茂叶繁枝”只剩一条“末枝”，往日的兴旺只留下一丝皮毛，我们就可以借此自欺欺人，将这小小残遗视为类群的无上孤尖。对于那些曾经存在过的灭绝支系，我们或将之抛在脑后，不加考虑，或贬之以“进化绝路”——假想主干上的非紧要侧枝。接下来，我们搬出概念的压路机，将那条从幸存末杈溯源到祖先的小径硬生生地拉直。最后，我们将之捧成进化趋向的塑造者，便可“名正言顺”地赞美马之“进步”了。

许多经典进化“趋向”的故事主角，就是这样不甚成功的类群——其进化树被剪得只剩独枝，仅存的孤例却被误奉为进化顶尖，而非被视作过去丰繁盛景的余像残影。只有认识到“系统整体内差异化表现”是本原，认识到无论是抽象的概括，还是被选中的范例，都是自其派生而来的，我们方可领会“生命史开的小玩笑”之反讽。马类的完整进化树应体现系统全貌，而从始祖马到现代马的“拉直之路”，只是众多迷宫线路般的路径之一。这一支系不过因为走运，才得以幸存至今，并无其他特别之处。

早前的概念错误如同瘟疫一般，对马类演化的解读从一开始就深受其害，不仅解读受之影响，解读所传达出的广义进化启示也未能幸免。赫胥黎不仅接受了马什的解读，承认马的进化是一个美国故事，还在发表的文章中将假想的马类进化阶梯作为一个标准模型，用于诠释所有脊椎动物的演化。例如，他认定真骨鱼类（即现代硬骨鱼类）代表的是一条无后继类群的“进化绝路”——“在我看来，它们偏离了进化的主线，所代表的，向来是自主线某点分离而形成的岔道”（Huxley，1880，661 页）。然而，在所有脊椎动物类群中，真骨鱼类是最成功的。它们遍布海洋、湖泊、河流，物种数占全体脊椎动物的近 50%，是灵长类动物的近百倍（哺乳类动物的六倍多）。既然如此，我们怎么能够说它们“偏离了主线”？难道就因为我们能回溯自身所属的类群，发现 3 亿年前与它们是一家，拥有共同的祖先吗?

W. D. 马修，就是那幅最为人熟知的马类阶梯图说（图 9）的作者，也犯了同样的错误。他将一条演化路径认定为主干，因而不得不将其他路径解读为无关整体走向的歧路。马修在一篇论文里将自己认定的阶梯称作演替直系路径，并补充道，“还有数脉关系还算紧密的旁支”（Matthew，1926，164 页）。但在后文中，这一旁支的属性被打上近乎“不正派”的烙印。他如是描述道，“这数脉旁支的演化结果……是走上歧路，形成马科中现已灭绝的异常类群”（Matthew，1926，167 页）。可是，断言这些已灭绝的支系比现代马更异常，具体的判断标准为何？若要认定走上歧路，能找到的可能理由，仅有支系失传这一事实。然而，在所有曾经存在过的物种当中，99% 以上已经灭绝。而且，生物消失不存，并不等同于“出轨”，要为此身负“红字”。

至此，我以马的演化为例展开的讨论，只是针对演化模式是“灌木型”还是“单线型”议题而进行一般性论述。实际上，我并不否认传统路径所呈现的事实，以及在马的体型大小、齿及趾等方面显现出的趋向。但是，我希望向大家揭示的是大量其他演化途径。如果我们把始祖马到现代马的演化路径描绘成马类的历史本质，从而忽略马类演化过程中大量其他路径所致的差异化结果，那么，如此解读得出的，是一种扭曲甚至与事实背道而驰的观点。

若我们换个角度考量，即着重差异幅度随时间推移所发生的变化，便会得出一种与传统模式相反的看法——将马视作一个衰落大类群中的一脉衰败支系。下面，我将从三个方面详细论述，彰显这一相反看法的重要性。

1. 纵观马的演化历史，其进化之树向来如灌木枝叶一般繁杂。若要重构其断代史，我们会发现，无论在哪个地质年代，都不会出现以某个亚类群为阔硕主干，并使得其他亚类群沦为垂丧旁支的情形。来自佛罗里达自然历史博物馆的布鲁斯·麦克法登（Bruce MacFadden）是当今马类古生物学领域的顶尖专家。最近，他发表了一幅马类进化树的简要图（图 10）。纵观马类自食枝芽向食草转变以来的 2000 万年历史，我们只会注意到枝节如灌木般繁杂。在如此多样的演化路径中，没有哪条可以被认定为进化主干。该图甚至没有足够的空间，以至于麦克法登无法将复杂的分枝全部展现出来。因此，他将其中关键的 700 万年历史（如图 10 中方框所示）扩展为另一张图（图 11），以便更全面地加以呈现。从约 1800 万年前至约 1500 万年前，仅北美一地，因分化（分枝）事件而形成的物种就至少有 19 个。到约 1500 万年前时，生活在北美地区的食草马类有 16 种（当时，早先的食枝芽马种尚存一些，出没于美洲和旧大陆地区）。在接下来的 700 万年里，这一多样共存的局面几乎没有发生变化，“因为，物种灭绝的后果和物种形成的结果相抵，达到一种平衡，进而形成一种多样性水平保持稳定的演化模式”（MacFadden，1988，2 页）。后来，北美的马类多样性骤降，最终，整簇“灌木”在新大陆消失殆尽。（试想阿兹特克人[①] 被科尔特斯的马惊吓的程度吧。尽管马起源于他们所在的大陆，但当地的马在后来都灭绝了，阿兹特克人从未见过。在他们眼里，马好比野兽。总之，欧亚地区是马的域外幸存地，并非扩散中心。）

在马类演化史的最后三分之一阶段，有两个特点相当突出。其一，我们注意到，该阶段发出一个显著的信号——分化，表现在进化树上，即一生二、二生四般地不断分枝发散。在这“马种林立”的环境中，孰为类群“主心

① 阿兹特克人（Aztec），指墨西哥中部地区的古代北美原住民。阿兹特克文明在 14—16 世纪鼎盛一时，后于 1521 年被埃尔南·科尔特斯（Hernán Cortés，1485—1547）带领的西班牙侵略者征服并摧毁。——译者注

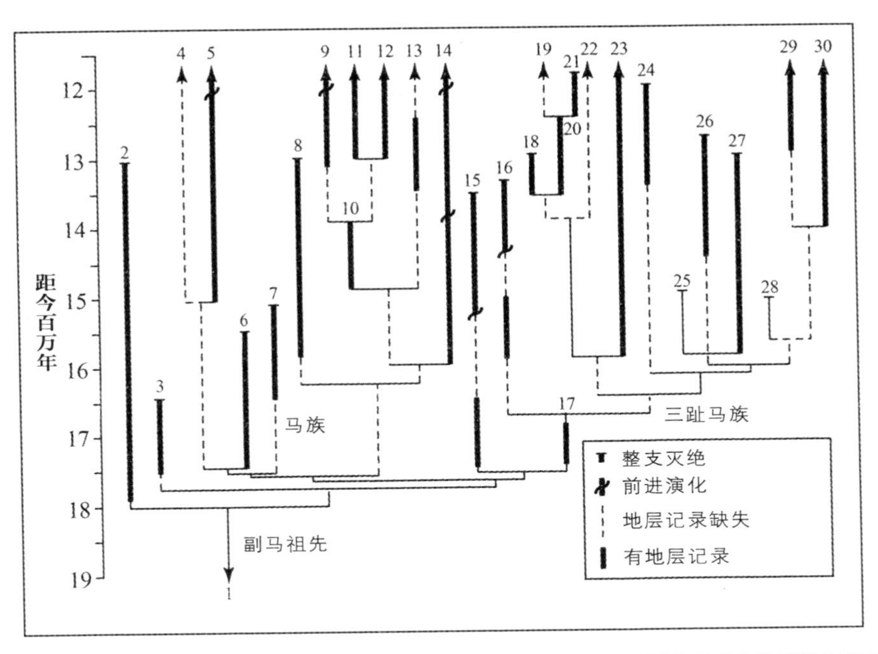

图 11　如图 10 所示，马在中新世中期的进化分枝甚多，麦克法登无法列出形成于该时期的所有支系。本图系由图 10 中方框部分放大而得，可见在这一相对短暂的时期发生的分枝事件次数之多

骨”，有谁能辨？在这株杂如灌木的进化树上，形成了很多枝梢，只是除了代表马属的那枝以外，其他各枝所代表的支系皆已灭绝。若要回溯到最近的共同祖先，无论以哪一末梢为起点，回溯路线都蜿蜒曲折，形如迷宫路径，无一为直线，皆须逆向“侧步旁移”，从一个形成物种的分支发生事件倒回另外一个，而非如端直走下因连续渐变构成的进化阶梯。若您还不死心，觉得有漏洞可钻，辩称既然现代马属动物是马科现存的唯一属类，且曾（通过自身行动，而非凭借人类运输）遍布各个主要大陆，就理应视其形成路径为马类演化的主线。那么，我的回应是，在这些分布地自然发生的（现代）马属动物多已死绝，甚至在其故乡北美地区也未能幸免此劫。而且，现代马属下所有的物种，皆自远在旧大陆的孑遗衍生而来。其二，我想心无偏见的观察者定能发现，在过去 1000 万年中，亦即那个传统阶梯模型所宣扬的（马朝着形成单趾蹄、“边趾”退化成残迹小骨）趋向完善、实现完美的时代，马的演化走的实为下坡路。在约 1500 万年前至约 800 万年前期间，存在于同时代的马属动物平均物种数为 16 种。后来，它们一个接着一个死掉，直到“无马生

还”——让人联想起阿加莎·克里斯蒂作品中的著名意象。[①]

阶梯模型的“死忠”维护者或许还会反驳，认为我讨论的只是马演化史的最后三分之一阶段（尽管承认演化在该阶段的确表现为“灌木型”），而对于前4000万年的历史，即便在麦克法登的树形图（图10）里，演化也呈现出“单线型”的特征。的确，早期阶段一度是“线型模式之友”牢据的主要“地盘”。G. G. 辛普森[②]在1951年就出版过一本绝妙的著作《马》，其中反映出他对演化的看法开始向“灌木型”转变，首幅著名的马类系统发生树状图亦出自他之手。但即便是他，也为早期记录“基本呈线型”的观点辩护。他在该书中写道，“从曙马（指始祖马）到次马（*Hypohippus*）的连贯演化是种系进化[③]的一个较好例证”（Simpson，1951）。辛普森尤其强调该序列中从渐新马（*Mesohippus*）到近顶位置的中新马（*Miohippus*）的演化，认为这应是一个连续渐变的过程（关于有关马种的名称和存在时期，详见图10）。他写道：

> 依传统，在渐新世阶段形成的更为进步的马种被归入另外一个属类——中新马属。但实际上，从渐新马属到中新马属的渐变如此完美，两者之间的差异如此之小，甚至专家也难以（有时几近不能）将它们明确区分开来。

自辛普森的时代以来，随着新的化石证据被大量发现，他的这一观点已被其他古生物学家推翻。正如唐·普罗泰罗和尼尔·舒宾发表的研究成果（Prothero 和 Shubin，1989）所揭示，“阶梯”维护者所坚守的这一最后“据点”，实际上具有大量与之相悖的“灌木性”特征，就如点断平衡理论所预测

---

① 阿加莎·克里斯蒂（Agatha Christie，1890—1976），英国著名侦探小说家。文中调侃其作品《无人生还》（*And Then There Were None*，1939）。故事中，有8人应邀前往孤岛，他们与负责接待的二人逐个神秘地死去，无一生还。小说题名取自故事开始时出现的一首儿歌，儿歌讲述10人如何逐一死去，与后来众人的死亡情形相吻合。——译者注

② G. G. 辛普森，即乔治·盖洛德·辛普森（George Gaylord Simpson，1902—1984），美国著名古生物学家，推动现代综合论（Modern Synthesis）的主要人物之一，主要研究灭绝的哺乳动物及大陆间的生物迁徙，曾提出与本书作者最著名的点断平衡理论相似的聚量演化（Quantum Evolution，亦称量子式进化）理论，但也是最有影响力的大陆漂移学说反对者之一。——译者注

③ 种系进化（phyletic evolution）：指一个物种连续渐变形成新物种且无“分支发生”事件的演化模式。它与前文中出现的“前进演化”有所区别，后者实际上并非必定导致新物种的形成。——译者注

的那样（参见 Eldredge 和 Gould，1972；Gould 和 Eldredge，1993）。[①] 辛普森给出的支持线性转变的最强证据，是从渐新马到中新马的渐变，而正是针对马的这段早期演化历史，普罗泰罗和舒宾有新的发现，主要体现为以下四个方面：

其一，两属马种的足部骨骼各具显著不同的特征，只是先前未被发现而已。因此，渐新马并非经由某种难察其变的过程过渡为中新马的。（先前结论依据的是马齿特征。牙齿是哺乳动物骨骼中保存最好的部分，但牙齿特征无法用以区分属别。然而，在辛普森的时代，它是可用的主要界定标准。）

其二，那种渐变的取代过程的确没有发生过。中新马源自渐新马的一个分支，两者共存了相当长一段时期，至少有 400 万年。

其三，两属皆由多个马种组成，各属自身系谱皆形如灌木，不成其为梯之一级。这些物种通常生活在同一时期的同一地区。例如，在美国怀俄明州某处的地层里，就发现过 3 种渐新马和两种中新马，皆来自同一时代。

其四，从地质年代尺度看，这些物种形成得十分突然，但在随后相当长时期内不会有大的变化。在进化树上，这一事件正好发生于分枝节点的位置。由于这种演化没有继续推进，形成的物种无法串联成阶梯之形。相反，它们并联于节点，形同灌木上的一簇。普罗泰罗和舒宾写道：

> 这与广为接受的马类物种迷思迥然不同。那些马种不是一个连续过程上的渐变串珠，它们之间也并非没有真正的区别。在马类演化史中，这些特征明晰可变的物种稳定地存在了数百万年之久。若将马类演化图放大，观其细节，会发现它不再呈现出渐变之景，而是繁杂的灌丛之像，由存在时期有所重叠的近缘马种构成。

---

① 唐·普罗泰罗，即美国地质学家、古生物学家唐纳德·罗斯·普罗泰罗（Donald Ross Prothero，1954—），专攻有蹄类动物演化、磁性地层学研究，曾编撰多本教科书，也是著名科普作家，科学怀疑论者，本书作者对之评价甚高。尼尔·舒宾（Neil Shubin，1960—），美国古生物学家，美国科学院院士、美国哲学会会士，著名科普作家，是从鱼类到两栖类演化缺失环节——提塔利克鱼（*Tiktaalik roseae*）化石的发现人之一。点断平衡（punctuated equilibrium），本书作者和著名古生物学家尼尔斯·艾崔奇（Niles Eldredge，1943—）共同提出的著名理论，与种系渐变（phyletic gradualism）相对，认为在外部压力小的时期，谱系整体形态变化微乎其微，处于“静止”的“平衡”状态，因而在年代跨度较大的地层中留下大量化石。导致“质变”的外部压力往往突如其来，“质变”发生的过程相对十分短暂，表现为大量新物种的爆发式产生。这不仅不是一个渐变的过程，即便曾有过渡类型存在，也好似转瞬即逝，难以留存。——译者注

换言之，在马类系谱中，“灌木性”贯穿始终。

2. 如果将历史倒回，另做推演，所得结果虽也合理，但会与实际情形大不相同，有关故事也没有那么吸引人。传统看法认为，马的趾数变少、体型变大、牙冠变长的表现步调一致。以“灌木”取代“阶梯”作为演化模式，传统观点的确会受到质疑，但并不一定就此被推翻。毕竟，这株灌木上的早期“分枝”无须持久挺立。它们提前退出历史舞台，无孑遗幸存。没有了持续变异的前提，就不会影响后世的演化趋向。倘若系谱上的早期分支全部灭绝，而后来的小枝皆具“进步”特征，那么，这就是一株自始至终趋于“现代化”的进化树——我们便可以公平地说，的确有普遍存在的趋向。倘若体型小的马种全部早早灭绝，倘若没有一种三趾马幸存到单趾马时代，那么，我们就可以公正地讲，普遍趋向是体型增大、形成单趾蹄——过去所说的自始祖马向现代马的前进序列就应得以正名，说明演化历史确有方向性（这种说法仍难逃非议，因为它忽略了另一同等重要的演化模式——多样性时增时减），而该序列即为其上佳范例。换句话说，我的反对就成了吹毛求疵之举，无关紧要。不错，我们仍可强调“灌木型”演化模式，强调其中存在多条路径，强调自始祖马到现代马的演化仅为其一。然而，如果所有路径的过程相同，进而结果皆为体型变大，趾数减少，那么，各条路径指向趋同，所呈趋向皆真实可信。这样一来，即便依传统观点，仅选中一条路径，也非不可，我们大可不必对之过于严苛。

然而，“马演进步说”的这最后的绝望挣扎也无济于事。因为，传统认同的趋向绝非普遍（虽距今越近，趋向相对越明显，但也是时断时续的），甚至一些晚近谱系的表现皆与最显著的传统趋向相背。由此，我们可以想象，在这个充满偶然的世界里，马的演化原本可以导致不同但又完全合理的历史后果（参见 Gould，1989）。这样一来，马的演化故事完全可能被改写。

我们仅需考虑下述情形即可，它足够吸引人。通常观点认为，在马的演化过程中，其体型稳步增大，势不可当。为了确定马类演化“灌木型”的置信度，麦克法登对马系谱中所有成对的祖先－后裔物种组合进行研究，却发现在总共 24 对物种中，体型减小的竟有 5 对，占 20% 以上（MacFadden，1988）。矮化是一个常见现象，从未消失过，在马类演化史中也反复出现。即便是最早的始祖马属，在它存在的地质年代中，也曾有过体型变小的时期（参见 Gingerich, 1981）。

最近的一次矮化趋向表现得最为显著，体现于曾在北美地区发生的一个属类。该属有一个名副其实的拉丁学名——*Nannippus*（意为“矮马”，即矮三趾马属），辛普森就这一不同平常的属种写道，“一些晚期的标本体型小，高不过一匹设得兰矮种马[①]，且纤瘦得多。它们体姿优雅，腿足细长。从大致身形看，它们更像是小个的瞪羚，而非常见的大马”（Simpson，1951，140 页）。

我们就此假想一种情形——矮三趾马属成为马科的唯一幸存类群，而马属早已灭绝或从未形成。在这种情形下，我们又怎能带着传统的偏见来讲述马的故事呢？难道还能像过去那般，开着概念的压路机，人为地把进化的崎岖盘杂之路“碾成”一条通途，然后称之为自然进化的典范之路？这时，您可能会高声抗议——“犯规”。您会说，矮三趾马属只是小小旁支，马属才是强壮主干。这样一来，我的上述假设必然沦为文字游戏，因为假设中的情形无发生的可能。我当然不是在玩文字游戏，该假设的情形是合理的，只是没有成为现实而已。矮三趾马化石的地理分布相当广，所在地层的地质年代范围相当宽。矮三趾马属形成于一千多万年前，生活在美国和中美地区，直到约 200 万年前才灭绝，离幸存至今可谓一步之遥（MacFadden 和 Waldrop，1980）。已描述的矮三趾马属物种已多达 4 个（MacFadden，1984），存在过的时期长达约 800 万年，比马属的历史悠久得多（见图 11）。您可能会说，马属的生存机会更大，理由是该现代属种从美洲源发地扩散，远至欧亚及非洲地区，而矮三趾马属从未迁移到旧大陆定殖。而我的回应是，马属在其源发地所在的整个半球都灭绝了，不过在他地侥幸逃过一劫而已，可谓与灭绝擦肩而过。假使迁移的是矮三趾马属，而安居源发地的是马属，结果会如何？

若矮三趾马属就此幸存，而马属灭绝，那个被我们吹捧的马的故事还剩多少内容可讲？矮三趾马的体型并不比最早的始祖马大多少，且自体型较大的祖先矮化而来。因此，我们不会去宣扬任何指向体型变大的趋向。趾数虽有减少，但我们也不会为之感到兴奋，因为矮三趾马各足仍为 3 趾（尽管“边趾”已有所退化），而最早的始祖马前足 4 趾、后足 3 趾（而非通常误解的各足 5 趾）。实际上，可讲的内容只剩下臼齿牙冠变长的趋向。不过，说到这一方面，我们总算有理由沾沾自喜，因为矮三趾马的牙齿在马史中相对最

---

① 设得兰矮种马（Shetland pony），产自苏格兰北部设得兰岛的一种矮型马，腿短毛密，不仅性格温顺，而且体格强韧，曾被用作矿洞内的拉煤小马。——译者注

长，甚至长过现代马。然而，无论是在博物馆的展图中，还是在教科书的示意图中，都没有强调马齿长度，传统故事的核心依据是趾数的减少和体型的增大。简而言之，若矮三趾马属存而马属亡，有关马的故事将完全无特别之处可讲，马的支系则会成为哺乳动物繁多记录中籍籍无名的构成部分，其演化历史只为专家所知，不会普及大众。即便放到厚重的历史背景中，它仍不至于产生重大影响。最终结果，也不过是进化树上的一条小枝被替代而已。

3. 对比曾经的历史，不仅现代马类处于苟延残喘的势态，从更高层次看，奇蹄目（马所从属的更高一级哺乳动物类群）之下所有主要支系皆如此态，沦为辉煌过往的可怜残遗。换言之，现代马类实为败中之败，无论如何诠释“演化之进步成果”的内涵，马类动物几乎也只能算是该概念的最差例证。

哺乳动物分为 20 多个主要类群。我们把这样的类群称作“目”，马从属于奇蹄目（Perissodactyla，英文俗称 odd-toed ungulates，即奇趾有蹄动物）。奇蹄目动物体型大，为植食性，各足趾数皆为奇数。〔另一主要有蹄目类为偶蹄目（Artiodactyla）。该目动物各足趾数皆为偶数。这些目类并非依趾数人为划分而得，它们皆为真正的进化单元，自同一祖先分化而来。〕奇蹄目是一个成员枯竭的目类，现存种类少，仅余 17 个物种，分属三个类群——马（8 种）、犀（5 种）、貘（4 种）。[①]

如果您变得不顾一切，无视现代奇蹄类动物种类有限的事实，反而以幸存的三个组成类群非常迷人为理由，不承认该目类的失败。那么，我只能建议您把目光转向更早的地质年代，比较过去和现在，并推荐大卫为扫罗和约拿单所作哀歌中的那句名言——强者竟倒在酣战之时。[②] 奇蹄类曾是哺乳动物中的强者，如今所剩无几，且都是苟存的旁支。只是它们当中有些能吸引人，因而被移入动物园，供我们观赏。还有一种，曾在人类历史中发挥过重大作用，因而赢得我们的尊重。

---

① 奇蹄目现存物种分为两个亚目，其一为马形亚目（Hippomorpha），其下仅马科（Equidae），其二为角形亚目 Ceratomorpha），犀科（Rhinocerotidae，又称真犀科）和貘科（Tapiridae）皆属此类。——译者注

② “大卫为扫罗和约拿单所作的哀歌”，《圣经》典故。“强者竟倒在酣战之时”（How are the mighty fallen in the midst of the battle"），引自《撒母耳记下》（2 Samuel，1:25）。扫罗（Saul）为故事中古以色列王国时代第一任君主，约拿单（Jonathan）为其子。大卫（David）即杀死腓力斯巨人歌利亚（Goliath）的牧童，是约拿单的密友。扫罗一度宠幸大卫，但后因恐被其取代而试图除之；大卫有机会反杀，但仍试图与之和解。在基利波战役（Battle of Gilboa）中，扫罗为防被腓力斯人俘虏而自杀，随行三子战死，大卫听闻噩耗后遂作哀歌。——译者注

犀总科动物曾经是哺乳动物中数目最多、种类最繁的类群。它们因栖息生态环境广泛而类型多样——有体小甚至不比狗大的灵活善跑类型（跑犀）；有的体态浑圆，生活在河中，形似河马（远角犀）；既有一系列矮小的类型，也有陆地上曾存在过的最大哺乳动物——巨犀类①，其中包括有史以来的“总冠军”——肩高 18 英尺（约 5.5 米）、噬食树顶枝叶的巨犀（*Paraceratherium*，常被称作 *Baluchitherium*）（参见 Prothero、Manning 和 Hanson，1986；Prothero 和 Schoch, 1989；Prothero、Guerin 和 Manning，1989）。反观如今现存的物种，总共才 5 个。它们形态相似，皆生活于旧大陆，且全已濒危，沦落为旧日辉煌的悲情残遗。马类亦是如此，在新大陆发生的物种曾多达 16 种，而现在全然已无。貘从前在全世界都有分布，而如今仅亚洲和南美地区尚有残遗。

即便在过去，幸存的这三个支系也只代表丰富多样的奇蹄类动物中的一部分类群。至于其他类群，现已完全不存。其中最夺目者，有生活于第三纪的身形巨大、骨角出众的雷兽，还有具强大挖掘爪的爪兽。②

奇蹄类动物的稳步衰败，正好与偶蹄类动物的崛起同步，两者形成鲜明对比。在奇蹄类强盛的时期，偶蹄类只是一个小类群，生存于前者的阴影之下。而现在，偶蹄类是大型动物中数量最多的目类，而奇蹄类仅余残遗，如小枝杈般苟存于世。偶蹄目是大型动物的王者，牛、羊、鹿、羚、猪、驼、长颈鹿、河马等，皆属此类。既然如此，何须多言？马乃残中之残，它们的故事却被我们错误地捧成进步的偶像——难道不是一个生命史开的小玩笑？反观处于支配地位且规模仍在扩展的另一个类群，对于其中最具活力的代表——羚③，有谁曾见过展现它们惊人成功的图景？无论在我们的博物馆里，还是教科书上，它们都只是无名之例。

---

① 跑犀（hyracodontines），即蹄齿犀科（Hyracodontidae）动物，不具犀角；远角犀（teleoceratine），即犀科远角属（*Teleoceras*）动物，又称矮脚犀；巨犀（indricothere），指跑犀科巨犀亚科（Indricotheriinae）动物，最近有学者提出将巨犀升为一科，即巨犀科（Paraceratheriidae）。——译者注

② 奇蹄目已灭绝的其他类群，除了来自现存亚目，还包括已完全灭绝的爪兽亚目（Ancylopoda）。雷兽（titanothere），即雷兽科（Brontotheriidae，原 Titanotheriidae）动物，虽角似犀牛，但实际上更接近马科，皆属马形亚目（Hippomorpha）。爪兽（chalicothere），即爪兽科（Chalicotheriidae）动物，属爪兽亚目。——译者注

③ “最具活力的代表——羚”，原文为“Antelopes represent the most vigorous family.”，似将“羚”视作一科类，但羚（antelope）并非一科，包括的阶元多且杂，主要指牛科（Bovidae）羚亚科（Antilopinae）下的一些物种，但也包括其他亚科中的物种，甚至有人认为旧大陆牛科动物非牛、羊者皆可以羚冠之。——译者注

因此，我认为，凡实体者（无论为一群体、一组织，抑或一进化支系），若正其源、表其理，必应据以所有成员之差异——所属整体之中应有尽有的千姿百态，而非择其单点片面（或抽其象取一均值，或自以为然定一范例），错误地将之指定为在线性路径上定向变化的典范。对于生命史开的小玩笑，我最后还要留一个注脚。我想提醒读者，世间还存在另一优秀出众（或许，至少只是独被人宠）的哺乳动物支系。长期以来，其演化史也被广泛地刻画为传统的"进步阶梯"——然而，曾经相对繁茂的灌木，幸存至今者亦仅孤种独梢。移步镜前，观镜中之影，莫为之所惑，以为能短暂地处于支配地位，就等同于身怀与生俱来的优越之质，或坐拥长久幸存的美好前景。

叁

出众的打手[①]：0.400安打率绝迹与棒球水平提升

① 打手（batter，或hitter），后称击球手，即棒球赛中的攻方击球员。——译者注

06
摆出问题

自我有“生”以来，曾发生过两次击球大事件。在棒球史上所有的里程碑当中，它们显得格外突出。一件是乔·迪马吉奥创下连续56场安打的纪录（见30页），另一件是泰德·威廉姆斯打出赛季平均击球率0.406的成绩。不幸的是，这两次我都没有目击，只因它们同发生于1941赛季，而彼时我正为来到这个世界而“忙”得“脱不开身”。[①] 在赛季最后一天，波士顿红袜队要连赛两场，但胜负意义不大（因为纽约洋基队早已锁定联盟冠军），主教练乔·克罗宁无意让威廉姆斯上场[②]。当时，威廉姆斯的赛季平均击球率已达到0.3995，按惯例，甚至已可四舍五入为0.400。在此之前的十年里，无人达到过0.400的水准。上一次，还是在1930年，来自纽约巨人队的一垒手

---

① 作者在本章开篇段落中极尽自嘲。作者列举的大事件之一，即乔·迪马吉奥打破前人的连续安打纪录，后续连续安打最终止于1941年7月17日；大事件之二，即由泰德·威廉姆斯打出的最后一次0.400水平的赛季安打率，在赛季结束日1941年9月28日对阵费城运动家队（Philadelphia Athletics，现为奥克兰运动家队）的双连赛中定格。作者出生于1941年9月10日，处于两大事件完结之间。泰德·威廉姆斯（Ted Williams），亦译作泰德·威廉斯，即美国传奇棒球运动员西奥多·萨缪尔·威廉姆斯（Theodore Samuel Williams，1918—2002），美国职业棒球史上上垒率最高的运动员。——译者注

② “波士顿红袜队主教练乔·克罗宁无意让威廉姆斯上场”，原文为“Sox manager Joe McCarthy had offered to let Williams sit out...”，作者将时任主教练乔·克罗宁误作该队后来的主教练乔·麦卡锡。波士顿红袜队（Boston Red Sox），美国著名职业棒球队，组建于1901年，属美国联盟东赛区。乔·克罗宁（Joe Cronin），即约瑟夫·爱德华·克罗宁（Joseph Edward Cronin，1906—1984），原为美国职业棒球运动员，自1933年起担任主教练，1935—1947年执教波士顿红袜队，1959年当选为美国联盟主席。乔·麦卡锡（Joe McCarthy），即美国传奇教练约瑟夫·文森特·麦卡锡（Joseph Vincent McCarthy，1887—1978），是常规赛和季后赛胜率的最高纪录保持者，于1931—1946年执教纽约洋基队，后于1948—1950年执教波士顿红袜队。——译者注

比尔·特里打出 0.401 的成绩。[1] 无功受禄非泰德所能忍受，于是，他两场皆上，取得 8 打数 6 安打 [2] 的战绩，将自己的赛季平均击球率定格到 0.406。自那以后，再也没人达到 0.400 的水平（最接近的成绩有乔治·布雷特 [3] 于 1980 年打出的 0.390、罗德·卡鲁 [4] 于 1977 年打出的 0.388、泰德·威廉姆斯创纪录后时隔 16 年于 1957 年 39 岁生日当天打出的 0.388）。因此，我仍在等待目睹那等盛况的机会——一个曾因困于娘胎而错过的感性认识的机会。只是，时光荏苒，我实现这个愿望的机会越来越渺茫。

1901 年，职业棒球"美国联盟"[5] 建立。在该赛季，纳普·拉茹瓦就创造了 0.422 的安打佳绩。自那时起，到 1930 年特里打出 0.401，达到 0.400 水准虽被认为是击球手的一大荣誉，但这种成绩并不算特别罕见。在那 30 年中，大联盟赛季安打率名列前茅的成绩超过 0.400 的年份多达 9 个，有 7 名运动员达到过这一顶峰（分别为纳普·拉茹瓦 [6]、泰·科布 [7]、"赤脚"乔·杰

---

① 纽约巨人队（New York Giants），美国职业棒球队，1883 年组建于纽约，1958 年迁至加州旧金山，改名为旧金山巨人队（San Francisco Giants）并沿用至今，现属国家联盟西赛区。比尔·特里（Bill Terry），又译作比尔·泰瑞，即威廉姆·哈罗德·特里（William Harold Terry，1898—1989），效力于纽约巨人队，后成为该队主教练，是最后一个达到 0.400 安打率水准的国家联盟运动员。——译者注

② "8 打数 6 安打"，原文为"6 for 8"。打数（at bat），即自由击球数，指击球手被认为有效的挥棒击球轮数，安打（hit），亦有人译为"打击"，指击球手成功击球并安全上垒或跑垒。安打次数除以打数所得结果即安打率。——译者注

③ 乔治·布雷特，即乔治·霍华德·布雷特（George Howard Brett，1953—），于 1973—1993 年效力于堪萨斯城皇家队（Kansas City Royals），是美国职业棒球史上唯一在 3 个年头赢得最佳击球手称号的运动员。——译者注

④ 罗德·卡鲁（Rod Carew），即罗德尼·克莱因·卡鲁（Rodney Cline Carew，1945—）于 1967—1978 年效力于明尼苏达双城队（Minnesota Twins），1979—1985 年效力于加州天使队（California Angels，现洛杉矶天使队），后担任后者教练，现美国联盟最佳击球手（Rod Carew American League Batting Champion）称号以之命名。——译者注

⑤ 美国联盟（American League），简称"美联"（AL），为构成美国职业棒球大联盟（Major League Baseball，MLB）的两大棒球联盟之一。其全称为美国职业棒球俱乐部联盟（American League of Professional Baseball Clubs），脱胎于 1885 年成立的小联盟"西部联盟"（Western League），于 1901 年改为现名，并被归入大联盟。另一联盟为国家联盟（National League），简称"国联"（NL），全称为全国职业棒球俱乐部联盟（National League of Professional Baseball Clubs），成立于 1876 年，被认为是最早的职业运动联盟。——译者注

⑥ 纳普·拉茹瓦（Nap Lajoie），即拿破仑·拉茹瓦（Napoleon Lajoie 1874—1959），原效力于隶属国家联盟的费城费城人队（Philadelphia Phillies），在美国联盟成为大联盟之初转投其隶属的费城运动家队。他在 1901 赛季创造的安打率纪录最初被记为 0.425，后改为 0.422，但最终修订为 0.426。——译者注

⑦ 泰·科布（Ty Cobb），即泰勒斯·雷蒙德·科布（Tyrus Raymond Cobb，1886—1961），于 1905—1926 年效力于底特律老虎队（Detroit Tigers），后转入费城运动家队，并在该队执教。科布创造了多项纪录，有的甚至保留至今，包括职业生涯总安打率纪录等。——译者注

克逊[①]、乔治·西斯勒[②]、罗杰斯·霍恩斯比[③]、哈利·海尔曼[④]、比尔·特里），其中科布和霍恩斯比达到过 3 次。（霍恩斯比以在 1924 年取得的 0.424 战绩高居榜首。在 1922 年，有三名球员达到 0.400 水准，他们分别是来自“国家联盟”的霍恩斯比，以及来自“美国联盟”的西斯勒和科布。此外，我有意略去了 19 世纪的数据。当时，超过 0.400 水准甚至更为常见，不过原因在于职业棒球的发展尚处于襁褓期，规则和技法皆有所不同，难以与后来相提并论。）此后，便繁华落尽，盛景不再。20 世纪 30 年代未现安打伟绩，一派荒原般的苍凉气象（尽管就如我将要在后文中展示的，联盟的安打率均值在那十年里实有提升）。1941 年，威廉姆斯实现了职业生涯中唯一的那次登顶。自那以后，“顶峰”再无人及。

如果说集邮对喜好数齿孔的人有吸引力[⑤]，相扑对体重较高的大力士多有垂青，那么，棒球让“统计狂”和“细节痴”们趋之若鹜。对于有数字头脑的人来说，棒球有何妙处是完全可以想象的。毕竟，除了美国职业棒球联赛，您还能找到哪个尚在运转的体系，其规则一个世纪未有改变（因而使得比较工作全面且不失意义），其所有比赛中的所有指标、所有成绩，无一不以数字的形式记录留存？此外，棒球数据所记录的，是运动员的个人功绩。这与大多数团体运动项目有所不同，在后者当中，所涉数字虽可能归功于某个运动员，但关联并不明确，它记录的实为团队表现。而棒球体现为不同形式的双人对抗，如击球手对垒投球手、跑垒员对垒守场员。因此，记在过去某个棒

---

① “赤脚”乔·杰克逊（Shoeless Joe Jackson），即约瑟夫·杰弗逊·杰克逊（Joseph Jefferson Jackson，1887—1951），“赤脚”为绰号。1908—1920 间，杰克逊先后效力于三个球队，表现上佳，但因在 1919 赛季卷入“黑袜丑闻”（Black Sox Scandal），被指控打假球，终与 7 位芝加哥白袜队（Chicago White Sox）队友一同被逐出职业棒球界，提前结束职业生涯。他是否参与其中，至今仍有争议。——译者注

② 乔治·西斯勒，即乔治·哈罗德·西斯勒（George Harold Sisler，1893—1973），曾于 1920 年创造了 257 次的赛季安打纪录，直到 2004 年才被日本运动员铃木一朗（1973— ）打破。作者在文中提到西斯勒在 1922 赛季的安打率达到 0.400 水平，但误将其置于国家联盟中，实际上，他当时效力的球队隶属美国联盟。——译者注

③ 罗杰斯·霍恩斯比（Rogers Hornsby，1869—1963），在职业生涯中效力于多个国家联盟球队，并在多个球队执教。他是唯一在单赛季完成 40 个本垒打且安打率达到 0.400 水准的运动员。——译者注

④ 哈利·海尔曼，即哈利·埃德温·海尔曼（Harry Edwin Heilmann，1894—1951），先后效力于底特律老虎队和辛辛那提红人队（Cincinnati Reds）。——译者注

⑤ 喜好数齿孔的人，作者调侃集邮爱好者，所用之词为“perforation counter”，本义为量齿尺（亦称 perforation gauge）。这是一种集邮工具，上印有固定单位长度的不同规格齿数。将邮票与之比对，可确定邮票齿孔数目，用于邮品真伪鉴定及其发行历史研究。——译者注

球运动员名下的成绩，就可以解读为该运动员的个人成就，能将之与当代运动员的相应记录直接比较。这样一来，也难怪最大的学术型球迷组织“美国棒球研究学会”如此重视数字，还以组织首字母为词根，为我们的语言贡献了一个新词——sabermetrics ①，指代“运动记录统计研究”。

我在前文中说过，人类是寻求趋向的生物（或许我应该这样说，人类是“喜好讲故事的动物”。因为，我们真正所爱所求的，是一个精彩故事，而出于文化和内在的原因，我们将趋向视作最精彩的那一类故事）。受这种天性驱使，我们来回扫视棒球历史数据，找寻貌似存在的趋向，继而为解释其成因而编造故事。在我们的文化传奇中，趋向可分为两大经典模式——其一为进步，再上层楼，我们为之欢颂；其二为衰败，堕入深渊，我们为之哀歌（并痴迷于“美好往昔”，渴望某个虚幻的黄金时代）。既然 0.400 安打率如此引人注目，如此值得欢颂，既然其式微乃至消失如此彰显上述第二种经典传奇模式，那么，在从棒球历史数据总结出的趋向中，还有哪种比它更能吸引眼球、更能令人触目伤怀？

言及至此，问题的轮廓已如此清晰——曾经频现的伟绩如今不复再现，比如说棒球运动中的巅峰级击球成绩绝迹。由此可见，棒球运动中的安打表现似乎遭受了重创。我的意思是，一般而言，我们不如此解读，还能怎样？毕竟，若最佳成绩不再，推论通常是表现水平有所下降。然而，我写这一章的目的，是为了摆出一个看似自相矛盾的论点——0.400 安打率绝迹所反映出的，实际上是职业棒球整体水平的提高。如果我们仍以惯常的柏拉图模式思考，是提不出来如此论点的，甚至不会萌生这种想法。那是因为，依惯常思维，0.400 安打率会被视作一件“东西”或一种“实体”，而好的物件绝迹，必定意味着事态变坏。因此，我必须尽己所能，才能说服您，让您确信，这种惯常的基本概念化思维是错误的，千万莫将 0.400 安打率视作某种“东西”，而应将之视作个体差异千姿百态的整体中的那个右尾。

---

① 美国棒球研究学会，全称为 Society for American Baseball Research。sabermetrics，即棒球统计学或棒球计量学，另有人译作“赛伯计量学”，其构词为 saber + metrics，saber 即取协会首字母为 SABR。——译者注

07
惯常解释

在棒球历史统计数据呈现出的种种趋向当中，人们对 0.400 安打率不复再现的讨论着墨最多。试图解释者林林总总，有关解释亦是五花八门，但都基于一个主张，即 0.400 安打率不复再现所反映的现实，是棒球运动某一方面的恶化，因此，只要我们找到症结，问题便迎刃而解。

该“哀歌合唱团”可以分为两个“声部”，第一个基调荒谬，我们无须在意；第二个虽然有错，但可引出更深层次的问题，反衬本书讨论之必要，因而值得我们尊重。第一类解释源于对“美好往昔”虚幻臆想的执迷，将一切归罪于崇尚稚气软骨的现代氛围，像任天堂、高压线、高税收、素食主义泛滥，或者说，当您想控诉如今社会道德沦丧之时，愿意采用的一切可作为论据的病态现象。该观点认为，在“往昔美好”的日子里，男人有男人气概。那时，男人们嚼烟，可以肆无忌惮地“教训”同性恋者。那时的运动员个个是硬汉，全力专注于事业。他们每天不是在打棒球，就是在琢磨怎么打，棒球是生活的全部，单从泰·科布飞身滑进三垒（并直踢防守队员，鞋钉触及皮肉）[①] 的表现便可见一斑。现在，这种专注已不复存。当今运动员的薪酬已然很高，加之无穷无尽的分神物事，他们岂能与往昔前辈相比？《创世记》中

---

① “飞身滑进三垒（并直踢防守队员，鞋钉触及皮肉）”，原文为“sliding into third, spikes high (and directed at the fielder's flesh)”。泰·科布在赛场上表现积极勇猛，留下过飞身蹬人的著名照片。由于为泰·科布作传者可能不实的描述，导致大众认为科布有削尖鞋底防滑桩（即鞋钉），在进垒时让防守队员避之唯恐不及的传闻。——译者注

有描述“美好伊始”的句子，“昔有巨人居于世”[①]，正好用来形容这一情形。借此，我将上述解释称作“创世迷思论”。至于那些抨击之词，我不认为它们值得我们当真（稍后，我会给出我的理由）。实际上，现在的运动员薪酬虽可高达百万，但只是在体能处于巅峰状态的短短数年，且稍有不慎就会失去，不可再得。因此，他们不得不全身心地投入，充分发挥竞技水平。与前辈相比，他们当然更注重身体健康，在嗜酒嚼烟、风流成性的“往昔美好”时代，如此情形简直难以想象。

相比之下，第二类解释较为严肃。人们找出一系列因素，认为它们使得击球在如今变得更加困难，进而导致安打的最好成绩下降。对此，我的看法有所不同。尽管在这类解释中，有些关于击球的新障碍的确存在，但其论证前提——0.400 安打率不复再现仅能说明击球技能下降——是完全错误的。相反，0.400 安打率的绝迹，反映的正是竞技水平的提高。

最支持“创世迷思论”的人，是昔日的击球佼佼者。这并不令人感到意外，他们属于更加自律（但薪酬较少）的时代。在他们眼里，今天的同行自我膨胀，犹如小丑，却个个是百万富翁，令人难以忍受。末代 0.400 击球手泰德·威廉姆斯曾和记者讲起自己的佳绩在短期内难以复制的原因，他认为：“现代球员的力量更强，个头更大，行动更快，身体素质略优于 30 年前的球员。但是，有一点我可以肯定，那就是现如今的安打型选手不懂击球手与投球手之间的必要博弈手段。我不认为如今有多少精明的击球手。”（《今日美国》1992 年 2 月 21 日号）

威廉姆斯在其 1996 年的著作《击球的学问》（*The Science of Hitting*）中，也有如是断论，而且明确支持“创世迷思论”的关键前提。他认为，既然棒球规则没有丝毫改变，高安打率式微所反映的，一定是击球最佳技能水平的绝对下降：

> 4 年的执教经历……给我的一大印象是比赛没变……它基本上和我当年上场时一个样。我看到的仍是相同类型的投球手、相同类型的击球手。但是，经过 50 年的观察，我现在比任何时候都确信，如今活跃在赛场上

---

① “昔有巨人居于世”（There were giants in the earth in those days），《圣经》典故，出自《创世记》（6:4），原文中的 giants 译自 Nephilim，指从天而降的神之子。——译者注

> 的优秀击球手没有多少……力量强的选手、能把球打得很远的选手的确不少，但我也见到太多缺乏战术技巧的选手，他们本该安打却不为之。问题何在？答案不难找到。多年来，他们一直说棒球死了。棒球并没死，死的是击球手颈子以上的部分。（Williams，1996）

1975 年，与威廉姆斯同时代的“国家联盟”下属球队选手斯坦·穆夏尔[①]在一篇题为《0.400 安打率为何绝迹？》的文章中也表达过相似想法，认为击球手越来越不精明——“为了取得成功……击球手必须具备在如今已不常见的技能。他们必须有能力冲进对方的守区，但当今掌握这门技艺的选手不多”（Durslag，1975）。

如果有人就此下结论，认为这种想法仅流传于不善藏怒的昔日勇士圈子，那就错了。1992 年，来自多伦多的约翰·奥勒鲁德[②]志在冲顶，但未能实现。对此，一位新闻从业者〔《波士顿环球报》的凯文·保罗·杜邦（Kevin Paul Dupont）〕也给出相似的看法，“精明的击球手太少，追求极品护眼墨镜的家伙太多。在那些家伙心里，它比磨炼精准判断来球、实现安打的眼力还重要”。

相比之下，第二类解释要合理一些，且不乏正确之见。这类解释认为，是赛事中的变化让击球变得更加困难（相反，“创世迷思论”坚称比赛未变，是击球手变得娇气）。这类解释的版本众多，根据论证形式，可进一步分为截然不同的两个版本，我称之为“内因论”和“外因论”。“外因论”认为，现代棒球带有的浓重商业属性为竞技表现设置了新障碍。[③]这种“环境艰难论”的论点可归结为三个方面，每到大联盟赛季间隙统计结果出炉，这谜中之谜再次刺痛球迷神经时，就会有人大肆宣扬——其一，赛程排得太折磨人，球

---

① 斯坦·穆夏尔（Stan Musial），即斯坦利·弗兰克·穆夏尔（Stanley Frank Musial，1920—2013），效力于圣路易红雀队（St. Louis Cardinals）。——译者注

② 约翰·奥勒鲁德，即约翰·加勒特·奥勒鲁德（John Garrett Olerud，1968— ），1989—1996 年间效力于多伦多蓝鸟队（Toronto Blue Jays）。——译者注

③ 当然，我承认，这类说辞也会陷入“‘往昔极乐园’对‘现今财魔宫’”的“创世迷思论”窠臼。但是，我的论点基于两者的显著区别。“创世迷思论”纯粹认为击球手的竞技能力有绝对退步，而“外因论”的解释更合理，认为击球手如过去一样优秀（或者更优），但出于某种原因，使得击球变得相对困难。〔往昔极乐园（Elysian fields），此处为双关，原文字面亦指位于美国新泽西州霍博肯（Hoboken）的早期棒球赛场地。——译者注〕——作者注

队在路上奔波太多；其二，夜赛太多；其三，吸引的关注过多，新闻媒体的刺探不断（尤其在有运动员扬言欲冲顶诸如 0.400 安打率之类的高位之时）。

“内因论”认为，比赛中与击球对抗的诸方之竞技强度已超过击球手补救和应对的能力。换言之，击球手跟不上其他诸方不断完善的步伐。这种“竞争激烈论”也可归结为三个方面（又各自表现为数种不同情形），显然代表了棒球运动中对安打构成威胁的三个体系：

1. 更好的投球（出现了新的投球技术，如滑球和快速指叉球；形成了专门的后援投手策略，使得击球手在后几局中须面对新上场投手的足力投臂，而非在先前赛局中已交手过数次的疲软投手）。①

2. 更好的防守（手套由小变大，从仅有防护功能变为揽球利器；防守水平整体上有所提高，尤以守场员②之间的相互配合为甚）。

3. 更好的指导（替补球员由原来全凭主教练直觉的“屁股决定脑袋”式的指派，变为由计算机辅助的现代评估式的指派，可通过分析对方各击球手的优势弱点，有针对性地排兵布阵）。

汤米·霍姆斯③是外在“环境艰难论”者的支持者。他在刊于《运动》杂志 1956 年 2 月号上的《不会再有新的 0.400 击球手出现》文章中强调“赛程变艰难”的主题：

> 他们（往昔 0.400 击球手）打的单赛都是在午后开场的，若遇双连赛，则开始得略早。他们从不在日落后比赛。通常情况下，比赛在天黑前数小时就结束了。他们的比赛也不会是头一天在炎炎烈日下进行，第

---

① 滑球（slider）和快速指叉球（split-fingered fastball），都是有别于快速球（fastball，或称直线球）般飞行轨迹近乎直线的投球技术，前者开始如快速球，但靠近本垒时轨迹向外向下变化；后者介于指叉球（forkball）和快速球之间，飞行轨迹如指叉球，即靠近本垒时轨迹突然向下变化，但球速更快。后援投手（relief pitcher），指接替先发投手（starting pitcher）上场的投手，可细分为中继投手（middle reliever）和终结投手（closer）。——译者注

② 守场员（fielder），主要指处于防守方的场上球员，即内场手（infielder，即内野手）和外场手（outfielder，即外野手），一般不包括投手（pitcher，即投球手）和接手（catcher，即接球手、捕手）。按所负责的防守位置，内场手（4 名）又分为一垒手（first baseman）、二垒手（second baseman）、三垒手（third baseman），以及二垒和三垒之间的游击手（shortstop），外场手（3 名）又分为左外场手（left outfielder）、中外场手（center outfielder）、右外场手（right outfielder）。——译者注

③ 汤米·霍姆斯（Tommy Holmes），即托马斯·弗朗西斯·霍姆斯（Thomas Francis Holmes，1919—2008），在职业生涯中主要效力于波士顿勇士队（Boston Braves，现亚特兰大勇士队）。——译者注

> 二天转到湿闷难耐的夜里。只要不是自身有问题，他们不会睡不好觉，也不会在饭点吃不上好饭。[①]

至于“环境艰难论”的其他两个主题，我的同行约翰·J. 基门特（John J. Chiment）曾做过调查，并对前一个有所心得。他在康奈尔大学博伊斯·汤普森植物研究所[②]工作，实验室里有大量棒球迷。在征集了他们的意见之后，基门特（于 1984 年 4 月 24 日）写信给我，为“夜赛论”辩护：“BTI 的实验室人员一致认为，‘夜赛’是问题的真正所在。人不见球，何以击之？尽管如此，‘后援投手策略兴起’和‘现今道德沦丧’等解释也并非无支持者。”

对于后一个主题，科罗拉多洛基队的主教练唐·贝勒（过去也是个精明的球员）支持“媒体侵扰论”。1993 年 6 月，当他的明星球员安德烈斯·加拉拉加和来自多伦多球队的约翰·奥勒鲁德的安打率都已超过 0.400 之时（如人所料，到赛季结束时，成绩降到该值之下），他曾讲道：“现如今，如果一个小伙子到 8 月时还能保持 0.400 以上的战绩，那么他在每场比赛结束之后都得出席记者招待会，其承受压力之大可想而知。”[③] 到了 8 月，当奥勒鲁德仍有望取得 0.400 终绩时，乔治·布雷特则对相同的侵扰根源加以控诉。他知道，1980 年 8 月 26 日，自己的安打率曾高居 0.407，但到赛季结束时却定格在 0.390。布雷特记得来自媒体的轮番轰炸：

> 反反复复，问的都是同一个该死的问题。我的天，真是既单调又乏味。1961 年，罗杰·马里斯为了赶超贝比·鲁斯（的单赛季本垒打纪

---

① 引文括号内为作者注，下同。双连赛（doubleheader），指因赛程限制所致的一日连赛两场，例如，前章首段中提到的泰德·威廉姆斯打出美国职业棒球联赛最后一次 0.400 水平的赛季安打率，就是在如是双连赛中定格的。——译者注

② 博伊斯·汤普森植物研究所（Boyce Thompson Institute for Plant Research），康奈尔大学的独立研究所，现名为博伊斯·汤普森研究所（Boyce Thompson Institute），简称 BTI，由美国矿业家、慈善家威廉·博伊斯·汤普森（William Boyce Thompson，1869—1930）资助创立。——译者注

③ 唐·贝勒，即唐纳德·爱德华·贝勒（Donald Edward Baylor，1949—2017），球员生涯中效力于多支美国联盟球队，于 1979 年获美国联盟最有价值球员奖，曾于 1993—1998 年间执教国家联盟的科罗拉多洛基队（Colorado Rockies），并于 1995 年获国家联盟年度最佳教练奖。安德烈斯·加拉拉加，即安德烈斯·胡塞·帕多瓦尼·加拉拉加（Andrés José Padovani Galarraga，1961— ），来自委内瑞拉，曾效力于多支大联盟球队（1993—1997 年间效力于科罗拉多洛基队），并多次获奖，甚至在抗淋巴癌成功之后。——译者注

录），头发都掉了。1980 年，我生了痔疮。我不知道约翰将会遭遇什么，但我想那肯定不是啥好事。[①]

内在“竞争激烈论”的三大主题也享有广泛的支持：

1. 更好的投球。自我成为棒球球迷以来，投球是棒球竞技诸方面中变化最大的。我年幼时，或者说在 20 世纪 40 年代晚期，大多数投手以曲线球和快速球制胜。此外，他们要完成 9 局，除非失球严重或者过度疲劳。当时，后援投手上场还不是一种专门的策略。如果先发投手累了，主教练只是让下个能上场的球员替补。如今，几乎所有投球手掌握的技术在类型上都有所扩展，滑球和快速指叉球广受青睐。此外，后援投手已成为所有优秀球队的重要组成部分，还可细分为中继投手（利于在先发投手失利后上场并完成数局）和终结投手（能在关键终局让对手出局且发挥稳定的优秀投手）。

就这样，在解释 0.400 安打率不复再现的诸多尝试中，投球技术提高的说法显得比较突出。例如，斯坦·穆夏尔就曾〔在前文提到的德斯拉格（Durslag，1975）执笔文章《0.400 安打率为何绝迹？》中〕说过：

> 有两样东西差不多葬送了 0.400 的未来。一样叫滑球……它不是一种复杂的投球技术，但给对手制造的麻烦足够大，能使击球手失去在过去可保持的优势。第二个原因是后援投手[②]策略有所改进。

---

① 罗杰·马里斯，即罗杰·尤金·马里斯（Roger Eugene Maris，1934—1985），主要效力于纽约洋基队，曾多次获得美国联盟最有价值球员奖，并于 1961 年创下单赛季本垒打（home run，即全垒打，指击球手击出球后能接着安全踏触一至三垒并回到本垒的情形）纪录（61 次），到 1998 年才被打破，目前排第 7。贝比·鲁斯（Babe Ruth），即乔治·赫尔曼·鲁斯（George Herman Ruth Jr.，1895—1948），美国棒球史上最著名的运动员之一，是美国家喻户晓的明星。其职业生涯本垒打 714 次，后仅有两人超过，目前排第 3；单赛季本垒打最高个人纪录为 60 次，目前排第 8。乔治·布雷特在 1980 赛季的表现被认为是自 20 世纪 40 年代以来最有希望冲顶 0.400 的机会，当年他 27 岁，赛季之初安打表现平平，但在 6 月初打出了 0.472 的月度成绩，将赛季累计成绩提高到 0.337。在随后的一个月中，他未上场。再次上场后，7 月和 8 月的月度成绩分别高达 0.494（21 场）和 0.430（30 场），并打出连续 30 场安打的佳绩，赛季累计安打率在 8 月 26 日达到最高（0.407）。进入 9 月，前 10 日他没有上场，由于伤病的影响，之后上场的成绩不如前两月，但 0.400 的成绩仍保持到 9 月 19 日。最终，他的成绩定格于 0.390。不过，在此之后，迄今为止，仅有 1 人超过这一成绩。——译者注

② 后援投手，原文为“the bullpen”。bullpen 本指后援投手在场外热身的区域，“the bullpen”在此借代为后援投手。——译者注

2. 更好的防守。按霍姆斯的话说，“针对如今击球手更加严密的防守”是（如其文章标题所言）“不会再有新的 0.400 击球手出现”的首要原因（Holmes，1956，37—38 页）。在霍姆斯看来，罪魁祸首就是性能更好的手套（他的意见发表于 1956 年，跟现今如篮筐、罗网般的手套相比，那时的设计简直不值一提）：

> 如今，体育用品制造商生产的分指手套及连指手套[①]比昔日球手戴的要大得多，这可能对压制平均击球率的贡献更大……过去，运动员实际上是用手接球，佩戴手套是为了减缓令人手麻的冲击力。如今的手套好比能有效吸引来球的陷阱……现今的运动员用手套接球，而非用手，全靠手套上拇指和食指位置之间的深深凹陷。

3. 更好的指导。计算机和团队群策群力现已在场外指导人员中普及。击球手的每一次挥棒，都会被对方负责图表分析和数据统计的人员仔细研究，以试图找到破绽。理查德·霍弗[②]认为更加“科学的”指导是 0.400 安打率消失的原因。说起由威廉姆斯在 1941 年最后一次成功实现的盛况，霍弗写道：“他无须应对像如今对方指导团那般不间断的图表分析和随时变化的组织防守策略。”（Hoffer，1993，23 页）

许多作者把所有这些惯常解释集合到一起，就像把一堆小球揉成一个大球，整体一并抛出。达拉斯·亚当斯（Dallas Adams）在刊于《棒球研究学报》的《联盟佼佼者打出 0.400 的可能性》一文中写道：

> 现今普遍存在着这样一种观点，认为在夜赛、疲于东西海岸之间的长途奔波、高素质后援投手的广泛采用、大球场、守场员佩戴大尺寸手套及其他一些因素的共同作用下，击球手的处境越来越差，使得 0.400 安打率近乎无实现之可能。

① 分指手套（glove），指守场员和投手佩戴的手套；连指手套（mitt），指接球手和一垒手（first baseman）佩戴的手套。——译者注

② 理查德·霍弗（Richard Hoffer），应为擅长报道拳击项目的《体育画报》专职撰稿人。——译者注

这些解释，经过无尽的重复，已让人们信以为真。尽管如此，我相信“赛事中的变化让击球变得更加困难”的两个版本（“环境艰难论”和“竞争激烈论”）的说辞是能够被彻底揭穿的。在我看来，“环境艰难论”根本不成立。难道乘飞机在东西海岸间旅行，比过去坐火车从东海岸到芝加哥或圣路易斯那无尽的颠簸更劳累？难道下榻高档酒店独享空调单人间，比过去在 8 月间热浪滚滚的圣路易斯两人挤一间房更疲惫？为什么人们总是抱怨如今的赛程更折磨人？现今球队每赛季打 162 场，且几乎无双连赛，而在 20 世纪大多数时期，各球队虽打 154 场，但赛季更短，常有双连赛。您看谁身处的环境更艰难？

通过假想韦德·博格斯[①]（有可能挑战 0.400 的最新人选）身处 20 世纪 20 年代环境的情形，威廉·柯伦（Curran，1990，17—18 页）强调了上述观点。他写道：

> 首先，让我们把给博格斯开小灶的击球指导泰德·威廉姆斯请走。在 20 世纪 20 年代，新人在任何阶段都鲜有接受单独指导的机会。实际上，新人若想到击球练习场进行挥棒击球训练，都必须奋力争取，才能获得准入的机会。接着，我们把韦德的击球头盔和击球手套摘掉……此外，我们要让博格斯在午后炎热的 9 月连续打 3～5 个下午的双连赛。比赛结束后，让他到圣路易斯或华盛顿的旅馆客房里过夜。房间里若有电扇的话，也小得很。这样，您就懂我说的意思了。

许多球员的证词也坐实了“环境艰难论”解释的不合实际。例如，罗德·卡鲁，这位曾是威廉姆斯之后最有望冲击 0.400 的选手，先如念经般罗列出一连串惯常解释，接着逐一加以反驳：

> 对那种说辞，我不怎么买账。我想，坐火车和乘飞机一般累……我

---

① 韦德·博格斯，即韦德·安东尼·博格斯（Wade Anthony Boggs，1958—），主要效力于波士顿红袜队，连续 12 年入选大联盟全明星队，1983—1989 年连续七个赛季打出 200 次以上的安打，1985—1988 年连续四个赛季安打率保持在 0.350 以上，并连续四年获得美国联盟最佳击球手称号。作者写作本书之际，博格斯效力于作者家乡的球队纽约洋基队，并在该队 1996 年时隔 18 年再次夺得总冠军的比赛中表现出色。但相比之下，作者认为同时期来自国家联盟的托尼·格温（其简介详见 111 页注③）在当时更有挑战 0.400 成绩的可能（详见 132 页）。——译者注

> 宁愿打夜赛……白天光强灼目，眼睁不大开。此外，空中的干扰物多，在加州尤为如此。烈日当空，许多地方的人工草皮被晒得冒烟，站在上面，双腿热得发烧。在白天比赛，汗流满面。我喜欢在晚上比赛，人更加冷静，也更加自在。

“竞争激烈论”的事实基础稳固，毫无疑问，因而貌似更加有说服力。毕竟，投球、防守、指导等方面的水平的确提高了。既然如此，0.400 安打率绝迹所反映的事实，为何就不是与有所提高的其他技能相比，击球水平相对下降呢？对于别的诠释，我们皆可通过指出其本身逻辑站不住脚加以驳斥。但“竞争激烈论”是对是错，必须经过经验性的验证，才能得出结论。我们需要知道，击球水平的提高是否跟得上投球、防守、指导等对立方技能提高的步伐。如果这三方面的提高幅度大于击球（或者出现对击球手更加不利的情形，即这三方面有所进步，而击球水平原地踏步或有所下滑），“竞争激烈论”就足以解释 0.400 安打率的绝迹。

然而，仅仅根据投球、防守、指导提高的事实，并不能证明“竞争激烈论”成立，因为，击球水平也可以有相同甚至更大幅度的提高。既然运动项目的其他方面都有所提高，难道单单击球就该例外，这是什么道理？如果我们假定击球与棒球运动的其他方面共同提高，那样岂不是更加合理？接下来，我要向大家展现，不仅击球整体水平提高的实际幅度与其他各方面一致，而且棒球运动与规则之间的不断互动确保了各因素水平的均衡。因此，0.400 安打率的绝迹必有其他原因。

08
浅析整体提高论

无论我们多么渴望沉溺于对“美好往昔”专注敬业风气的臆想，但对于“现今击球技能下滑致使0.400安打率绝迹”的说辞，虽然它不乏受众，可我们只要想想20世纪社会及体育历史变迁的一般模式，就会发现它根本讲不通。因为，在此类模式下，棒球技能的现实情形正好与上述说辞相反——它和其他几乎所有被视作人类成就巅峰的象征一样，其水平几乎注定有所提高。要论证这一观点，可以从很多方面入手，但我们仅需从中择取其三就可以定论，甚至是在分析棒球统计数据之前。

1. 择优基数更大，培优训练更强。1900年时，美国居住人口为7600万，且只有白人选手被允许参加大联盟比赛。从那时以来，人口不断增加，现已达到2.49亿（据1990年的普查数据），且所有肤色、国籍的选手皆可被联盟接纳。在过去，球员或完全得不到训练和指导，或仅草率急就。而如今，训练指导已形成一大产业，球员依循精心设计的严密训练方案（若无特殊情形，甚至在赛季之间也要进行训练。而在彼时，他们的前辈们大多会趁机喝喝啤酒，增增体重），他们也冒不起寻欢伤身进而影响事业和成绩的风险。〔乔·迪马吉奥曾告诉我，距1939赛季结束仅有两周时，其赛季安打率为0.413。但就在那时，他患上严重的感冒，导致（其主要依赖的）左眼视线模糊，无法准确判断来球。当时，纽约洋基队已经锁定联盟冠军。如果放在现在，遇到这种情形，无论是谁，都会整场坐板凳，不上场，保持既有成绩。而迪马吉奥一直打到最后一场，成绩下落至0.381。虽然这是他的赛季安打率最好成绩，但仍未及该统计项的巅峰级别。〕如今，无论球员还是球队老板，都无力承担自由散漫的风险。毕竟，给明星球员开出的薪酬数以百万计，对于球员而言，与这一价值匹配的职业巅峰期仅有短短几年。因此，若择优基数少，人选来源局限，且缺乏积极的训练，又有什么论证可以让我们确信，由此产生的击球手竟能强过当今强大棒球产业巨资打造的产物？若要押注，我会押在择优基数更高，人选来自所有种族，且培优训练更强、更缜密的球手上。

2. 体格。我不想沦为迷信“更大即更好”理念的愚蠢拥趸（不过，这种说法之于某些物事是可行的，例如哺乳动物中多数支系的脑的演化。但对于很多东西来说，大小无关紧要，例如阳具和汽车）。尽管如此，如古罗马人所言之 *ceteris paribus*（在其他因素不变的情况下），人的体格越健硕，其力量亦愈趋强（连像我这样爱看菲尔·里祖托或弗雷德·帕特克[①] 上场比赛的小个头都如此认为）。如果棒球运动员的体重和身高从整体上看是与年俱增的，其体能也该（大致）如此。

皮特·帕尔默是一位非凡的棒球统计家、辞书编纂家，棒球统计数据综合参考书中的最佳（亦为最厚）者——《棒球大全》，即由他和约翰·索恩联合完成。[②] 他寄给我一张数据表（表 1），该表记录的是每十年间投球手和击球手平均身高和体重的统计结果。如表所示，这些指标随着时间推移而呈现出明显的稳定增长势态。我就不相信，如今体格更加健硕的球手，其表现会比数十年前个头较小的同行差。

3. 其他运动项目的纪录。棒球运动的主要统计项所反映的，无一不是相对性纪录。也就是说，它们评估的是球员在对垒中对抗对方球员的表现。如此记录不是单凭个人就能创造的，也不是通过计数、记重或掐表计时就可以测量的绝对成绩。0.400 平均击球率所记录的，是击球手对抗投球手的成功，是相对后者而言的。而在 4 分钟内跑完 1 英里（约 1.6 千米），或撑竿

---

① 菲尔·里祖托（Phil Rizzuto），即菲利普·弗朗西斯·里祖托（Philip Francis Rizzuto，1917—2007），身高 1.68 米，效力于全盛时期的纽约洋基队，防守及触击（bunt）能力强，于 1950 年获美国联盟最有价值球员奖。弗雷德·帕特克（Fred Patek），即弗雷迪·约瑟夫·帕特克（Freddie Joseph Patek，1944—），身高 1.65 米，主要效力于堪萨斯城皇家队。——译者注

② 皮特·帕尔默（Pete Palmer），美国体育统计学家，是棒球统计学研究领域的重大贡献者。约翰·索恩（John Thorn，1947—），美国体育史学家，现为大联盟官方棒球历史学家，是肯·伯恩斯（Ken Burns，1953—）著名棒球系列纪录片《棒球》（*Baseball*，1994）的高级顾问之一。《棒球大全》（*Total Baseball*），初版于 1989 年，再版多次，第四版被大联盟接受为官方棒球百科全书，最新版为 2004 年出版的第八版。——译者注

表 1　棒球大联盟运动员身高及体重十年均值

	击球手		投球手	
	身高（英尺）	体重（磅）	身高（英尺）	体重（磅）
1870s	69.1	163.7	69.1	161.1
1880s	69.6	171.6	70.2	172.7
1890s	69.8	172.1	70.6	174.1
1900s	69.9	172.6	71.5	180.7
1910s	70.3	170.5	72.1	180.7
1920s	70.4	171.2	72.0	179.8
1930s	71.1	176.8	72.6	184. 8
1940s	71.4	180.3	73.0	186.5
1950s	72.0	183.0	73.1	186.1
1960s	72.2	182.7	73.6	189.3
1970s	72.3	182.3	74.1	191.0
1980s	72.5	182.9	74.5	192.2

跳高达到 19 英尺（约 5.8 米），或举起 250 磅（约 113 千克），则都是完全取决于个人的绝对性纪录。个人要面对的，只有其身处的自然世界，但它是恒定不变的。

若相对性纪录有所提高，其含义是模糊不清的，我们能给出很多种合理的解读（其中有些甚至是完全对立的）。例如，平均击球率提高，或许意味着击球水平有所提高，但也可说明击球水平有所退步，只是投球水平陡降，且退步幅度更甚（使得击球手在技能削弱同时仍处于相对优势）而已。

相反，绝对性纪录有着明确无误的含义。如果顶尖短跑选手跑得更快、撑竿跳高运动员跳得更高……那么，不错，其各自的竞技表现的确更佳。除此之外，我们还能怎么解读？纪录被打破，这一现象本身并不会告诉我们现代运动员为何表现得更好。提高的原因可以有很多种，从更好的训练、对人体生理机能有更好的了解、新技术（如背越式跳高）的出现到采用新装备（玻璃纤维撑竿一出，撑竿跳高纪录随即被戏剧性地刷新）等，不一而足。不过，我不认为我们可以由此否认竞技水平提高的事实。

因此，既然棒球相对性纪录的成因必定模糊不清，我们就应从相关运动项目的绝对性纪录入手分析。若大多数绝对性纪录已有所提高，难道我们就不能假定棒球运动员的技能也有所提高？这样一来，若我们仍将 0.400 安打率的绝迹归结于击球技能的下降，难道不就否定了一种普遍存在的变化模式，转而临时起意，专门为之臆造一套不合理的理论？难道我们不该寻找一种将“0.400 安打率之死”解读为“竞技整体水平提高之结果”的理论吗？这样一来，这个棒球统计史上被广为讨论的最有趣趋向，就和其他几乎所有运动历史上显现出的变化模式趋于一致了。

我并不大愿意采用深入人心的案例，也不愿没完没了地罗列广为人知的现象，这样只会让读者感到厌烦。不过，但凡是个体育迷，都会对绝对性纪录与时俱进的变化有所察觉。首位马拉松奥运冠军斯皮里宗·路易斯在 1896 年花费了近 3 小时才跑完全程，而最近的佼佼者已将完成时间缩短至近 2 小时。[①] 曾经在数十年间，对于赛跑运动员而言，4 分钟跑完 1 英里是一个挑战。到 20 世纪 40 年代中期，最好成绩已缩至 4 : 01，距离突破已近在咫尺。该纪录一直保持到 1954 年 5 月 6 日，终由罗杰·班尼斯特迎来伟大的“破 4”时刻。[②] 如今，大多数顶级赛跑运动员几乎每次都能跑进

① 斯皮里宗·路易斯（Spiridon Louis，1873—1940），又名斯皮罗斯·路易斯（Spyros Louis），希腊人，原为送水工，是 1896 年首届现代奥运会马拉松冠军，成绩为 2 : 58 : 50。当前男子马拉松纪录为 2 : 01 : 39，是肯尼亚长跑名将埃鲁德·基普乔格（Eliud Kipchoge，1984— ）于 2018 年 9 月 16 日在柏林马拉松创造的。——译者注

② “到 20 世纪 40 年代中期，最好成绩已缩至 4 : 01”，原文为“...Paavo Nurmi's enticing 4.01 held from 1941...”，作者原意为芬兰传奇长跑名将帕沃·鲁米（Paavo Nurmi，1897—1973）在 1941 年创造了 4 分 1 秒的 1 英里跑纪录。不过，1941 年时，鲁米已过竞技高峰年龄，且应在军中，不可能有机会创造该纪录。实际上，他第一次创造该项目（室外）纪录是在 1923 年，成绩为 4 : 10.4。在人类“破 4”之前，最接近的成绩产生于 1945 年 7 月 17 日，由瑞典运动员贡德·黑格（Gunder Hägg，1918—2004）取得，将其同胞阿尔内·安德松（Arne Andersson，1917—2009）于 1944 年 7 月 18 日跑出的 4 : 01.6 缩短了 0.2 秒。罗杰·班尼斯特（Roger Bannister，1929—2018），英国神经内科学家，曾参加过 1952 年赫尔辛基奥运会，并取得男子 1500 米第 4 的佳绩。他的破 4 成绩为 3 : 59.4，但在 6 月 21 日即被后成为澳大利亚维多利亚州州长的中长跑运动员约翰·兰迪（John Landy，1930—2022）刷新。班尼斯特在当年 8 月还夺得欧锦赛男子 1500 米冠军，并于年底退役，毕生从事医学研究。当前 1 英里跑纪录为 3 : 43.13，是摩洛哥著名中长跑名将希查姆·艾尔·奎罗伊（Hicham El Guerrouj，1974— ）于 1999 年 7 月 7 日创造的。——译者注

4分钟。曾有两位泳坛健将在电影中扮演过“人猿泰山”，他们分别是巴斯特·克拉布和约翰尼·韦斯穆勒。前者于20世纪30年代刷新过男子400米自由泳奥运纪录，后者于20年代刷新过男子100米自由泳奥运纪录。而到1964年时，女子选手中的佼佼者已能超越前者，到1972年时，则已可超越后者。[①]下面，我用一张有代表性的图表来展示“成绩与时俱进”的普遍性。该图基于的数据源于我工作所在地最著名的地方赛事——波士顿马拉松（见图12），对于我来说，可谓唾手可得。如图所示，成绩的大致走势十分明晰，只有几处异常，也不过是赛事里程变化的反映〔在大多数年份，赛事里程为26英里385码（42.195千米）的“标准”距离。不过，1897—1923年间的早期参赛选手只需跑24英里1232码（39.751千米），但他们耗时

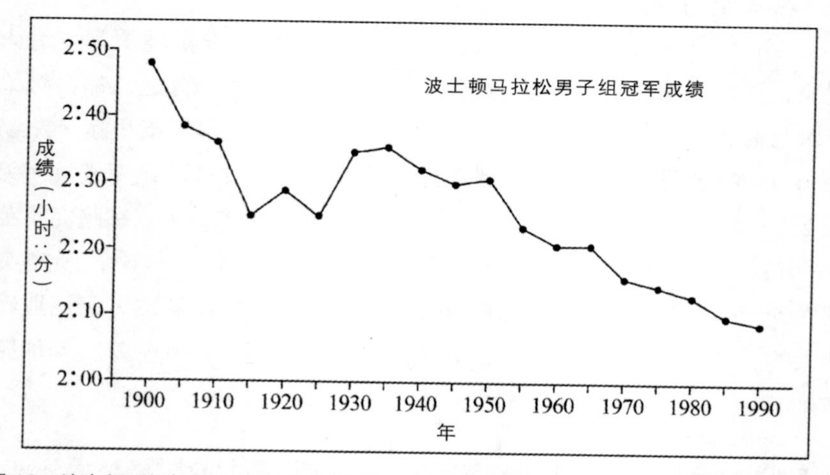

图12　波士顿马拉松男子组耗时稳步缩短。点代表（我计算的）年度冠军成绩的五年均值

① 巴斯特·克拉布（Buster Crabbe），美国运动员，本名克拉伦斯·林登·克拉布（Clarence Linden Crabbe II，1908—1983），1932年洛杉矶奥运会男子400米自由泳金牌得主，成绩为4:48.4，刷新该项目奥运纪录，但未破当时的世界纪录（4:47.0），退役后投身影坛，出演过上百部电影，除扮演过“人猿泰山”，还扮演过经典漫画超级英雄“飞侠哥顿”（Flash Gordon）和巴克·罗杰斯（Buck Rogers）。在1964年东京奥运会上，女子400米自由泳决赛排名前4位选手的成绩皆超过克拉布1932年的纪录。约翰尼·韦斯穆勒（Johnny Weissmuller，1904—1984），美国泳坛名将，5次奥运冠军得主，创造过50余次世界纪录，是第一个100米自由泳游进1分的选手，也是第一个400米自由泳游进5分的选手。他在1928年阿姆斯特丹奥运会刷新的男子100米自由泳奥运纪录为58.6秒，并未打破当时由他保持的世界纪录（57.4秒）。1972年慕尼黑奥运会上，女子100米自由泳决赛中仅冠军得主桑迪·尼尔森（Sandy Neilson，1956—）超过韦斯穆勒当年的成绩，为58.59秒。不过，当时该项目的世界纪录（女子）已达58.5秒。——译者注

更长。1924—1926 年间，距离增至 26 英里 209 码（42.034 千米）；1927—1952 年间，增至“标准”距离；1953—1956 年间，缩短至 25 英里 958 码（41.110 千米）。1957 年，“标准”距离又得以恢复，并从此确定下来〕。

几乎在所有运动项目中，绝对性纪录的提高都呈现出一种明确的模式。这一模式背后的可能动因，即为我解读“0.400 安打率绝迹”现象的关键依据。成绩的提高并非遵循增速恒定的直线模式。相反，初期提高的速率更加迅速，幅度更大，而后来显著变慢，有时甚至不会有进一步提高（或与往昔纪录提高的幅度相比微乎其微），因而形成平台期。换言之，运动员最终会遭遇某种阻碍进一步提高的屏障。到那时，纪录即趋于稳定（或至少打破的频次和幅度显著减少）。统计学家将这种屏障称作“渐近线”，就如我们平常所说的某种“极限”，若按本书专用“术语”，则是运动员撞上了阻碍继续提高的“右墙”。

既然我们讨论的数据来自世界顶级运动员，上述极限或“右墙”的可能成因应已显而易见。毕竟，人体乃血肉之躯，循物之理，其表现受限于体格、生理机能以及肌肉与关节联动的力学性能。没有人会认为提高势态能无限地延续下去。换言之，没有人会认为赛跑者跑完 1 英里的耗时将缩短至零（且最终为负），或者撑竿跳高者一跃即可飞上高楼，堪比超级英雄。

因此，有人认为，是人体的物理极限（或“右墙”）导致提高减缓乃至停滞。要检验这一观点正确与否，最好的办法，是比较体能已达极限状态的运动员与可能尚有大幅提升空间的选手，看两者的成绩曲线有何区别。那么，究竟在何种情形下，研究对象所处的位置与“右墙”相去甚远，因而有大幅提高空间呢？我们可以想象下列潜在情形——运动项目初立，运动员尚未找到优化手段；旧有运动项目对新人群开放；业余选手的纪录。例如，直到 1972 年，波士顿马拉松才开始对女性开放。您会注意到，自女性参赛以来，女子组成绩提高的速度比男子组要快得多（图 13）。

如果我们扩大这一规律的应用范围，根据成绩提高幅度，对不同研究对象进行递减排序（在旧式阔佬的价值体系里，这也可以是一种递增的身价排行），其结果依次为女子组、男子组、赛马。在主要跑马赛事中，获胜耗时也有所缩短，但纪录刷新间隔长，成绩提高幅度变小。例如，从 1840 到 1980 年，三大英国跑马赛事（圣莱杰、橡树、德比）中产生的最好成绩分别提高了 12 秒、20 秒、18 秒，若换算成参赛纯种马成绩的逐代提高率，则仅为可

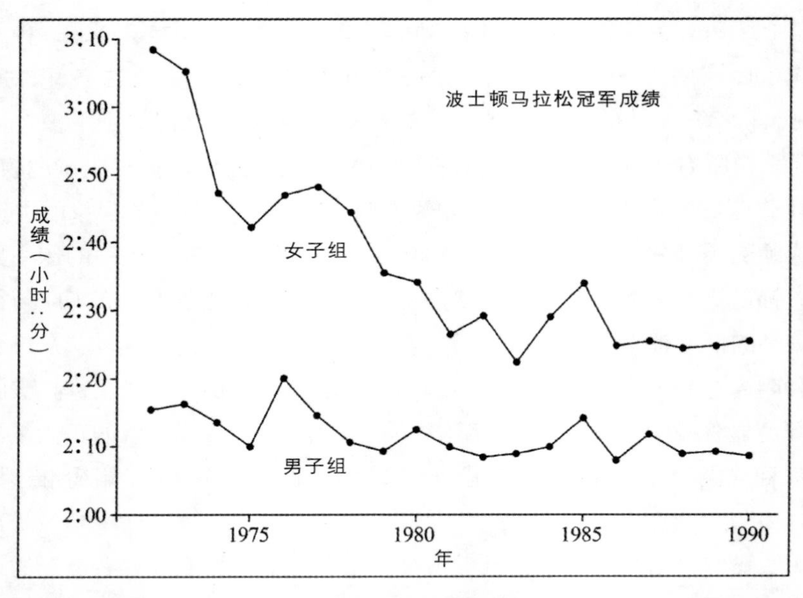

图 13　1970—1980 年间，波士顿马拉松女子组冠军成绩耗时骤降，男子组相对平稳。自 1980 年以来，各组纪录变化皆不明显。点代表每年的最好成绩

怜的 0.4% ～ 0.8%（Eckhardt 等，1988）。① 即便与规模更大的另一动物驯化育种领域——家畜养殖中的情形相比，如此提高幅度也显得很小。在家畜养殖领域，若培育出有经济价值的性状，相应性能的年提高幅度常可达 1% ～ 3%。

这种有限的提高完全讲得通，也是可预见的。参赛纯种马的选育有非常严格的要求，育马血统十分局限，延续至今，已有两百多年。就这些马而言，丝微的改良价值以百万计，压在它们身上的赌注高得不能再高。人们对该品种改良的投入，比在有经济价值的其他生物改造方面的付出都多。因此，我们可以认为，最好的纯种马早就撞上遗传育种的"右墙"，改良的余地微乎其

① 圣莱杰（St. Leger），即圣烈治锦标赛（St. Leger Stakes），始于 1776 年，在唐卡斯特（Doncaster）举行；橡树（Oaks），即叶森橡树大赛（Epsom Oaks），始于 1779 年，在埃普瑟姆（Epsom）举行；德比（Derby），即叶森打吡大赛（Epsom Derby），始于 1780 年，亦在埃普瑟姆举行。三者是英国五大赛马经典赛事中历史最悠久的三个，其他两个是 2000 基尼锦标赛（2000 Guineas Stakes，始于 1809 年）和 1000 基尼锦标赛（1000 Guineas Stakes，始于 1814 年）。前者与德比和圣莱杰构成英国三冠赛（English Triple Crown），后者与橡树和圣莱杰构成雌马三冠赛（Fillies Triple Crown）。参赛马匹为纯种马（thoroughbred），又称纯血马，由 17—18 世纪英国本土牝马和来自阿拉伯、北非、土耳其的东方牡马配种而成，主要用于赛马及马术项目。——译者注

微。不过，既然（感谢上苍）我们尚未实现“美丽新世界”[1]的光景，就不会以优化身体机能为目的，将人工选育的手段施于己身；既然我们无意造一个“纯种人”送到“右墙”边，人类的运动纪录就更具灵活性。

我们注意到，在最受欢迎的赛事中，男性参与已久，其成绩曲线大多表现为设立初期快速提高，而后进入平台期。[2]不过，在像马拉松这样的赛事中，也会有例外的情形出现。里程之长、路况之复杂，都极大地“推动”了对新策略的尝试。而且，由于近年来马拉松的人气激增，其声望和参与人数皆大幅提升〔值得注意的是，一直到 1990 年，波士顿马拉松男子组的成绩曲线仍大致保持着稳步提高的势态（图 12）。不过，随着世界顶级赛跑运动员的参与，提高已开始趋缓，势态有所转变，整体表现最终与普遍模式并无二致〕。

许多体育评论员认为，同一赛事中女子组成绩的提高幅度大于男子组，且尚未达平台期，因而保持着直线提高的态势。但有趣的是，一项研究结果显示（Whipp 和 Ward，1992），大多数男子赛跑项目（从 200 米到 10 千米），无论全程距离长短，成绩提高的幅度都大致相当——每分钟跑完的距离每十年增长了 5.69 ～ 7.57 米。（在马拉松相应组别中提高得更多，达 9.18 米，因而支持我有关该项目尚未“成熟”、尚有直线提高潜力，即离“右墙”尚远的说法。）相比之下，相同项目女子组的提高幅度更大，达 14.04 ～ 17.86 米（在马拉松相应组别中则高达 37.75 米）。

在这些发现的启发下，各式各样的推测层出不穷，且不乏愚蠢之论。例如，有人采用曲线外推的方法（Whipp 和 Ward，1992），预测女性最终会在大多数项目中超过男性，且很快就会在某些项目中实现。（比方说，若对马拉松成绩进行曲线外推，会得出女选手将于 1998 年击败男选手的预测。）

但外推预测是危险的举动，结果大多无效，常沦为愚蠢的游戏。毕竟，就如前文所述，若对现有的稳步提高的赛跑纪录进行曲线外推，只要推得足够远，就会得出无须费时即跑完全程的预测，若继续外推，耗时则将为负。

---

① 美丽新世界（brave new world），亦译作“勇敢新世界”，源自托马斯·亨利·赫胥黎之孙英国作家阿道司·赫胥黎（Aldous Huxley，1894—1963）的同名科幻小说（1932），书名取自莎士比亚《暴风雨》（*The Tempest*）第五幕第一场（第 205 行），有反讽之意。——译者注

② 若在器材或手段方面有根本性的创新出现，如被允许在田径赛事中使用的玻璃纤维撑竿，或未被大联盟所容的（天杀的）铝合金棒球棒（让我们祈祷，但愿永远如此规定），这种说法就不成立了。这些创新可以导致提高曲线陡增。实际上，在统计时，如此创新通常被处理为新增长曲线的起点。——作者注

（外推手段也被误用于对人口增长的预测，得出不负责任的结果。例如，按外推法计算，数个世纪以后，人口数量将达到地球能容纳的总量，地球沦为“人球”。随着人口接续增长，“人球”半径扩增速度终将超过光速。既然爱因斯坦教导我们，光速是物体运动的速度上限，那么，我们想逃往外太空都不可能了。）显然，我们跑得再快也不可能耗时为负，“人球”也不会以光速膨胀。它们会达到极限，或撞到“右墙”。这样一来，提高先是趋缓，直到最终不将再有。

在某些超长距离游泳项目中，浮力和脂肪分布等重要因素偏向女性体型，利于耐力的发挥，因而有女性超越男性的可能（实际上，横渡英吉利海峡及卡特琳娜海峡[①]的现有游泳纪录即由女性保持）。在马拉松赛事中，女性也有可能超越男性。不过，若要说女性会在100米短跑和举重项目中打破男子纪录，我则持怀疑态度。（几乎在所有比赛项目中，都存在能战胜大多数男性的女性选手——至少在几乎所有体育项目中，大多数女生都比我强。不过，别忘了，我在这里讨论的是顶级选手创造的世界纪录。实际上，在上述超越男性的案例中，起决定性作用的是不同身体构型的生物力学机理。）

至此，一些运动项目的女子组纪录提高得更快（成绩曲线非平缓）的根本原因似乎已经明确。它源于性别偏见之原罪，是因旧有不公之势喜得扭转而产生的回报。这些项目大多在近来才向女性开放。她们进入训练强度高、竞争气氛残酷的职业体育世界仅短短数年。就在不久之前，社会舆论还让她们觉得竞技能力非女性所应有（至今仍有不少女性认同此见）。过往不少伟大的女性运动员，尤其是芭贝·迪德里克森[②]，都因被视为过于男性化而广受非议。换言之，大多数项目中女子组的成绩曲线尚处于起步阶段——直线速升期。这些曲线最终也会到达各自的“右墙”，只有到那时，我们才能真正理解“机会均等”的真义。在那之前，运动项目女子组成绩曲线的直线式陡升，权可当作对那古往今来肆虐已久的不公的控诉。

---

① 横渡卡特琳娜海峡（Catalina Island swim，即 Catalina Channel swim），指以位于美国加利福尼亚州南部圣卡特琳娜湾的圣卡特琳娜岛为起点、以大陆为终点的长距离游泳挑战（32.5千米）。与横渡英吉利海峡（33.7千米）、环游纽约曼哈顿岛（48.5千米）一起被称为露天水上马拉松三冠挑战。——译者注

② 芭贝·迪德里克森（Babe Didrikson），即米尔德丽·艾拉·迪德里克森·扎哈里亚斯（Mildred Ella Didrikson Zaharias，1911—1956），美国传奇运动员，曾在1932年洛杉矶奥运会获得过两枚田径项目金牌，还曾获得过10次职业高尔夫球锦标赛冠军，同时精通篮球和棒球，在美国ESPN频道列出的20世纪北美地区伟大运动员中排第10位。——译者注

09
分布右尾缩，安打极值绝

按前章所论，既然运动项目的成绩提高曲线表现为“先奔后爬”，直至接近人类生物力学极限，那么棒球击球水平也必然有绝对意义上的提升。接受了这一论点，有关“击球某方面退步，0.400 安打率绝迹”的各种传统解释便只剩下一个尚未被推翻——那就是或许会出现这样一种情形，即击球方水平虽有提升，但其对立方（投球和防守）水平提升的幅度更大，进步甚至更快，进而导致击球成绩有相对意义上的下滑。

这俨然是传统解释的最后一根救命稻草。但是，它也经不起考验，即便那只是最浅显的验证。不错，如果投球和防守逐渐占上风，技艺高击球一筹，我们便应能将其后果视作安打率大致呈下降之势的反映。如果随着投球和防守的优势逐渐稳固，安打率均值不断下降，那么最优秀的击球手（或者说“往昔 0.400 英雄”）也无力回天——也就是说，在这种情况下，如果安打率均值曾经为 0.280，那么高于 0.400 的最好成绩可谓一个合理的上限，但若如今均值下降，比如说降至 0.230，0.400 则距之过远，即便最优秀的球手也难以企及。

该论证本身是完全合理的，之所以在现实中不能成立，是因为安打率平均成绩自本世纪[①]以来并未下降，而是稳如磐石（虽也有引人注目的例外，但正如我将要在后文中讨论的，它们反而是水平趋稳的体现[②]）。表

① “本世纪”，指原著成书所处的 20 世纪，下同。——译者注

② “虽有……例外，……，反而是水平趋稳的体现”，原文为“...exceptions, ..., prove the rule”，是一条英语成语，指与规则貌离神合的例外。——译者注

2所列，为两个棒球联盟常规参赛球员自20世纪以来的安打率十年均值。（为了排除某些为充数才上场击球的球员，如击球能力差的投球手、因防守或奔跑能力强而被雇用的选手，我只留下各赛季场均打数为两次以上的击球手，对他们的成绩加以统计。）[①] 本世纪初，安打率均值约为0.260，至今一直未变。（唯一的例外，是数值在20—30年代的持续攀升。这一提高只是临时性的，我马上就会道出原因。不过，这一例外并不能解释0.400安打率在随后年代的衰亡。首先，0.400安打率频现的黄金时代出现在20年代之前，然而彼时均值如常，并非更高；其次，若将比尔·特里于1930年打出的0.401计入20年代，我们就会发现，30年代的安打率均值虽高，但并无一人打出0.400以上的成绩。）这样一来，相互矛盾的情形就更加严重了——0.400安打率消失竟然发生在平均安打成绩持续稳定的“光天化日”之下。难道泛泛者成绩如常，佼佼者的水平却该永久失常？就此，我们必会下如此结论——0.400安打率的绝迹并非反映击球技艺的普遍下滑，既非绝对下滑，亦非相对下滑。

当陷入这种僵局时，我们通常需要从中抽身而出，换种方式表述问题——另开一扇门，换个角度考虑。就本例而言，依循本书基本主题的脉络，我想可以这样说，人们就0.400安打率衰亡的争论由来已久，但从一开始就犯了最深层次的错误。犯这种错肯定是无意识之举，因为我们除了将0.400安打率视作界定明确的独立“物事”——一种若消失必特究其因的实体，便未曾有过其他想法。然而，它不是物件，像“乔·迪马吉奥最爱的球棒”[②] 那样，甚至不是可以独立界定的物类，像“90年代守场员佩戴的改进手套”。

---

① 两个联盟的成绩近来的表现有所不同，很大的原因，在于美国联盟引入了“指定击球”规则，而国家联盟没有。“指定击球手”好比替代投球手击球的永久“代打击球手”。虽说投手由此被替代，但由于我本来就未将投手计入统计之列，这种替代对安打率十年均值的计算本身并无影响。不过，“指定击球”规则使得打列中多了一位击球好手，美国联盟的成绩均值也因此有小幅提高。反观国家联盟，位于打列之末的击球欠佳选手更多。尽管如此，我仍坚决反对“指定击球”规则，算是应了我们文化中不容忍中间立场的关键主题——对于这一规则，要么爱它，要么恨它〔指定击球手（designated hitter），指代替投球手击球的指定队员，若采用指定击球手，则必须在比赛开始前提交的打列（lineup，或batting order，即攻方球员上场击球顺序表）中注明。代打击球手（pinch hitter），指代替打列上的人员击球的队员。——译者注〕。——作者注

② “乔·迪马吉奥最爱的球棒”，迪马吉奥称之为“贝齐·安”（Betsy Ann），在1941年6月29日于华盛顿进行的双连赛之间被盗。由于事发突然，一度危及他当时正在创造的连续56场安打纪录的进程。后来，他借用先前送给队友汤米·亨里奇（Tommy Henrich，1913—2009）的球棒，才使进程得以继续。一周后，球棒终被匿名送回。——译者注

我们应从贯穿本书的导向主题中寻找线索——“万物生灵，千姿百态”，或者说系统整体的差异应被视作最令人信服的“基本”现实。若依凭均值和极值（分别作为抽象和不具代表性的案例），所得出的对整体表现的看法，即便非完全误导，通常也是片面的。

0.400 安打率不是一个物件或实体，本身不成其为一件东西。常规参赛球员各有其平均击球率，我们将之集合统计，便可依此绘制球员整体的成绩频次分布曲线。就如常规的“钟形曲线”，它有两尾，分别代表最差和最佳的水平，它们是整体的固有组成部分，并非可分割的独立物件。（这两尾是朝着频次更高的曲线中心方向逐渐过渡的，即便您有意砍掉它们，又该从何处下手？）以这种理所应当的开阔视角考量，0.400 安打率所代表的，就是由所有球员安打率组成的整体的分布曲线中的右尾，绝非某种意义上的“可界定”或可割离的“自成一体的东西”。实际上，我们惯于认定类似界定的倾向，完全是我们对听似“四平八稳”或“振奋人心”的数字的偏好心理使然。我们倾向于以这类数字来分割连贯现象——试看我们对即将到来的新千年有多么兴奋，尽管无论是从天文学的角度，还是从宇宙学的角度，2000 年和 1999 年都没有任何区别（参见 Gould，1996，第二章）。

当我们将 0.400 安打率正确地视为安打率整体的“钟形曲线”右尾时，一种全新的解释即成为可能，呼之欲出。差异幅度可增可减，“钟形曲线”亦可随之伸缩。假使有这样一条频次分布曲线，均值维持不变，但两侧差异幅度随时间推移而对称缩减，即靠近均值的个体更多，两尾的个体更少。若应用于安打率，即会出现安打率均值保持稳定，而 0.400 极值完全消失的情形——不过，无论原因为何，都只与导致稳定均值两侧差异缩减的成因有关。换言之，这种几何图形上的变化虽可反映 0.400 安打率绝迹的现象，但并没有给出绝迹的原因——毕竟，我实在想不出任何理由让自己相信，差异表现为整体缩减是由于有什么因素出了问题。实际上，相反的推断倒有可能是对的——或许，差异的整体缩减所反映的，正是棒球竞技水平的提升。无论这种可能是真是假，以上对问题的重新表述，最起码让我们与故步自封、徒劳无益的传统解释模式一刀两断。对于本例而言，即抛弃“笃信”0.400 安打率绝迹必反映击球技能趋于退步的那种思维定式。解放了思想，我们便可对新的解释加以考量——差异为何缩减？缩减代表的究竟是提升还是退步，抑或皆非？是什么的提升、退步或皆非？

这种不同于惯常的解释是否成立？该解释有两个论点，我已在前文中论证过第一个，即安打率相对稳定，不因时而异（见表2）。那么，第二个论点呢？在20世纪棒球史中，差异是否如前段所述，朝均值方向呈对称缩减之势？若均值固定，差异缩减自然发生，形成的意象会很有说服力。在我看来，基于此，便能最好地论证0.400安打率消失是整体水平提高的可预见后果，是不可避免的。不过，本例中均值的稳定势态有人为强加的因素。因此，我先从规则制定者采取主动措施，促使安打率均值保持稳定状态讲起。

表2 20世纪以来各联盟安打率十年均值

	美国联盟	国家联盟
1901–1910	.251	.253
1911–1920	.259	.257
1921–1930	.286	.288
1931–1940	.279	.272
1941–1950	.260	.260
1951–1960	.257	.260
1961–1970	.245	.253
1971–1980	.258	.256
1981–1990	.262	.254

图14所示，为来自两个联盟的所有常规参赛球员的安打率逐年均值（用于统计的国家联盟的数据始于1876年，美国联盟的数据始于1901年）。由图可见，均值曲线有数次起伏，但最终无不趋返0.260水平。实际上，这一数值是人为积极主动干预的结果。每当击球或投球一时占得上风，威胁到国民消遣运动神圣般的稳定，就会有人对比赛规则做出明智的调整，以确保安打率均值维持于该水平。下面，我们来看看几次大的波动。

经过联盟肇始时期的“适当”平衡，击球率开始趋于回落，于19世纪80年代晚期到90年代初，已降至0.240的水平。针对这一现实，棒球运动根本

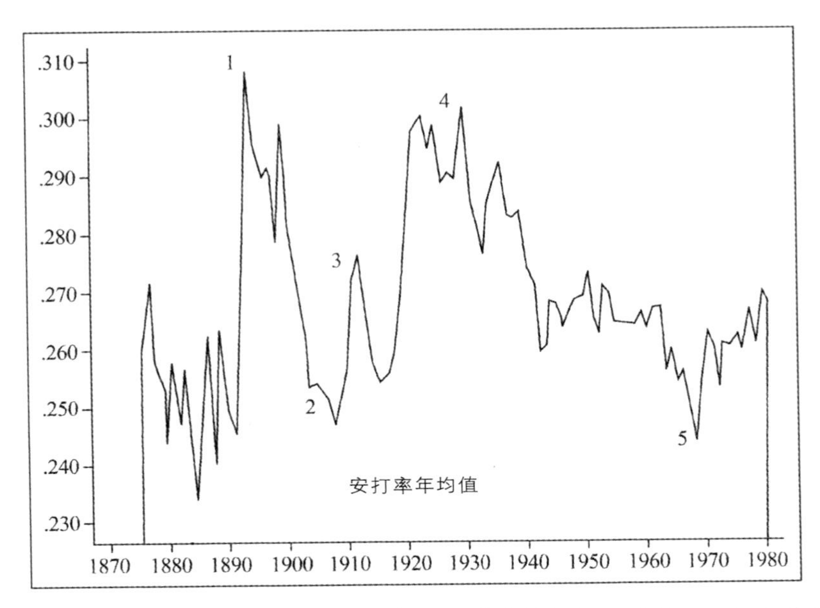

图 14　纵观整个大联盟历史，常规参赛球员安打率年均值较为稳定，约为 0.260。例外之处不多，不仅成因可查，且在对比赛规则有针对性地修改之后，后续成绩均得以“修正”：拉远投球区和本垒距离后，均值上升（1）；实行“界外球算好球”规则，均值回落（2）；采用软木球芯的棒球，均值回升（3）；20 世纪 20—30 年代，均值再次回升（4）；60 年代均值下探（5），随着 1969 年投球区高度降低，好球区缩窄，形势反转

构成要素的最后一次重大变化发生了（图 14 标号 1）。在 1893 赛季，投手区与本垒之间的距离被拉长到 60.5 英尺（约 18.44 米），并保持至今。〔距离最初只有 45 英尺（约 13.72 米），投球手出球时常耍花招。在棒球发展早期，该距离被不断拉大，但这是一个稳步渐增的过程，继而使得 19 世纪的棒球统计数据的用处有限。〕结果不出意料，击球手在 1894 赛季的数据表现为史上最优，安打率均值高达 0.307。一直到 1901 年之前，安打率都处于较高的水平。但在 1901 年，比赛开始实行“界外球算好球”规则[①]（之前界外球不记为好球），安打率随即大幅下降至“适当水平”（图 14 标号 2）。但在那之后，安打

① “界外球算好球”规则（foul-strike rule），若击球手将进入好球区（strike zone，又称好球带，即本垒范围内击球手躯干中线和膝盖之间的区域）的来球打为界外球（foul ball），亦算作投球手投出的针对击球手的好球（strike）。这种好球一般指一个打数中的一次好球和二次好球，若累计三次，击球手则被“三振”（strikeout，即投杀），通常被判定出局。在实行该规则之前，由于上述情形的界外球不计为好球，击球手理论上可以故意无限次地如此打界外球，以消磨投球手的体力。——译者注

率持续走低，直到1911年开始使用软木球芯的棒球，使得均值再次骤升（图14标号3）。投球手迅速适应，安打率均值在10年之内便回落至0.260的“适当水平”。

20世纪20—30年代，安打率长期处于高位，持续近20年（图14标号4）。这是偏离“适当水平”最长的时期，较之长期稳定状态下偶有的骤升骤降，这算是个例外。当时的环境有何奇妙之处？造就该时代的可能原因为何？多年来，资深球迷们争论不休，试图找到答案。1919年，贝比·鲁斯史无前例地打出29次本垒打，比多数球队在之前整个赛季中打出的总数都多。在接下来的1920年，他打出54次，几乎把纪录翻番。如果是在其他时期，棒球大亨们恐怕会对这种闻所未闻的变化做出强烈响应，针对性地修改竞赛规则，让“鲁斯旋风”就此停息。但是，1920年是美国职业棒球有史以来最艰难的时期，前所未有的威胁正危及行业生存。1919年，几名芝加哥白袜队球员接受赌博团伙的贿赂，意图打假球，故意输掉1919年世界大赛[①]，伟大的0.400击球手“赤脚”乔·杰克逊也在其列（这些球员后来被称为“黑袜”）。丑闻败露之后，职业棒球几乎遭受灭顶之灾。1920赛季的观众人数骤降，在球队老板们（他们普遍吝啬，正是他们营造的恶劣生存环境催生了那些球员无从辩驳的、赤裸裸的不诚实行为）眼里，鲁斯成了扭转乾坤的救星。他的新式个人风格让球场再次坐满观众，这一次，球队老板们选择随大溜，坐看赛事巨变。昔日球场上说话大大咧咧、一次只跑一垒、完成手法多样、精明跑垒、以投球手为中心的棒球已过时（为此，泰·科布深感厌恶，终身不能释怀），而击球手高调进攻，猛挥球棒，力求将球击出本垒打墙[②]成为时尚。安打率均值骤升，并在高位持续了20年，甚至在1930年（唯一一次）再度突破0.300。

但是，在变局之下，鲁斯等击球手能表现得如此出众的原因何在？按大众常识，如此表现向来归结于某种“技术性操控”因素。至于为何该阶段的安打率水平长期处于高位，人们认为是新型“弹性活球”的缘故。不过，最

---

① 世界大赛（World Series），美国职业棒球联赛总冠军赛，在国家联盟冠军和美国联盟冠军之间决出，采用7赛4胜制。——译者注

② “猛挥球棒，力求将球击出本垒打墙”，原文为“swinging for the fences”，本垒出墙指球被击出后，从界内区域上空直接越出本垒打围墙，攻方有充足的时间完成本垒打的情形。——译者注

伟大的棒球统计学家比尔·詹姆斯[①]认为（并在其著作《詹氏棒球历史简要》中提出），有关用于比赛的棒球曾在 1920 年发生过重大变化的说法，实际上无一能得到证实。詹姆斯怀疑，在那 20 年中，球本身并无实质性变化，安打率的提升实际上归功于比赛规则的改变。规则之变给投球手加设了重重障碍，无一不对击球手有利，从而打破了赛场上的传统平衡。投球前对棒球做手脚的行为，如刮糙、擦光、肆意往上吐口水等，皆被明令禁止，投球手不得不有所收敛。只要球出现微小的刮擦，或有丁点儿的污迹，裁判就会换上锃亮的新球。而在过去，一个球即便质地变软、表面磨损、颜色变黑，仍然会在赛场上使用尽可能长的时间；当球飞出界时，若不是本垒打，观众甚至会将球扔回赛场，一如现今日本赛场上的情形。詹姆斯认为，如果某种质地更加紧密、弹性更好的新型"活球"可以提高击球率，那么，赛场上球软变黑即更换为硬亮备用球的举措能产生的功效是一样的。

无论如何，到了 40 年代，随着赛场上的各方精英皆应征入伍参战，安打率均值回落至常规水平。之后，异常波动只发生过一次（图 14 标号 5），亦为展现上述一般性原则之佳例，且发生之日距今较近，成百上千万球迷都还记得。不知何故，安打率在 60 年代稳步下降，到 1968 年降至最低点。当年堪称投球手之年，美国联盟最佳击球手称号获得者卡尔·亚斯切姆斯基的成绩仅为区区 0.301，而投球手鲍勃·吉布森创造了一项离奇的纪录——低达 1.12 的责任失分率（更多有关鲍勃·吉布森的内容，参见 125 页）。[②]面对这等惨状，大亨们是如何应对的？当然是改变规则。这一次，他们降低了投球区土墩高度，并将好球区缩窄。1969 年，安打率均值回归往常水平，一直维持到现在。

---

① 比尔·詹姆斯（Bill James），即乔治·威廉·詹姆斯（George William James，1949— ），Sabermetrics（棒球统计学）一词的创造者，其著作《詹氏棒球历史简要》（*The Bill James Historical Baseball Abstract*）初版于 1985 年，2001 年另出版过《新詹氏棒球历史简要》（*The New Bill James Historical Baseball Abstract*）。——译者注

② 卡尔·亚斯切姆斯基（Carl Yastrzemski，1939— ），效力于波士顿红袜队，在文中所述的前一年（即 1967 赛季）取得〔安打率、本垒打次数、得分打（run batted in，即打点，指因击球使得跑垒员跑垒得分的次数）〕三冠成绩，之后仅一人（在 2012 年）取得过三冠成绩。鲍勃·吉布森（Bob Gibson），即帕克·罗伯特·吉布森（Pack Robert Gibson，1935—2020），效力于圣路易红雀队，伟大投手之一，两次获得世界大赛最有价值球员奖，也是 1968 年国家联盟的最有价值球员。责任失分率（Earned run average），亦称自责分率、防御率，指平均每场比赛由投手担责的失分数（即责任失分数）除以上场投球局数，再乘以 9（每场比赛的通常局数）。——译者注

我不相信这些规则制定者真的拿出纸笔，坐下来刻意寻思能确保安打率均值回归理想水平的调整。然而，他们是棒球赛事的大局主导者，有着维持击球方和投球方竞技表现适当平衡的强烈意识。面对失衡，他们能做的，是对一些细节性因素做出相应的调整（如调整投球区土墩高度、好球区范围，或规定对球棒的改造孰行孰止，包括允许用松脂处理握把表面、禁用软木填充棒体），以维持体系稳定。实际上，该体系的规则和标准已有一个多世纪未发生过根本性的变化了。

但是，规则制定者没有（大概也无法）控制大致稳定均值上下的波动区间，或者说均值的差异幅度。因此，放眼系统整体差异，基于现实表现为“万物生灵，千姿百态”而非“定向变化之实体”的理念，我提出如下假设——0.400 安打率（只是差异整体的“右尾”，而非自成一体的独立“物事”，其）不复再现或为稳定均值上下差异幅度缩减的结果。对此，我已亲自验证过。

我的第一轮探究开展于 80 年代初，采用的方法略显“山寨”。在此前不久，我身患重病（参见第四章）。经过治疗，彼时我已处于康复期。我半躺在床上，翻着唯一厚过曼哈顿电话号码簿的通用图书——《棒球百科全书》[①]，决定把安打率的频次分布曲线视作“钟形”，以每年安打率高居前 5 位的成绩均值代表曲线右尾，以垫底的末 5 位均值代表左尾，并逐年计算自 1876 年大联盟创建以来每年前 5 位（及末 5 位）均值与当年均值之间的差距。若该差值逐年下降，便可大致得出差异幅度缩减的结论。

由于该百科全书列有每年的佳绩表，收集成绩排名前 5 的数据还算容易。但排名末 5 的成绩无人问津，我不得不逐一查找各赛季所有常规参赛球员的成绩，从场均打数至少达到两次的球员当中选出安打率最低的 5 个。分析结果如图 15 所示，可见差异幅度呈系统性的对称缩减之势，随着时间推移，左尾和右尾不断向稳定均值靠拢。因此，该结果显然证实了我先前提出的假设，0.400 安打率之所以不复再现，是因为安打率“钟形曲线”随着时间推移而变“瘦”，致使位于原先曲线左右两尾的极值被“修剪”掉。若要理解 0.400 安打率为何绝迹，我们还需弄清差异幅度以这种特有模式缩减的原因。

---

① 作者翻阅的《棒球百科全书》（*The Baseball Encyclopedia*）由纽约麦克米兰公司出版，初版于 1969 年，后经过 9 次修订，最近一次修订是在 1996 年。——译者注

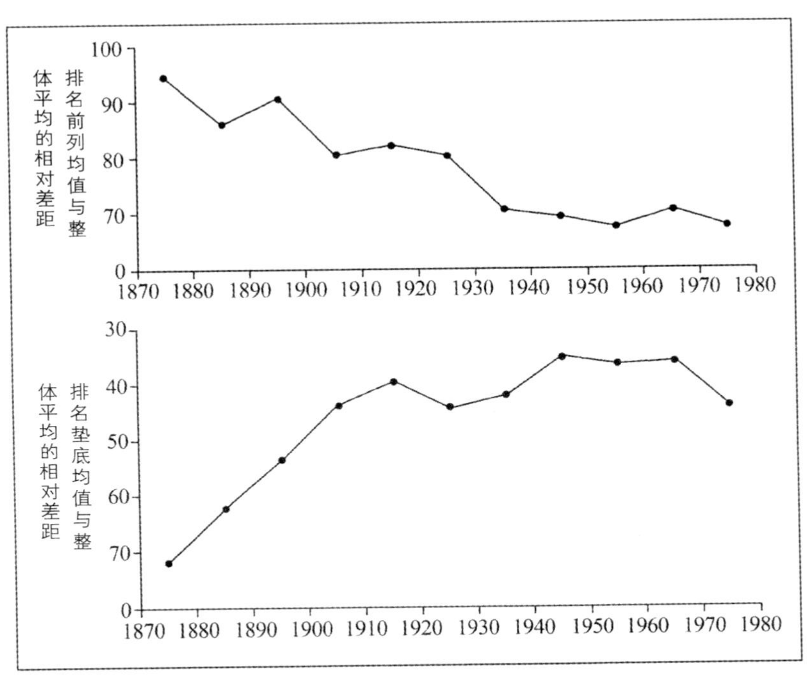

图 15　纵观棒球史，可见随着时间推移，安打率最低及最高水平与平均水平之间的差距逐渐下降
〔据作者刊于《发现》杂志的文章（Gould，1986），图 15 所示数据为极值与均值之间的差距百分率，非两值相减所得之数，且下图原点值应为 80。——译者注〕

几年后，我将这项研究重新进行了一次。重新研究采用的方法更完备，但也费事得多，即计算整体差异的常规量数——标准差（standard deviation），逐年统计各赛季所有常规参赛球员的成绩（为此，我的研究助理暂停了测量蜗牛形态参数的工作。尽管他乐意之至，但他在电脑前辛苦的时间长达 3 周之久。相比之下，当初我半躺在床上翻弄《棒球百科全书》的研究，仅愉快地消磨了数小时私人时间）。

标准差是统计学家用来估计差异的基本量数。各年标准差值所反映的，是当年“钟形曲线”的整体伸展幅度。它（大致）反映当年各参赛球员成绩与当年均值之差距的平均水平，也让我们仅通过这样一个数字，就可最好地评估整体差异。若要计算（本例中每年的）平均差，您得先将各个球员当年的安打率逐一与当年均值相减，再取各差值的平方（即乘以自身），以消除因个人安打率低于均值而导致差值为负的影响（因为两个负数相乘的结果为正数）。然后，将这些平方值累加，再除以球员总数，即得到各球员成绩与均值差距的平方均数。最后，我们将该平方均数开方，即得上述差距的平均水平，或者说标准差。标准差越大，意味着差异的幅度越大，或者说差异表现的范围更宽。①

通过计算每年成绩的标准差，可以更好地揭示安打率差异幅度缩减的现实。图 16 所示为标准差逐年变化的情形（而非仅基于十年或其他时长的成绩均值）。我的基本假设再次被证实，随着时间推移，安打率差异幅度缩减，分布曲线右尾的收拢使得 0.400 安打率不复再现。此外，通过这种更可取、更强大的方法，能让我们确证早前研究遗漏的缩减模式细节，感受其微妙之处。值得注意的是，尽管标准差数值保持着不可逆转的下降势态，但下降幅度是逐年减缓的——在 19 世纪表现为骤降，到 20 世纪表现为渐降，并于 40 年代进入平台期。

请原谅我略有几分自鸣得意，只因这一结果如此明晰巧妙，让人感到（无限）陶醉和欣喜。我知道结果会再现先前研究得出的基本模式，但我绝未想到差异幅度的缩减发生得如此有规律，甚至连例外和反常的情形都没有。缩减之势如此明确，我们甚至可以察觉到缩减幅度趋缓的微妙细节。自职业生涯以来，我一直在研究这类统计分布。我知道，即便在控制实验中，或在简单系统中自然生长的情形下，可以生成质量较好的数据，却也鲜能呈现出如此明晰的效果。我们常会碰到一些小问题，观察到一些异常表现，遭遇意想不到的年景。但是，安打率标准差的下降如此有规律，使得图 16 所示之模式好似一种自然法则。

如安打率年均值图（图 14）所示，自然系统中可期的干扰时有发生。在这一背景下，标准差的规律性下降显得更加不可思议。尽管为了维持棒球赛场上攻守双方的平衡，棒球规则制定者时常出手干预，使得安打率均值大致维持在某一水平，但谁也没动过对标准差下手的心思。尽管如此，即便安打率均值随着历史偶然的脉搏或创新异想的干预时起时伏，标准差却是幅度逐

① 我说第一轮研究使用的方法略显“山寨”，是因为相对于计算全体球员整体成绩的标准差而言，只通过摆弄成绩排名前 5 位和末 5 位的数据来估计差异幅度的做法虽快捷，但也“上不了台面”。不过，我深知，通过这种快捷方法算得的数值，可以很好地代表更为准确的标准差。因为，计算标准差时，需对数值与均值之差求平方，其结果导致标准差对距离均值最远的个体数值尤为敏感。既然我“上不了台面”的快捷方法完全基于距离均值最远的个体数值，所得结果应与标准差密切相关。——作者注

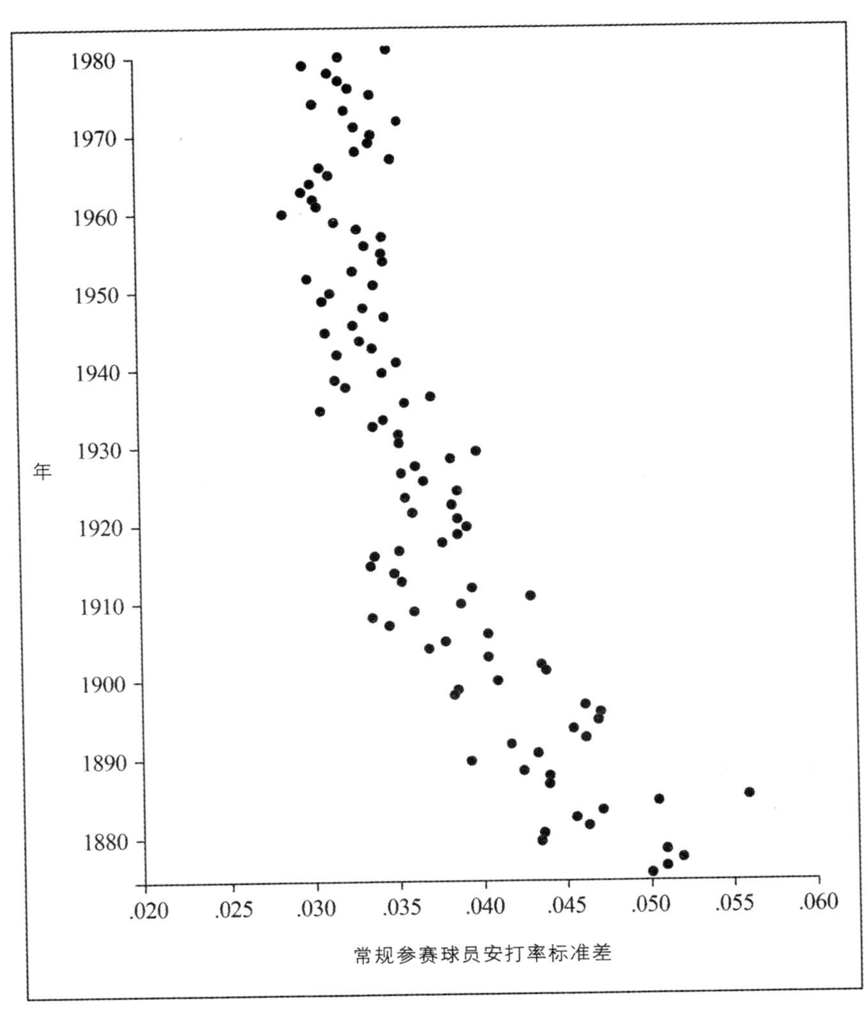

图 16　职业棒球史前一百年常规参赛球员安打率逐年整体标准差，可见呈有规律的下降之势

缓地沉稳下降，似乎不受任何干扰，貌似遵循某种有意思的法则，或者普遍存在于不同系统中的行为原则——一种应能解开经典谜题“0.400 安打率为何不复再现”的原则。

图 16 之所以令人称奇，在于其细节所呈现出的规律性好得竟无例外之处。19 世纪 70 年代联盟成立最初的那四年，安打率标准差数值较高，皆大于 0.050。后来的数值鲜有达到这一水平，最后一次还是在 1886 年。自那之

后，在 19 世纪的剩余年份里，数值多处于 0.04 ～ 0.05 区间，仅有 3 年低于该水平，落入 0.038 ～ 0.040 区间。进入 20 世纪，在数值于 1911 年最后一次超过 0.04 之后，标准差长期处于 0.03 ～ 0.04 区间，并一直保持下降之势，1937 年后降到 0.037 以下，1941 年后降到 0.035 以下，自 1957 年以来，仅有两年超过 0.034。从 1942 到 1980 年，数值全部集中在 0.0285 ～ 0.0343 区间。我曾以为，至少有一年的数值是例外，或出现在 19 世纪，数值达 20 世纪后期之低，或出现在最近，数值飙升至 19 世纪的水平——但无一发生。自棒球大联盟建立之始到 1906 年的年标准差，皆高于 1938—1980 年期间各年的数值，无一年例外。我以一个统计老手的身份向您保证，本例模式的规律性可谓极其稳定。就这样，通过分析，我们从一个奇中之奇的系统之中发现了一条具有普遍性的法则或原则，能让我们理解 0.400 安打率为何从棒球赛事中绝迹。[①]

① 译者认为本章有关标准差的分析有值得商榷之处。

首先，作者在倒数第 3 段中对标准差趋降的表述为“...so regular, so devoid of exception or anomaly for even a single year...”，译者处理为“如此有规律，甚至连例外和反常的情形都没有”，但按字面意，原文给人的印象是安打率标准差自棒球有史以来“逐年降低，无一年例外”，但这显然与图 16 所示结果不同。不过，读者会在末段中发现，所谓“无一年例外”，实际上是指 1938 年之后的统计值“无一例外地”低于 1906 之前的统计值。

其次，尽管仅从直观的角度，即能察觉图 16 中的标准差总体上表现为趋降且下降幅度有趋缓的势态，但以标准差为指标比较不同群体之间的差异幅度，前提至少是不同群体的均值相等。作者在前文中认为均值保持在 0.260 左右，且反复使用“稳定均值”（stable mean）的字眼，似乎是为了强调这一前提。但实际上，作者自己也承认，如图 14 所示，均值出现过数次大的波动，幅度达 0.05 以上，显然否定了均值“稳定”的前提，进而弱化了例中通过标准差比较差异幅度的可行性。

其三，众所周知，描述离散程度（或差异幅度）的统计指标除了方差、标准差、标准误差，还有极差、变异系数等。作者称在病中计算类似极差的方法略为“山寨”（on the cheap）。诚然，极值有其弱点。如果异常值（outlier）离平均水平范围过远，则会导致差异幅度被高估。但对于作者分析的案例而言，不仅 0.400 安打率本身即为极值，它还属于异常值，若单纯展示异常极值绝迹为正常，计算极值不失为一个便捷的方法。译者在处理相关内容的过程中，认为比较标准差，不如比较变异系数。变异系数是标准差除以均值所得百分率。在查找参考文献的过程中，译者发现，在本章的“蓝本”文章（Gould，1986）展示的类似图 16 的图中，还列有自大联盟创立到 20 世纪 70 年代的安打率十年标准差及变异系数。不过，尽管整体而言，这些指标亦表现为下降且趋缓的势态，但亦非背对背地降低。

其四，众所周知，验证群体间差异自有其法。事实上，在本书出版之前，就有人对“蓝本”文章中呈现的结果表示过怀疑。在一篇文章中，有人对数据进行过验证分析，认为均值并非统计意义上的稳定，而差异幅度亦未发生实质性变化。详见 Leonard, W. M. 1995. The decline of the .400 hitter: an explanation and a test. *Journal of Sport Behavior*, 18: 226–236.——译者注

10 安打伟绩绝，何证赛事兴

行文至此，我仅提出一些有别于惯常解释的概念，搬出一些图表，并在此基础之上展示了一种变化模式，但尚未展开解释。在前一章里，我重新定义了 0.400 安打率的概念，将之视作差异千姿百态的表现之一、安打率“钟形曲线”的右尾，作为一个不可分割的组分存在，而非一个独立实体，其绝迹所反映的，亦非击球水平有某种形式的倒退。

模式不同，其图亦异。应用于本例，即 0.400 安打率伟绩之绝迹，乃安打率差异幅度向平均水平收拢之果。在某种程度上，这种无一例外的缩减表现有着貌似法则般的规律性，让人觉得它是所有系统随时间变化所表现出的某种普遍性特征。

若差异幅度发生如此缩减，难道就该被认为是某个方面恶化的反映？在完成对安打率数据的统计分析之后，我的论证就此进行到最后一步——观点阐释。在这一步，我们须从棒球的系统属性及（运行机制和过程无重大变化的）长期稳定系统的一些普遍性性质入手考量。在此基础之上，我将要阐释以下观点，即 0.400 安打率之绝，实为棒球竞技水平整体进步的标志。

我之所以确信差异幅度缩减（及其后果——0.400 安打率不复再现）反映了赛事整体水平的提升，理由有两个方面，且皆有数据支持。两者乍听起来风马牛不相及，但代表的确实是同一论点的不同方面。

1. 对于复杂的系统而言，只要各方佼佼者所遵循的规则长期不变，系统就会与时俱进，不断完善，趋于平衡，差异幅度自然表现为不断缩减。在美国，除了棒球以外，其他运动项目的根本性规则变化过频，或变革过近，都不适于数据分析。在我十几岁时，篮球比赛中没有“24 秒规则”。在我父亲年轻时，每次投篮成功后都要回到赛场中心重新跳球。在他父亲年轻时，（若出于兴趣或为了适应文化而打篮球，他）可能会双手运球。而当初奈史密斯先生[①]训练小伙子们投的篮，本是装桃子用的果筐。早在 19 世纪 90 年代，篮筐尚为桃筐之时，棒球比赛规则已完成最后一次重大变革——（如前章所述）将投球区拉远至如今的 60.5 英尺（约 18.44 米）。

不过，规则是死的，实践是活的。（在前章中，我就介绍过，规则制定者为了维持投球方和击球方之间的平衡，不惜多次对规则下手，改来改去。）敬业的球手们会不断观察、思考，来来回回琢磨这个系统，竭力占据主动地位，只求取得些微合法的优势（新技术应运而生，如打出曲线球、迫使击球手打出地滚球[②]、预备投球时假装抛球迷惑击球手）。新的小技巧一经发现，就会口口相传，被广泛运用。长此以往，最终结果必然是——为了实现最优表现，诸方各球员所采取的手段趋同，这样一来，他们所掌握战术的差异趋减。

在大联盟创立之初，棒球比赛经历过一段不成熟的时期。在 19 世纪 90 年代初，尽管比赛依循的已是沿用至今的基本规则，但后来比赛中频现的种种微妙细节尚未出现或成形。彼时，棒球运动的发展就如以一点为始，正朝着各个方向无序扩张，仅从〔引自《詹氏棒球历史简要》（James，1986）的〕几个例子就可看出——自 19 世纪 90 年代始，投球手才兼具补位一垒的职责；也是在那个年头，布鲁克林道奇队开创了接力传球战术，波士顿食豆人队开创了跑而打战术，以及跑垒员发给击球手的种种信号。[③]早期的手套就像

---

① 奈史密斯先生（Mr. Naismith），即篮球发明人詹姆斯 · 奈史密斯（James Naismith，1861—1930）。篮球诞生于 1891 年 12 月。——译者注

② 地滚球（ground ball），与高飞球（fly ball）相对，对于较低的来球，击球手难以击中球心，易导致棒球近距滚地，被内野守场员及时接传，进而可导致攻方队员出局。——译者注

③ 补位一垒（cover first base），即守方一垒手离开一垒，导致一垒暴露后，场上其他防守队员前去填补的战术。接力传球战术（cutoff play），指守方外场手将球传至非目标垒上的内场手，再由后者传至目标垒上的战术。“布鲁克林道奇队开创了接力传球战术”，原文为“Brooklyn developed the cutoff play”。当时仅有国家联盟，其中仅原布鲁克林道奇队〔Brooklyn Dodgers，1958 年西迁并改名为洛杉矶道奇队（Los Angeles Dodgers），一直沿用至今〕负有布鲁克林之名。跑而打（hit-and-run），跑垒员偷垒（steal base，即在投球手投出球之后，击球手击球之前，跑垒员试图跑上下一垒的情形）时，击球员利用守队防守位置的改变，配合跑垒员而击球，以达到推进目的的进攻战术。该战术最早出现在 1894 赛季，由时任原巴尔的摩金莺队（Baltimore Orioles）主教练的“现代棒球之父”爱德华 · 休 · 汉隆（Edward Hugh Hanlon，1857—1937）设计，并非现亚特兰大勇士队前身波士顿食豆人队（Boston Beaneaters）开创。——译者注

是个笑料，仅是勉强护手的丁点儿皮革，哪像如今的手套，篮筐般大小，犹如罗网，只待球飞入。当时的比赛包容性更强，差异程度也更高，费城费城人队 1898 年的表现就极具代表性。他们在 73 场比赛中尝试让左撇子游击手上场。这一举动有违常识，结果在意料之中——该选手表现奇烂，不仅助杀次数最少，防守率也是联盟常规游击手中最低的。①

即便当棒球赛事开始成熟时，应用于赛场上的技巧仍不够多，亦未被球员普遍掌握，因而缺乏足够的制衡手段来限制佼佼者肆意发挥。"小威利"基勒②可以"何处不寻常，即往何处打"（这是他的座右铭），让守场员无法判断其击球飞往何处。就这样，他在 1897 年打出了 0.432 的安打率。渐渐地，随着球员的经验不断积累，用于站位、防守、投球、击球的方法不断优化，个人竞技水平差距缩小在所难免。这样一来，佼佼者面对的制衡越来越精准，曾经的丰功伟绩便以极值的属性定格，永远留在限制相对宽松的尝试时期。我们不能盲目接受传统解释，将 0.400 安打率不复再现的原因简单地归结为"主教练发明后援投手策略""投球手发明滑球技术"（尽管它们确有贡献）。因为，这些惯常解释将 0.400 安打率笼统地视作一种独立存在的现象，进而将其绝迹视作击球水平下滑的主要表现特征。但现实的情形有如众人登山，山脚空间宽阔，登山者的间距可以很大，而越往上，离山巅越近，空间越小，间距也越来越窄。随着赛事标准趋升，包容性趋降，赛场上球员之间的差距也会收窄。因此，在与各方共同进步的过程中，击球水平是有所提升的。

试想，现代击球手若要创造佳绩，障碍何其之多？难道真有人相信，韦德·博格斯、托尼·格温③、罗德·卡鲁、乔治·布雷特等当今击球高手的竞技能力，竟不及身高仅 5 英尺 4 英寸半（约 1.64 米）且体重仅 140 磅（约 63.5

---

① 助杀（assist），指守方球员以传球为手段使跑垒或试图上垒的攻方队员出局的行为，所有参与接球的守方队员的助杀数成绩皆可提高一次。防守率（fielding average，即 fielding percentage），亦译为守备率，指个人处于守方时成功助杀或接杀（putout，指击出之球落地之前即被防守方接到且直接导致攻方队员出局的行为）的比率。——译者注

② "小威利"基勒（Wee Willie Keeler），即威廉·亨利·基勒（William Henry Keeler，1872—1923），19 世纪著名击球手，打数 / 三振出局比高达 60 : 1 以上。其绰号应来自苏格兰儿歌《小威利不睡觉》（*Wee Willie Winkle*）。——译者注

③ 托尼·格温（Tony Gwynn），即安东尼·基思·格温（Anthony Keith Gwynn Sr.，1960—2014），效力于圣迭戈教士队（San Diego Padres），是进攻防守能力俱佳的名将，曾 15 次入选大联盟全明星队，连续四个赛季安打率保持在 0.350 以上，赛季安打率从未低过 0.309，获得过 8 次国家联盟最佳击球手称号，现国家联盟最佳击球手（Tony Gwynn National League Batting Champion）称号以之命名。——译者注

千克）的“小威利”基勒及泰·科布、罗杰斯·霍恩斯比等昔日传奇球手？如今的棒球赛像是一门科学，每一记投球的参数都会被用于排位统计，每一记击球的落球位置都会被精确记录。击球手要面对防守及接力传球水平大幅提升的现实，在比赛后几局中，还不得不竭力应付新上场的后援投手的足力投臂。此外，若不慎打成地滚球，球就会被守场员用那雷龙足印般大小的手套轻易捕获。实际上，托尼·格温和“小威利”基勒站在与人类极限“右墙”距离相同的位置，与理论上的完美境界（即人类血肉之躯能实现的最佳表现）仅咫尺之遥。不同的是，在托尼·格温身后，不断提高的平均水平已逼得太近，他能保持的优势空间有限，在比赛中占不到多少便宜。多年来，正是这些方方面面的提高，使得击球手中的佼佼者每年失去一二十次安打机会。对于那些现代击球好手而言，若拥有这些机会，摘取“0.400 击球手”桂冠绰绰有余。

尽管我的论点是围绕着棒球赛事及其参与者的变迁提出的，格局略小，但我敢肯定，它表述的实为某类系统的通用属性，具有普遍性。在该类系统中，参与者各自为战，在规则稳定的前提下，以夺魁为目的展开竞争。为此，尽管有规则制定者为求竞争各方势力均衡而进行的干预，涉赛器材也有其材料力学性能的局限，但参与个体仍会在允许范围之内竭力寻找提高手段，直至达到极限。这些发现不断累积，使得系统整体趋于优化。当系统接近最优时，内部差异幅度必会降低。因为，此时参与的个体皆已成为高手，而竞技手段经由前辈的不断试错，得以逐渐改进，已难有进一步提高的余地。即便再有人发现实质性的新绝技，也会被其他人效仿，系统内在差距仍会缩小。

由此，我想正是出于相似的原因（以及些微历史机遇），内燃机从包括蒸汽机及电力驱动在内的众多候选手段中脱颖而出，成为机动车的通用引擎。商业实践趋于标准化，原因如此，多细胞生命最初丰富多样，而如今仅有区区几大门类（参见 Gould，1989），原因亦为如此。当然，随着棒球安打率的差异幅度朝着稳定均值的方向对称缩减，0.400 安打率便不复再现，原因更是如此。

在竞技差距大、水平略逊的“美好往昔”，“守强击弱型”棒球选手也能找到差事。但如今赛事水平提升，求职者众，就没有这等好事了。因此，“左尾”已朝均值方向“萎缩”。在那传奇的“美好往昔”，针对击球手的投球和防守手段尚未被人们发现，顶级击球手们可以在整体水平逊弱的系统中大占便宜。尽管就技艺而论，现代击球好手不在前辈之下，但面对整体水平已大幅提高的投球和防守的制衡，他们再强也不会与平均水平有天壤之别。因此，

“右尾”也已朝均值方向“萎缩”了。

我最初把这些观点发表在《名利场》[①] 杂志 1983 年复刊首期上。让我感到欣慰的是，它引起了几位棒球统计同好的兴趣。他们勇于接受挑战，试图利用其他来源的数据验证这些观点的有效性。结果让我更加满意，尤其是他们为“差幅减，整体兴”模型的两点重要推测提供了很好的实据。

（1）细化分工作业。亚当·斯密在《国富论》开篇展示了著名的大头针制作案例。自那以后，细化分工作业便被视作提高效率和流程优化的主要标准。在一篇题为《论职业棒球赛创立以来（1871—1988）分工逐渐细化之趋势》（Fellows，Palmer 和 Mann，1989）的论文中，有一张反映防守站位不固定球员人数逐赛季变化的折线图（图 17）。如图所示，曲线先稳降，后稳平，一如图 16 展现的标准差数值下降且降幅趋缓的变化模式，只不过图 17 还反映了棒球有史以来分工细化水平趋增的势态（数值在 20 世纪 60 年代有所上升，尽管我不知原因为何，但数值本身仍远低于棒球史早期高位水平）。

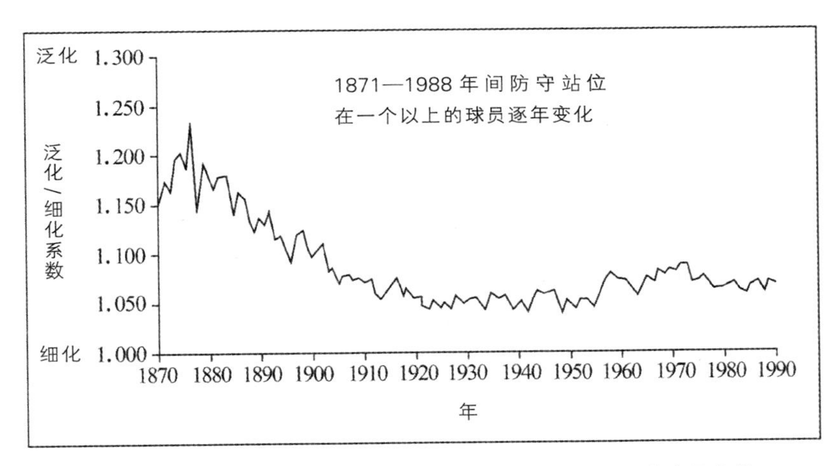

图 17 防守站位不固定球员的人数逐年下降，可见分工细化水平趋增

（2）差距缩小。来自东北大学商业管理学院的同好（我们这些人的学术

① 《名利场》（*Vanity Fair*），美国著名文娱杂志，创刊于 1913 年，1936 停刊，后于 1983 年 2 月复刊。作者在原文中指明的 3 月号是复刊首期封面上的月份，实际上发行于当年 2 月。——译者注

背景千差万别，是棒球把我们凝聚到一起）撰写过一篇题为《系统演变的稳衡——论棒球之趋同》（Chatterjee 和 Yilmaz，1991）的论文。他们发现，差异幅度缩减的现象不限于安打率，进而论证，若赛场上各方的竞技水平整体提高，且顶级球员之间的差距持续缩小，那么球队之间的差距也会缩小。也就是说，由于后备充足，所有球队的新人中都有足够多的优秀球员，使得成绩最佳及最差球队之间的差距不再悬殊。随着时间推移，球队之间的战绩胜负亦有趋同之势。论文作者计算出自大联盟开创至今各赛季的球队胜率标准差，并绘制成图（图 18）。如图所示，标准差呈稳步下降之势。由此可见，纵观百年棒球史，成绩最佳和最差球队之间的差距表现出趋减的势态。[①]

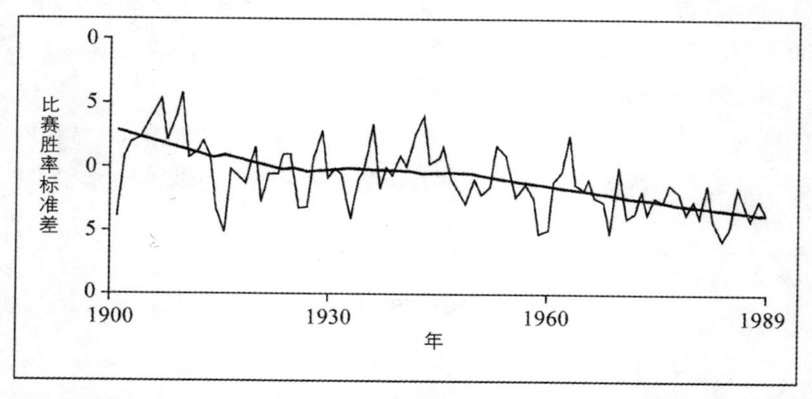

图 18　自国家联盟创立以来，单赛季参赛球队胜率的标准差呈下降之势，可见棒球的发展是一个逐渐稳定平衡的过程，这也是赛事整体水平不断提高的必然结果

2. 随着整体竞技水平提高，钟形曲线向“右墙”方向迁移，右侧差异幅度必然缩减。我在第 4 章中提出“墙”的概念，即在自然法则、物质结构等因素的限制下构成的差异上限和下限。（在该章，我借由个人的医疗经历展示了一类“左墙”，即同一疾病患者自确诊到死亡所经历时间的最小理论值，那

① 若将这些数据细分，分别加以统计，所得结果更为理想，能更好地证明论文作者的假说。国家联盟创立于 1876 年，美国联盟创立于 1901 年。可以说，在 1901—1930 年期间，美国联盟尚处于新生阶段，而国家联盟已步入中年。既然如假说所述，随着时间推移，差距缩小且减幅趋缓，系统达到稳定平衡，那么，我们可以推测，在上述时期，美国联盟相关统计值下降的幅度应较国家联盟更大。实际上，无论根据我对安打率标准差的分析结果，还是上述论文作者揭示的成绩最佳和最差球队之间的差距变迁动态，所涉统计值在该时期的表现都的确如此。——作者注

显然是一堵 0 值“边墙”。在第四篇中，我还要探讨另一类“左墙”——生命复杂度的最低水平，即细菌。因为，在诸多生命形式中，凡能形成化石并保存至今者，没有比细菌细胞更简单的了。）个人成就存在“右墙”，我估计所有人都能接受这一观点。毕竟，突破血肉之躯极限之事，无人能凭借一己之力实现，就如人类自身的运动速度永远快不过猎豹或燕雀。此外，我想人们也会承认，有些不同寻常的人，凭借异禀的遗传基础，加上忘我的专注、高强度的训练，可以将体能提高到尽可能接近人类个人成就“右墙”的水平。

在前面的章节里，我探讨了运动项目中竞技水平接近“右墙”的一大表现特征——随着项目不断成熟、回报提高、普及大众、训练方法优化，成绩提高（体现为打破纪录）的幅度将趋于平缓（参见第 90—96 页）。当增幅表现平缓时，也必然说明创造佳绩的佼佼者正接近个人成就的“右墙”。对于广泛普及的运动项目，规则不变的时期越长，佼佼者则离“右墙”越近，我们对纪录大幅提升的期盼也越发渺茫。数年前，乔治·普林顿在一篇文章中说，某位投球新秀堪称奇伟，其投球时速高达 140 英里（约 225 千米）。[①] 对此，所有资深球迷都会认为那是在一本正经地扯淡，而不少资历尚浅的球迷却真的上当了。从 20 世纪 20 年代的沃尔特·约翰逊，到现如今的诺兰·瑞安，每个时代最优秀的快速球投手全力以赴，投球时速也不会经常超过 100 英里（约 161 千米）。[②] 事实上，沃尔特·约翰逊的投球速度或许与诺兰·瑞安一般快。因此，我们可以认为他们已经接近人类投球臂力的“右墙”。除非将来有意想不到的技术创新，不会有人犹如某种棒球之神转世，举手一投就把一个世纪以来众多高手尝试打破的纪录提高 40%。

---

① 乔治·普林顿，即美国记者、作家乔治·埃姆斯·普林顿（George Ames Plimpton，1927—2003）。文中提到的文章题为《阿西奇谭》（*The Curious Case of Sidd Finch*），是普林顿应《体育画报》之邀创作的恶搞星探专访，发表于 1985 年愚人节号。西达·芬奇（Sidd Finch）是虚构的纽约大都会队（New York Mets）新秀，全名为海登·西达尔塔·芬奇（Hayden Siddhartha Finch），西达为昵称，取自中名，而中名实来自释迦牟尼之名悉达多，作者恶搞词义，让主人公将其原义“意义成就”（aim attained）转释为“完美投球”（perfect pitch）。西达身世神奇，之前从未打过棒球，虚构的球速实为每小时 168 英里（270 千米）。——译者注

② 沃尔特·约翰逊，即沃尔特·佩里·约翰逊（Walter Perry Johnson，1887—1946），传奇投球手，效力于原华盛顿参议员队〔Washington Senators，现明尼苏达双城队（Minnesota Twins）〕，创造过多项纪录，保持长达数十年之久，有的甚至保持至今。其赛季责任失分率成绩在后文提到的百强榜中占有 8 席之地。诺兰·瑞安，即林恩·诺兰·瑞安（Lynn Nolan Ryan Jr.，1947—），著名投球手，竞技生涯长达 27 年，曾效力于多支球队，先后在 4 个年头共 8 次入选大联盟全明星队，是“三振”纪录的保持者（5714 次），且领先幅度极大，后成为球队高管。——译者注

在成绩以耗时或距离等绝对性指标记录成绩的运动项目中，接近“右墙”的表现特征是容易被察觉的。我在前面章节中就探讨过，在包括马拉松在内的几乎所有记录耗时的赛事中，只要规则不变，没有大的革新，记录便会被稳步缩短——早期表现为骤降，后来随着佼佼者的竞技水平接近“右墙”，便进入平台期。然而，在棒球运动中，这一表现特征隐而不现。原因在于，棒球运动的大多数成就不以耗时或距离等绝对性量数记录，而是以相对性指标记录。击球指标反映的是击球手对垒投球手时的表现。联盟安打率年均值为0.260不是一个绝对性量数，而是击球手在与投球手对垒中的总体成功率。因此，安打率均值的升降起伏并不意味着击球手竞技的绝对水平或进或退，只能说他们的水平相对投球手而言有所变化。

因此，若想了解棒球竞技水平之升降，只看历史纪录的起伏反而会蒙蔽我们的双眼。我们注意到安打率年均值约在0.260上下，从未偏离太远，进而可能会误以为一个世纪以来击球水平原地踏步。当我们发现0.400安打率不复再现时，可能会进一步误以为高超的击球水平已彻底丧失。然而，一旦我们认识到这些数据不过是相对性纪录，并认同职业棒球选手必和其他运动项目的健将一样，即其竞技水平是与时俱进的，一种不同（且几乎肯定正确）的意象就会在脑海中浮现。这种意象（如图19）将安打率视作一个由所有差异表现值构成、分布曲线呈钟形的整体，将0.400之绝视作一个不失重要性的附带后果，使得“伟绩之绝乃整体内部差距缩小所致，而差幅缩减又是竞技水平提高的体现，故0.400之死必证赛事之兴”的前因后果最终跃然纸上。

在棒球运动发展早期（图19上），平均水平距人类极限“右墙”尚远，击球手和投球手的竞技水平皆在现代标准之下。不过，两者之间的相对平衡与现代情形并无二致。这种相对平衡就是我们所说的0.260安打率。换言之，早期的0.260安打率年均值离“右墙”尚远，均值两侧的差异区间范围更大——对于左侧，是因为赛事系统尚未成熟，准入标准相对宽松，防守能力强的球员即便击球水平上不了台面，也能在其中滥竽充数；而对于右侧，正是因为均值与“右墙”之间相距如此之远，才为佼佼者提供了鹤立鸡群的空间。

有些人，他们才华非凡，致力于献身事业，虽只是人类中的极少数，却将人类可实现的技能水平往极限方向不断推进。他们是身处“右墙”之下的那部分人。在棒球运动发展早期，他们就是那些表现非凡、成绩远高于均值的击球手，其高超水平即反映为安打率达到0.400。

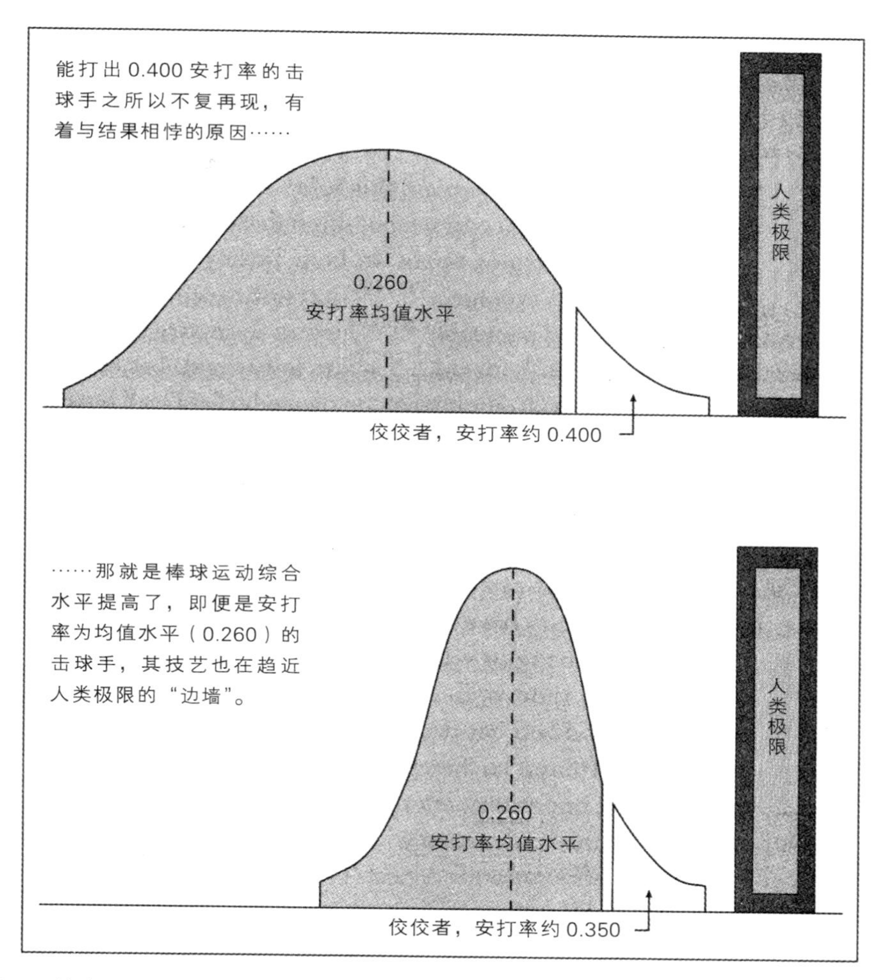

图 19 棒球运动综合水平提高，钟形曲线整体右移，趋近人类极限“右墙”。在这一过程中，整体内部差异不断缩小，终导致 0.400 安打率不复再现

试想棒球运动如今的情形（图 19 下），方方面面皆已有长足的提高，只是击球方和投球方之间的相对平衡未变。（我已在第 100—104 页向大家揭示过，棒球标准制定者不时调整规则，就是为了维持这一平衡。）因此，安打率年均值仍相对稳定，但这一稳定数值正代表了当今的高超水平（无论于击球方，还是投球方），进而已然处于“右墙”之下。而且，系统整体差异的幅度已不可避免地向均值方向对称收拢——对于左侧，是因为赛事的准入门槛提高，“守强击弱

型”选手被挡在门外；对于右侧，原因很简单，由于均值右移而“右墙”位置不变，两者之间的距离已大幅缩减，佼佼者难有鹤立鸡群的空间。顶级击球手虽贴近“右墙”，但与平均水平之间的差距必定远小于前辈们当年的情形。

当今顶级高手的击球水平不可能比过去的 0.400 击球手差。实际上，现代明星球员的技艺可能还略微提高了，好比离“右墙”又近了一两英寸，而一般球员的水平却往“右墙”方向位移了数英尺。这样一来，一般球员与顶级高手之间的差距缩小，（由于一般水平仍以 0.260 计）高如 0.400 的极值自然会绝迹。由此可见，令人感觉讽刺的是，0.400 安打率不复再现所标志的，是赛事整体水平的全面提高，而非某一方面的退步。

若对其他方面数据统计分析的结果也支持上述解释，我们会对之更有信心。为此，我以相似的方法统计过棒球的其他两大主要方面——防守和投球的数据。两者都符合我的推测，即整体水平提高，个体间差异缩小。从前平均水平低的光景不再，让现如今的佼佼者占不到多少便宜。

击球和投球方面的指标大多是相对性的，而反映优良防守的主要指标是绝对性的（或者说至少如此记录行之有效）。防守率的高低取决于守场员处置击球手击出之球的好坏，（尽管击球手与时俱进，但）我不认为地滚球或高飞球有什么好改进的。我想，现代守场员和他们的前辈们在赛场上履行的职责相同，任务的难度亦相当，因此，防守率（不发生失误的概率）应能作为反映整体水平提高的绝对性指标。如果棒球整体水平提高，我们应能发现防守率数值上升幅度随时间推移趋缓的现象。（我承认，成绩的提高部分归功于客观环境的变化，而非来自水平有绝对性提高的贡献，就如现代跑道的材质和表面性能有所提高，部分赛跑纪录的时间可能会由此缩短。过去的棒球场内场凹凸不平，如今有场地维护人员的精心养护，地面质量显然非过往可比。由此可见，早期某些比赛防守的战绩不佳，可能是因为场地烂，而非守场员烂。我也承认，防守率的提高肯定与防守手套设计的长足改进有很大的关系。不过，装备改良不仅仅是历史的重大主题，也是我所提出的“整体水平提高论”的有效论据之一。）

在那第一轮“山寨”分析的过程中，我汇总完安打率数据，还分别计算了自 1876 年联盟创立以来所有常规参赛球员以及排名前 5 的佼佼者的防守率年均值。图 20 所示为自国家联盟创立以来的防守率十年均值动态，其走势与我的推测相当吻合。不仅成绩提高幅度随时间推移而明显减缓，而且减缓的过程是连续的，从未发生过逆转。甚至在最近几十年间，成绩已处于平台期，正往“右墙”贴近之时，每年仍有小幅提高。

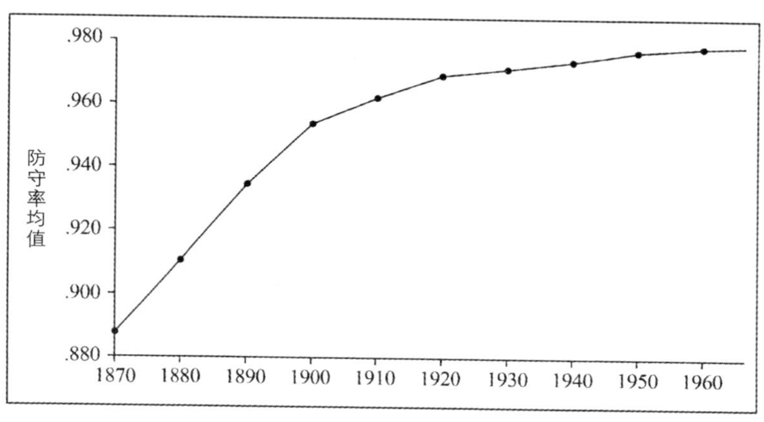

图 20　在棒球运动发展的历史进程中，防守率均值呈现出不可逆的上升势态，但升幅持续趋缓

在棒球运动发展史的上半时期（1876—1930 年），佼佼者的防守率十年均值从 0.9622 上升至 0.9925，仅提升 0.0303；而全体球员均值从 0.8872 上升至 0.9685，提升了 0.0813。（值得注意的是，到了 20 世纪 20 年代，一般球员的防守成绩已略高于 19 世纪 70 年代的佼佼者，可见防守水平整体有所提升。）在下半时期（1931—1980 年），防守成绩的增速显著减缓，但从未停滞。佼佼者的十年均值从 0.9940 提升至 0.9968，仅增 0.0028，还不及前一阶段增幅的 10%。而在同一阶段，联盟整体均值从 20 世纪 30 年代的 0.971 提升至 70 年代的 0.9774，增加了 0.0064，亦不及前一阶段同类指标提升幅度的 10%。

这些数据一再让我感到振奋。如前文所述，自职业生涯以来，为了研究生物发育和谱系进化，我一直进行着类似的数据统计分析，因而对数据显现的模式有所预期，也知道必然会出现偏离预期的异常表现，应对之加以特别关注。然而，棒球历史数据一再显现出无例外表现的模式。对此，我反而有些不习惯。我本以为，凡涉及人类的体系，必然较自然系统对意外因素和历史变故更加敏感。因此，棒球数据中应有更多异常情形，有效信号（即便有的话，也）更加模糊才对。可是我发现，一如安打率标准差的下降具有规律性（见 106 页），绝对性指标如防守率者的标准差变化也有相同的规律性。甚至在累增幅度极微，统计误差不可避免，因而可导致异常出现之时，变化仍遵循同一规律。我又一次心生奇想，觉得（不错，我只是觉得，尚无证据支持）自己统计的对象是自然系统，揭示的是某种普遍规律，而非鼓捣来自某一独特体系的个体表现数字。在统计学家眼里，美国棒球联赛的确是一个非常理想的体系。它具备统计学家梦寐以求但在现实中鲜见的两个属性——遵循相同的规则长达一个世纪，并积累了自创立以来反映各个方面的完整数据（无重大缺失）。

佼佼者的防守率十年均值在棒球发展下半时期进入平台期，增幅明显缩减，但从未逆转而下，数值依次为 0.9940、0.9953、0.9958、0.9968，累积增幅仅 0.0028，可见这是一个稳步微进的过程。可能有人认为这种微增的幅度太小，除了巧合，没有别的解释。若您有这种想法，不妨看看之前时期的同类成绩，其逐年变化也显现出相同的模式。有谁会思考诸如从 0.990 到 0.991 再到 0.992 的提升的意义何在？毕竟，数值小数点后第三位的最小变化不可能有什么实际意义。尽管如此，我注意到，防守率年均值自 1907 年达到 0.990 之后，先后在 1909 年提升至 0.991、1914 年提升至 0.992、1915 年提升至 0.993、1922 年提升至 0.994、1930 年提升至 0.995。随后，（正当我开始觉得“棒球之神”存心作弄我，因为在自然世界中，理当有例外情形存在，不过）谢天谢地，我终于发现一处小小异常，有别于这种累增模式。0.996 第一次出现在 1948 年，但 1946 赛季的高手们表现神勇，竟早已将纪录刷新为 0.997！后来，进度又回到正轨，直到 1972 年才达到 0.998。

就如我的假说所主张的，上述均值随时间的变化之所以如此有规律，不过是因为整体内部差异在先期大幅缩小，使得在后期的缩小空间变得非常有限而已。（当有限的空间逐年缩小时，只要发生变化，无论信号有多么微弱，都能被轻易察觉到。）例如，在 20 世纪 30 年代，每年的最佳防守成绩在 0.992 ～ 0.995 之间，整体均值在 0.968 ～ 0.973 之间。反观 19 世纪 80 年代（即棒球史上第一个完整 10 年），当时的年最佳成绩在 0.966 ～ 0.981 之间，而整体均值在 0.891 ～ 0.927 之间。

美国联盟的相应数据（如表 3 所示，列于国家联盟数据之右）或许也显现出这种规律性。果然，我们再次见到增幅随时间推移的不可逆缩减现象，只有一处例外，即 20 世纪 70 年代的数值不增反降——（不过，这一异常波动的幅度如此之小，甚至不会有人在意，但若有人真要一本正经地追根问底）我不知该如何解释。值得注意的是，两个联盟的十年均值提高步调有着惊人的相似性。诚然，我们观察的数据不是来自两个互不相干的独立系统。两个联盟属于同一体系，其竞技章法的变化也是于同期发生的（只有一些小例外，如国家联盟在当下的时代拒绝采用指定击球规则，这令人欣慰）。然而，步调相似好比两个案例的表现几近等同，因而确实表明，我们的发现是一个真实的信号，而非统计之误。

表 3　棒球大联盟全体球员及排名前五球员的防守率十年均值

	国家联盟		美国联盟	
	全体球员	排名前 5 球员	全体球员	排名前 5 球员
1870s	.8872	.9622		
1880s	.9103	.9740		
1890s	.9347	.9852		
1900s	.9540	.9874	.9543	.9868
1910s	.9626	.9912	.9606	.9899
1920s	.9685	.9925	.9681	.9940
1930s	.9711	.9940	.9704	.9946
1940s	.9736	.9953	.9740	.9946
1950s	.9763	.9955	.9772	.9960
1960s	.9765	.9958	.9781	.9968
1970s	.9774	.9968	.9776	.9967

至于“右墙”，那个我在解释“0.400 安打率不复再现反映赛事整体水平提高”时呈现的第二个理由背后的关键理念，防守率数据也特别适合展现其核心概念。从逻辑上讲，防守率的“右墙”自然是 1.000。这是一个具有绝对性意义的边界，毕竟，1.000 代表在赛中不出任何差错，犯错的次数总不能为负吧！现如今的防守率最好成绩高达 0.998，相当于一年仅失误一次，而人不可能达到绝对完美的境界。这就意味着，当今顶级守场员的脚尖已轻触“右墙”。（对于外场手、投球手、接球手而言，1.000 的防守率虽不可能是家常便饭，但也不至于昙花一现。不过，在整个赛季常规上场的内场手中，仅有一

人——一垒手史蒂夫·加维[1]在1984年实现过一次。）

依我关于安打率“钟形曲线”上限（“右尾”）萎缩的解释，随着均值代表的实际平均水平朝“右墙”方向步进，均值右侧的差异空间越来越小，差异幅度必然呈缩减之势。倘若您对此有所怀疑，您一定会就防守率的情形质问我，看我如何解释。毕竟，防守率是绝对性指标，其“右墙”是堵绝对性的“边墙”，而防守率距墙早已非常之近，在赛事草创的19世纪70年代，防守率即已达0.962，成绩提高的空间十分有限。即便如此，当时也算尚有一丝提高的余地。而现如今，在前5成绩均值高达0.9968的情形下，提高已变得几无余地，除非发明万无一失的防守机器人，让它们守场。

“平均水平移向‘右墙’，差异幅度必然缩减”，体现于绝对性指标如防守率者，即为已处于高位的成绩数值不变，而低位值一再被拉高，导致原先的低值绝迹。相对性指标如安打率者则不同，其“右墙”不是由一个绝对性的数值界定的。而且，（由于要确保击球和投球之间的衡势）在击球和投球的竞技水平向人类极限“右墙”齐头并进的过程中，击球率均值保持不变。就这样，击球平均水平向“右墙”方向“高歌稳进”，但安打率均值始终是0.260，长此以往，0.400值就不会再出现在“右墙”之左。即便如此，技艺比肩往昔0.400诸强的击球手并未消失，数量可能比往昔还多。他们离“右墙”仅咫尺之遥，地位始终未变。但是，即便是强中之强，在当下也打不出0.400的成绩。因为，其他所有击球手的技艺皆有长足进步，平均水平已水涨船高，而顶级水平高度虽然未变（或即便有些微提升），但最优成绩再也不能保持大幅优势。

早期的顶级击球手之所以能实现0.400的伟绩，还在于当时赛事的平均竞技水平远低于如今。若让韦德·博格斯穿越回19世纪90年代，面对当时的投球和防守，他每年都能打上0.400。而倘若“小威利”基勒在如今击球，恐怕达到0.320都算是走运。既然投球和击球都有相对性指标可查，两者的均衡之势又贯穿整个棒球史，我们应能从投球的历史统计数据中发现与击球相似的现象。像传奇人物克里斯蒂·马修森、“旋风”赛·扬、沃尔特·约翰逊、

---

① 史蒂夫·加维（Steve Garvey），即斯蒂文·帕特里克·加维（Steven Patrick Garvey，1948—），主要效力于洛杉矶道奇队，10次入选全明星队，是连续参赛场次的国家联盟纪录保持者（1207次）。在1984赛季，他效力的是圣迭戈教士队，在159场比赛中上场，处置攻方击出的来球共1319次，无一失误（1232次接杀，87次助杀），迄今为止，仍是有史以来单赛季参赛场次不低于150的一垒球员中实现零失误的唯一者。——译者注

“三指”布朗、格罗弗·克利夫兰·亚历山大那样的昔日投球高手，其水平不会高过当下的顶级投球手，如桑迪·科法克斯、鲍勃·吉布森、汤姆·西弗、诺兰·瑞安。[①] 但是，同是处于“右墙”之下，昔日投球高手面对的是平均水平远逊于如今的击球手，所取得的战绩自然亦远非当今投球手可比肩。

（投球）最低责任失分率的历史排名为人熟知。它不仅令人着迷，还是展现投球与击球在成绩上呈相似变迁的最佳示例。这一事实再次表明，棒球统计数据呈现出的某种变化模式，实为该运动体系的普遍性表现，非击球所特有。现如今，击球高手走下 0.400 安打率神坛，是因为整体竞技水平有所提高，差距缩小。与之相似，投球高手的责任失分率不再低于 1.50，也是因为连一般击球手都已变得太强。

从赛季责任失分率百强榜单，即可见明显的失衡。在上榜成绩中，90% 以上都是在 1920 年之前取得的。而在那之后，（您还记得，先是另创的美国联盟加入，后是各联盟属下球队从原先的 8 个增加到如今的 14 个，投球手的人数由此扩增，入榜机会也理当有大幅增加。而在这种情形下，竟）只有区区 9 名投球手的成绩入榜，且 7 人的成绩位于 50 名之外。若我们自榜末往上回顾这些成绩，便能体会当今投球高手所面临的挑战有多么大。

桑迪·科法克斯与罗恩·吉德里分别在 1964 和 1978 年投出 1.74，并列第 100。科法克斯，对，就是那个公认的当代最伟大投手科法克斯，他可能

---

① 克里斯蒂·马修森（Christy Mathewson），即克里斯托弗·马修森（Christopher Mathewson，1880—1925），传奇投球手，效力于原纽约巨人队，是最早入选美国国家棒球名人堂的五位球手之一，同时入选的另一投手即沃尔特·约翰逊。“旋风”赛·扬（Cy Young），即登顿·特鲁·扬（Denton True Young，1867—1955），传奇投球手，效力于两个联盟的多家球队，至今仍是多项纪录的保持者，美国职业棒球大联盟最佳投手奖（Cy Young Award，即赛扬奖）以之命名。Cy 为其绰号，取自 cyclone（旋风），是因早期投出的快速球曾击破本垒打墙，好似有旋风般的破坏力。“三指”布朗（Three Finger Brown），即莫迪凯·布朗（Mordecai Brown，1876—1946），传奇投球手，在投身棒球事业之前因劳动事故致右手两指伤残，后被记者冠以“三指”绰号。在伤残的情况下，他将劣势转化为优势，开创了不同寻常的曲线球——指节变化球（knuckle ball）。格罗弗·克利夫兰·亚历山大（Grover Cleveland Alexander，1887—1950），传奇投球手，多项纪录的保持者，是唯一一位以美国总统（克利夫兰）命名，并由未来的另一美国总统（里根）扮演过的美国体育明星。桑迪·科法克斯（Sandy Koufax），即桑福德·科法克斯（Sanford Koufax，1935—），著名投球手，效力于道奇队，曾在 1961—1964 年间四年三次获得国家联盟投球三冠称号，是入选美国国家棒球名人堂的最年轻球员，被认为是最伟大的投手之一，后因投臂关节炎趋重而过早结束竞技生涯。汤姆·西弗（Tom Seaver），即乔治·托马斯·西弗（George Thomas Seaver，1944—2020），著名投球手，是比赛中连续“三振”次数的保持者（10 次），在 1968—1976 年间，连续 9 个赛季“三振”次数在 200 以上，是该纪录的保持者。——译者注

也是有史以来最伟大的至尊投手（他另在 1966 年取得的 1.73 佳绩位居榜单第 97）。至于吉德里，他是位技艺高超的投手，为洋基队效力数年，在 1978 赛季的表现格外耀眼（他在该赛季的综合获胜成绩史无前例，投球 25 胜 3 失，胜率高达 0.893），但最终把胳膊都搭上了。诺兰·瑞安，不错，就那个瑞安，无须我在此多言，他在 1981 年取得的 1.69 排第 87。接下来是卡尔·哈贝尔，他在 1933 年取得的 1.66 位居第 76，这是那个年头唯一入榜的成绩，他个人可能也算得上是 20 世纪 30 年代的首席投手（当然，同时代的"左撇子"格罗夫也不是吃素的）。迪安·钱斯在 1964 年取得的 1.65 排第 71 位。在上一代投手中，他肯定也算是个好手，但在那个赛季的成绩好得反常，我完全想不出原因。斯珀德·钱德勒在 1943 年取得的 1.64 位居第 66。（即便有人不承认他的技艺精湛绝伦，）他（也算得上）是二战时期表现不错的投手。彼时，优秀投手都已参军，正忙于打击德国或日本敌人。路易·提昂是个非常不错的投手，但还不至于跻身伟大投手之列。他在 1968 年取得的 1.60 排第 60 位。这一年非常特殊，我在下文详述时还会提到他。1985 年，德怀特·古登在个人的第二个大联盟赛季中就投出了 1.53 的成绩。这一成绩位居第 42，使古登成为跻身前 50 名的仅有的两位现代投手之一。然而，他很快就陷于新闻婉称的"药物滥用"问题。①

---

① 罗恩·吉德里（Ron Guidry），即罗纳德·埃姆斯·吉德里（Ronald Ames Guidry，1950—），著名投球手，于 1977 赛季进入大众视野，为纽约洋基队在当年及随后的 1978 年获得总冠军立下汗马功劳，并在这一时期创下投球相关指标的球队新纪录。他在守场方面的表现也很出色，在竞技生涯后期饱受投臂伤病困扰，最终于 1989 年退役。卡尔·哈贝尔，即卡尔·欧文·哈贝尔（Carl Owen Hubbell，1903—1988），著名投球手，效力于原纽约巨人队，以螺旋球（screwball）见长，在"三振"罕见的年代，于 1934 年全明星赛上将贝比·鲁斯、卢·贾里格在内的 5 位传奇击球手"三振"出局。"左撇子"格罗夫（Lefty Grove），即罗伯特·摩西·格罗夫（Robert Moses Grove，1900—1975），传奇击球手，取得过包括 9 个赛季的美国联盟最低责任失分率、连续 7 年"三振"联盟最佳、两次投球三冠在内的多项佳绩，因投球和击球皆用左手得"左撇子"的外号。迪安·钱斯（Dean Chance），即威尔默·迪安·钱斯（Wilmer Dean Chance，1941—2015），著名投球手，1964 年时正效力于洛杉矶天使队。在该赛季，他还取得包括 11 次完封（shutout，即投满一场比赛不失分）在内的多项投球佳绩，在当年成为当时最年轻的赛扬奖获得者。斯珀德·钱德勒（Spud Chandler），斯珀吉翁·费迪南德·钱德勒（Spurgeon Ferdinand Chandler，1907—1990），著名投球手，效力于纽约洋基队，于 1943 年成为该队唯一获得过联盟最有价值球员称号的投球手，并于翌年入伍。钱德勒是稳扎稳打型的投手，职业生涯胜率高达 0.717，是一项纪录。路易·提昂，路易斯·强特的惯称，其全名为路易斯·克莱门特·强特·维加（Luis Clemente Tiant Vega，1940—），著名投球手，曾效力于多家球队，1968 年时效力于克里夫兰印第安人队（Cleveland Indians）。1968 年是他的突破之年，他在该赛季取得多项美国联盟投球最佳成绩。德怀特·古登，即德怀特·尤金·古登（Dwight Eugene Gooden，1964—），著名投

最后，就是鲍勃·吉布森在 1968 赛季投出的令人难以置信的 1.12 责任失分率，在榜上高居第 4。试想，自排名第 42 的“三振博士”古登往上，除吉布森之外，其他 40 个佳绩的取得者皆为来自遥远时代的老前辈。成绩在吉布森之上的投手只有三名，即排第一的蒂姆·基弗于 1880 取得的 0.86、排第二的“荷兰人”莱昂纳德于 1914 年取得的 0.96、排第三的“三指”布朗于 1906 取得的 1.04。①吉布森的成绩是自 1920 年以来责任失分率低于 1.50 的孤例，而且是在当代击球水平大幅提升的情形下实现的。吉布森是如何做到的？简直让人难以想象。由此可见，这一非凡的成绩或许算得上体育运动的现代纪录之最。

在 1967 年世界大赛上，鲍勃·吉布森几近以单枪匹马之力拿下三场比赛，力克红袜队。毫无疑问，他的出色表现让整个比赛进程笼罩在势不可当的杀气中，也让我看得心惊肉跳。尽管如此，我无意对鲍勃·吉布森有丝毫微词，但就如前文所述（见 103 页），接下来的 1968 赛季着实诡异，我不得不“吐槽”几句。就在那年，不知何故，投球不仅占了上风，优势还非常明显，已持续多年的衡势被彻底打破。（正如先前解释过的，规则制定者随后降低了投球区土墩的高度，还将好球区缩窄。1969 年，安打率和平均失分率的数值都有相应的回升，从前的衡势由此恢复，一直保持至今。）1968 赛季不仅仅属于吉布森，那年低责任失分率频现，多如我家花园里大量冒出的蒲公英。在现代棒球史的大多数年份里，无论是在哪个联盟，投球手的责任失分率都不会低于 2.00。1968 年的独特之处，即在于美国联盟排名前 5 的投手成绩都达到了这一标杆，而亚斯切姆斯基当年的安打率仅为区区 0.301，就能借此获得当年（该联盟）的最佳击球手称号。〔五位投球手依次为提昂（1.60）、麦克道尔（1.81）、麦克纳利（1.95）、麦克莱恩（1.96）、约翰（1.98）——这

（接上页）球手，19 岁即以新秀之身入选全明星队，第二年战绩再上层楼，获得包括赛扬奖（至今仍保持着最小获奖年龄纪录）在内的多个奖项和最佳称号。在后来数年里，他虽有佳绩，但随着吸毒和伤病的问题越来越严重，成绩不如从前。他的外号是 Dr. K（K 代表“三振”），后来被人索性读成 Doc，后文作者提到的“三振博士”古登（Doc Gooden）即由此而来。——译者注

① 蒂姆·基弗（Tim Keefe），即蒂莫西·约翰·基弗（Timothy John Keefe，1857—1933），美国棒球运动早期的传奇投球手，1880 年是他第一次参加大联盟比赛，他在该年创造的纪录至今无人打破。“荷兰人”莱昂纳德（Dutch Leonard），即胡贝特·本杰明·莱昂纳德（Hubert Benjamin Leonard，1892—1952），传奇投球手，1914 年是他效力于波士顿红袜队的第二年。他是个很有性格的球星，与泰·科布是“宿敌”。——译者注

无疑是苏格兰裔投手意气风发的一年。[①]就如前文所述，提昂是个非常不错的投手，在场上的表现也很值得一看，但不至于跻身伟大投手之列。如果他都能投出 1.60，那年肯定是乱了套。〕由此可见，吉布森的确在反常的一年捡了一个大漏儿。不过，我们也不必对此有什么微词。毕竟，这一佳绩远超过去 60 年里的任何成就，从统计学的角度看，无论是谁，无论有多牛，都几无可能创造，尤其是在赛事整体竞技水平已然提高，如此之低的责任失分率佳绩被有效扼杀的情形下。因此，对于吉布森而言，这也是他个人发挥超凡脱俗的一年。

最后，我对以上"长篇细论"做一简要概述。我的论点是，安打率差异幅度之对称缩减，必为赛事整体（当然也包括击球）水平提高之反映，原因有二：其一（从赛事历史的角度），赛事体系的发展为佼佼者的竞争所推动，使得竞技手段逐渐优化。而竞技规则长期不变，使得所有参与者都有机会学习并掌握最好的技艺，最终导致他们之间的差距缩小；其二（从参与者本身及人类极限的角度），竞技平均水平向（人类极限）"右墙"逼近，使得均值右侧差异的存在空间越来越小。0.400 安打率不是某种"东西"，而是个体差异千姿百态的安打率整体中的那个右尾。既然是赛事整体水平的提升导致了差异幅度的缩减，那么，0.400 安打率伟绩之绝迹，必为赛事不断兴盛或者说卓越水平不断提升之果。[②]

---

① 排在提昂之后的麦克道尔、麦克纳利、麦克莱恩、约翰分别指山姆·麦克道尔（Sam McDowell，1942—）、戴夫·麦克纳利（Dave McNally，1942—2002）、丹尼·麦克莱恩（Denny McLain，1944—）及汤米·约翰（Tommy John，1943—）。从姓氏可以看出，麦克道尔、麦克纳利、麦克莱恩应为苏格兰裔球员。当年国家联盟除了鲍勃·吉布森，博比·博林（Bobby Bolin，1939—）也达到 2.00 的标杆，成绩为 1.99。——译者注

② 在本章近末尾的论述中，作者提到了赛季责任失分率百强。在翻译过程中，译者对赛季责任失分率排名进行了简单的了解，认为作者的内容有值得补充说明之处，故另将观点列于章末。

作者在下章中提到，该章写作时间为 1995 年 9 月 6 日前后。然而，书中有个别章节的内容是在旧文基础上扩展而成的，故译者无法确定本章相应内容的完成时间。但既然文中提及德怀特·古登在 1985 赛季取得的佳绩，而 1995 年 9 月 6 日时赛季尚未结束，我们可以认为有关赛季责任失分率的内容所涉数据可能还包括 1986 之后的赛季，但不会晚于 1994 年。20 世纪 90 年代有一名投球手两进百强榜，一次在 1994 年，一次在 1995 年，至今仍在榜上中游位置，他就是现代著名投球手格雷格·马达克斯（Greg Maddux，1966—）。既然其名未在文中提及，我们可以认为书中所涉数据不会晚于 1993 年。实际上，在 20 世纪 80—90 年代，赛季责任失分率低于 1.74（即文中并列榜末的成绩）的投手，除文中提到的诺兰·瑞安（1981）和德怀特·古登（1985），也只有格雷格·马达克斯（1994、1995），且无其他选手取得趋近百强的成绩〔最接近的成绩已接近 1.90，由凯文·布朗（Kevin Brown，1965—）于 1996 年取得〕。所以，若对当时的百强排名进行重构，以 1986—1994 年之间任一年为截止年份，其结果皆应与作者参考的榜单相同。

附表 1 美国职业棒球大联盟赛季责任失分率（ERA）百强榜 1920—1990 年间入榜投球手排名情况

投手姓名	成绩取得	小数点后保留位数		截止日期									
					1990 年底			1996 年底			2020 年 10 月 20 日		
	年份	2	3	作者（2）	MLB（2）	BR（2）	BR（3）	MLB（2）	BR（2）	BR（3）	MLB（2）	BR（2）	BR（3）
鲍勃·吉布森（Bob Gibson）	1968	1.12	1.123	4	4	4	4	4	4	4	4	4	4
德怀特·古登（Dwight Gooden）	1985	1.53	1.529	42	38	41	42	38	41	42	39	41	42
路易·提昂（Luis Tiant）	1968	1.60	1.603	60	53	57	58	54	58	59	55	58	59
斯珀德·钱德勒（Spud Chandler）	1943	1.64	1.636	66	60	65	65	62	67	67	63	68	68
迪安·钱斯（Dean Chance）	1964	1.65	1.649	71	63	67	68	65	69	70	66	70	71
卡尔·哈贝尔（Carl Hubbell）	1933	1.66	1.662	76	67	72	73	69	74	75	73	75	77
诺兰·瑞安（Nolan Ryan）	1981	1.69	1.691	87	74	79	80	76	81	82	80	83	84
桑迪·科法克（Sandy Koufax）	1966	1.73	1.728	97	90	95	95	92	97	97	96	100	101
	1964	1.74	1.735	100	93	98	98	95	100	100	99	104	104
罗恩·吉德里（Ron Guidry）	1978	1.74	1.743	100	93	98	104	95	100	106	105	104	111
入百强总人次				>100	100	106	100	102	108	100	107	103	100

表中 MLB 指排名依据来源于美国职业棒球大联盟官方网站（mlb.com）的数据，BR 指排名依据来源于知名棒球数据网站棒球参考（baseball-reference.com）的数据，其后括号内的数字代表小数点位数。MLB 提供的数据小数点后为 2 位，BR 提供的数据小数点后为 3 位，表中 BR（2）排名所用数据（保留 2 位）为译者人为转换而得

（接上页）然而，译者以美国职业棒球大联盟官方网站（mlb.com）及知名棒球数据网站（baseball-reference.com）列出的数据进行重构，得出的相关投手的排名与作者所述不同，结果列于附表，供感兴趣的读者参考。——译者注

11
哲论结语

我的解释或许令人伤怀。说到赛事整体水平提高，大概很少有人反对。但水平提高使得赛事越来越趋于“标准化”，看上去也的确大大降低了赛事的趣味性和戏剧性。当竞技变得越来越“科学”，或者以贬损之词形容，当比赛变得像一台优化的时钟运转，精准得毫无戏剧性的意外发生时，竞技之戏就演到头了。或许，棒球运动从未出现过“昔有巨人居于世”的情形，只不过早期佼佼者的成绩远远高于同期平均水平，确实显得英武神勇、超凡脱俗，而现如今的平均水平大幅提升，当代佼佼者的佳绩再高也高不了多少而已。

不过，在我看来，无论对于表现差异之减，还是因其所致的0.400安打率之绝，我们都应该感到欣喜。是的，在竞技上追求卓越，就意味着趋于精准，也有趋同之嫌。但是，面对一再绽放的顶级之美，我们又有什么好抱怨的呢？完美的双杀[①]以及精彩绝伦的从外场直传本垒（有的成功封杀自三垒起跑的攻方队员，有的则不然），都需要精准完美的配合才能实现。在棒球运动早期，这些配合非常鲜见。作为一个有50年观赛历史的老球迷，尽管我已见识过数百次，但每每遇见时，我仍为之激动不已，兴奋丝毫未减。毕竟，处于卓越之巅者凤毛麟角，其表现自然精彩绝伦。试问，卡鲁索或帕瓦罗蒂[②]在其全盛期的演唱让我们感到过乏味吗？所以，无论是去棒球场，还是去歌剧

---

① 双杀（double play），守方队员一次防守使两名攻方队员出局的情形。——译者注

② 卡鲁索（Caruso），即恩里科·卡鲁索（Enrico Caruso，1873—1921），20世纪最伟大的男高音歌唱家。帕瓦罗蒂（Pavarotti），即鲁契亚诺·帕瓦罗蒂（Luciano Pavarotti，1935—2007），20世纪下半叶最有影响力的男高音歌唱家之一。——译者注

院，我宁可每次都有可预期的高质量享受，也不愿盲目投机。否则，就如同置身于平庸之海，却指望能目睹鲜现的辉煌。

此外，无论是水平的提高，还是由此导致的内部差距缩减，都未使超越前人变得不再可能。事实上，我认为可以这样说，超越的空间越小，实现起来难度越大，反而使超越的过程变得更有魅力、更扣人心弦。当一般水平离“右墙”尚远时，打破纪录要相对容易得多。但当普通参与者都几近触及“边墙”，即均值实现超越之时，最佳表现才真正代表了人类的无上成就。（为了论证这一点，我要再一次用音乐表演做类比。试问，若交响乐团的每一位成员都完成得足够专业，所奏之乐美轮美奂，我们在欣赏时不会感到愉悦吗？然后，一位伟大的独奏者或独唱者上场，上述整体水平已处于上佳的乐团为之伴奏。独演者的表现无与伦比，所发之音，好似只有天堂里的天使才有可能发出，难道我们不会一样为之倾倒吗？）我甚至可以进一步认为，正是受一般水平趋近“右墙”的推动，才使得佼佼者寻求进一步提高，否则，无论更高处有何景致，都不会有人目睹。这是英雄式的尝试，我会在最末一章专门讨论。超越极限是几近疯狂的举动，常有意外甚至死亡相伴，然而，在马戏艺术及其他危险行当里，总有一些伟大的实践者为之感染。我们可以称之为愚蠢之举（并信誓旦旦，保证自己绝不会去如此犯傻），但也得承认，人类的伟大常与执迷相伴。它们是一对奇怪的搭档，两者触碰的结果，有时不是辉煌，就是死亡。

超越永无止境。因为，实现超越的途径很多，机会总是有的，这也是体育运动最受欢迎的特质。首先，比赛常有着些许民主的氛围。在前往棒球场时，我们永远无法预知将会目睹什么。有时，即便是最烂的球队，也能成就激动人心的比赛，展现出令人叹为观止的完美。类似情形可能平均每年只会出现一次（或者一次都不到），有可能是三杀、偷进本垒，也可能是全体球员上场打群架（不错，身兼“竞人”及“愚人”，我们也乐见如此罕见的胡闹，这是我们健全人性的阴暗面的体现），或者击球手跑过三垒，在接球手出手触杀的最后一刻滑进本垒，实现场内本垒打。您永远不会想到会发生什么。[①]

① 三杀（triple play），守方队员一次防守使三名攻方队员出局的情形。偷进本垒（steal of home），偷垒（steal base，即跑垒员在投球手投球之后、击球手击球之前便开始跑垒的行为）的一种，一般指位于三垒的跑垒员偷垒并成功进入本垒的行为。“竞人”（*Homo ludens*），西名取自荷兰作家 1938 年同名著作《游戏的人》，ludens 与 ludus 同源，后者有博弈、运动、表演等义。“愚人”（*Homo stupidus*），西名原指代尼安德特人，在此与“竞人”皆为调侃。场内本垒打（inside-the-park homer），指在击出的球

个人发挥也存在巨大的差异。正因为此，平庸的球员也能有一日辉煌的机会，取得从未曾有的战绩，甚至非棒球之道可预期。例如哈维·哈迪克斯，他是位出色的投球手，但不在伟大投手之列。即便如此，他竟在一场比赛里实现了12局完美投球，只不过在第13局里，由于队友的失利，他们输掉了比赛（在之前的12局里，对方投手也完封了哈迪克斯的队友）。[①] 又如鲍比·汤姆森，这位纽约巨人队外场手的水平只是中等偏上，但在1951年的一天实现了一次本垒打。从物理学的角度评价，他的这次表现毫无特别之处，而在我们的棒球赛事体系之内，其意义是非凡的。因为，他的这一击发生在附加赛终场终局的决定性时刻，巨人队借此击败了死对头布鲁克林道奇队，获得联盟冠军，也成就了棒球史上的最大翻盘。（在8月时，巨人队当赛季获胜场次曾一度落后道奇队13场半，而在这场比赛进入最后一局时，巨人队落后3分，看似败局已定。）[②] 我那年10岁，是巨人队的球迷。比赛当天，我坐在我家第一台电视机前收看了这场比赛。我从未如此兴奋过（另一次除外，详见下文）。

（接上页）被守方队员接住并回传的过程中，攻方击球手完成的本垒打。触杀（tag），指守方队员通过持球触垒或触人（试图进垒的攻方队员），使攻方队员出局的情形。场内本垒打的完成难度较高，是因为守方队员有充足的时间将球回传，即便击球手在此期间跑过三垒，守场员仍可将球传给本垒的接球手，将攻方队员阻于本垒之外。——译者注

① 哈维·哈迪克斯（Harvey Haddix，1925—1994），知名投球手，效力于多支球队，个人最好成绩取得于职业生涯早期（20世纪50年代初），但以50年代末的表现闻名。文中所指，为于1959年5月26日进行的匹兹堡海盗队（Pittsburgh Pirates）与密尔沃基勇士队（Milwaukee Braves，即现亚特兰大勇士队）之间的比赛。哈迪克斯是前者的投手。球队作为守方时，他成功地阻止所有攻方击球员上垒，未失一分，但作为攻方时，球队亦未得一分。9局之后，比分仍为0∶0，在附加局里亦是如此。直到第13局时，勇士队破局，比赛以1∶0结束。在赛事官方于1991年修改完美比赛的定义之前，哈迪克斯的这次表现一直被视作完美比赛。关于完美比赛，详见131页注①。在之后的1960赛季，海盗队获得世界大赛冠军，哈迪克斯是最后一场比赛的胜利投手（winning pitcher，即获胜队中使本队比分最终保持领先的投手）。——译者注

② 鲍比·汤姆森（Bobby Thomson），即罗伯特·布朗·汤姆森（Robert Brown Thomson，1923—2010），以文中所述事件闻名的球手。1951年8月时，道奇队在国家联盟大幅领先，似乎胜局已定，但到常规赛结束时，由于巨人队的连胜，形成了并列第一的局面，遂通过3场附加赛决定国家联盟冠军。前两场比赛，双方各胜一场。第三场在1951年10月3日进行，到第7局结束时，比分为1∶1，但道奇队在第8局独得3分，到终局开始时，以4∶1大幅领先。尽管巨人队在该局先得1分，但总比分仍属悬殊。然而，汤姆森在关键时刻打出三分本垒打（three-run home run，即击球手实现本垒打前垒上已有两人，他们也跑回本垒，使攻方得3分），将比分改写为4∶5，成功翻盘，因此该本垒打也是再见本垒打（goodbye home run，即反败为胜且结束比赛的本垒打）。有人借用拉尔夫·沃尔多·爱默生形容美国独立革命第一枪的“响遍世界的一枪”（shot heard round the world）调侃汤姆森的这次击球，称之为“响遍世界的一击”（Shot Heard 'Round the World ）。巨人队遂代表国家联盟参加当年世界大赛，但败于当年美国联盟冠军纽约洋基队。——译者注

又如洋基队的投手唐·拉森，其技艺平平，在 1956 年 10 月 8 日大胜道奇队那天，却定义了棒球的完美战绩——出球 27 轮，完杀 27 回——在世界大赛上实现了“完美比赛”（在世界大赛上，无论在此之前，还是在此之后，都没有人以任何方式使得对方球员的整场比赛安打数为零）。[①] 那年我 15 岁，也是洋基队的球迷（许多纽约人支持两个本地球队，两联盟各一）。球赛进行时，我竭力劝说法语老师打开收音机，让全班同学收听实况转播。我从未如此兴奋过（另一次除外，详见上文）。

当我们把目光投向赛季或职业生涯表现的统计数据时，那些许民主的氛围就会烟消云散。我们会发现，要实现超越，还只能凭借“巨人”之力。但是，在芸芸众生中，就有那么一些人，集与生俱来的天赋、偶遇的良机、狂热般的投入于一身，竭力进取，让不可能成为可能。当他们屡创新高，甚至触碰到“右墙”时，我们会为之疯狂，就像鲍勃·吉布森在 1968 年实现的 1.12 责任失球率，就像乔·迪马吉奥在 1941 年实现的连续 56 场安打。而从数据统计的角度，我可列举大量分析结果，以示这些超越根本就不可能发生（详见 Gould，1988）。在为本章收尾之前，我停了下来，数日之后才得以续笔。因为，在又一次伟大的超越时刻到来之际，若不与大家分享自己的兴奋，我实在于心不忍。今天，我终于又回到我那台陈旧的打字机前。就在今天，1995 年 9 月 6 日，卡尔·里普肯连续上场数达到 2131 场，打破了“铁马”卢·贾里格的“不破”纪录。[②]

---

① 唐·拉森（Don Larsen），即唐纳德·詹姆斯·拉森（Donald James Larsen，1929—2020），以文中所述之投球闻名的球手，效力过多支球队，时为纽约洋基队投球手。完美比赛（perfect game），指在比赛中，球队作为守方时，投手至少有 9 局的前 3 轮投球回回让击球手出局，即投手出球 27 轮，完杀 27 回（27 up, 27 down，原文调侃为“twenty-seven Dodgers up, twenty-seven Bums down”，其中 Bums 为主场球迷对道奇队的昵称）。每局中，出局三人即攻守交换，进入下半局，因此，上述情形不仅使对方球队无得分可能，甚至连上垒的机会都没有。按 1991 年的重新定义，上述守方球队须获得胜利，其投手的功绩才能被称作完美比赛。所以，前段中所述哈迪克斯的伟绩被排除在外。对方球员整场比赛安打数为 0（no hitter）的情形未必成就完美比赛，因为攻队球员即便没有实现安打，也有机会（如因守方失误判罚）上垒。文中所述比赛为 1956 年世界大赛的第 5 场，10 月 8 日是星期一。——译者注

② 卡尔·里普肯（Cal Ripken），即卡尔文·埃德温·里普肯（Calvin Edwin Ripken，1960—），著名击球手，效力于巴尔的摩金莺队，攻守皆佳，19 次入选全明星队，是比赛连续场次及局数的当前纪录保持者（2632 场，8243 局），外号“铁人”（The Iron Man）。卢·贾里格（Lou Gehrig），即亨利·路易斯·贾里格（Henry Louis Gehrig，1903—1941），美国棒球史上最著名的运动员之一，效力于纽约洋基队，创造过多项纪录，是美国家喻户晓的明星，因患肌萎缩侧索硬化（amyotrophic lateral sclerosis）早逝，该病后俗称为卢·贾里格症（Lou Gehrig's disease）。“铁马”（The Iron Horse）为其外号，是因为其上佳表现稳定，耐力好，上场场次多。里普肯之所以被称为“铁人”，也是这个原因。——译者注

没有什么纪录是打不破的（除非改变规则或实践方式，好让现代进展无法改写过去的功绩）。或许，在本篇讨论 0.400 安打率绝迹处，我采用的字眼“extinction”（灭绝）让事实显得夸张。（身为古生物家，若不用业界最受欢迎的词语之一，我可不乐意。）但是，此处的绝迹非指演化及生态学意义上的物种灭绝，或套用现在的说法——绝即永失。我所说的绝迹，指的是其字面义，就如被掐灭的蜡烛，熄灭之后还可以被重新点燃。

我不是说将来无人再度实现 0.400 安打率。我说的是这一标杆已经变得难以逾越，或许一个世纪才能实现一次，就如百年一遇的大洪水，而不是像棒球运动早期时那般常见。事实也支持这一观点，毕竟，泰德・威廉姆斯之后，0.400 战绩已有 50 多年未现。在本篇中，我对 0.400 安打率进行概念重建，将之视作安打率钟形曲线的“右尾”。随着赛事整体竞技水平的提升，曲线向内收拢，而均值保持稳定，便不可避免地将原先右尾的 0.400 安打率排除在外。我想，这不过是找出了 0.400 安打率不复再现的原因。但是，将来总会有人让 0.400 安打率再现——尽管实现的难度更大，但荣誉的价值也因而更高。当 1994 年“嘘嘘大赛”①（也称作劳资纠纷）双方的白痴们让赛季被迫中断、世界大赛取消之时，托尼・格温的安打率成绩为 0.392，且处于上升阶段。我相信，倘若赛季得以继续，按历史常理，他可能已成功冲顶 0.400。终有一天，将有人克服前所未有之难，触及“右墙”，加入泰德・威廉姆斯的行列。每个赛季都有实现的可能。每个赛季都蕴含着超越的希望。

① 1994 年“嘘嘘大赛”，原文为“the great pissing contest of 1994”。“比嘘嘘”（pissing contest）原指孩童间比小便“射程”“高程”“命中率”等的无聊儿戏，用来比喻争强好胜的无意义比拼，在此处应指劳资谈判中双方的要价及讨价还价。该次谈判失败导致美国职业棒球大联盟有史以来第 8 次停工，开始于 1994 年 8 月 12 日，结束于翌年 4 月 2 日。——译者注

肆

数众的细菌：为何进步非生命历史之主导

12
自然选择机制的主心骨

以下对话引自 1959 年一次讨论的实录：

> 赫胥黎：我曾尝试如是概括演化的定义，即推新促变、致使组织化程度更高的单向不可逆过程。
>
> 达尔文：什么是“更高”？
>
> 赫胥黎：更加分化、更加复杂，但同时整合性更好。
>
> 达尔文：可寄生生物已然如此。
>
> 赫胥黎：我是指整体高度组织化，意即高等生物达到的那种。

查尔斯·达尔文早在 1882 年就去世了，托马斯·亨利·赫胥黎亦于 1895 年过世。因此，倘若以上是他们之间的对话，那除非我援引的是一次招魂实录，否则，肯定有什么地方不对劲。若您是达尔文的粉丝，讨论年份 1959 年应是条线索。因为，查尔斯·达尔文的《物种起源》是于 1859 年出版的，到 1959 年正好一百年，隐隐有一丝百年庆典的意味。实际上，此处的赫胥黎是托马斯·赫胥黎之孙朱利安。他不仅是一位赫赫有名的生物学家，还是一位政治家。此处的达尔文是查尔斯·达尔文的孙子，也叫查尔斯。他也是一名科学家及社会思想家。上述两位孙辈成员的对话，就是于 1959 年《物种起源》出版百年庆典期间，在芝加哥大学举办的规模最大的一次纪念活动中进行的。那次讨论的实录于 1960 年发表，收录于索尔·塔克斯主编的论著中。

该书一共三卷，颇有影响力。[①]

演化研究不仅成为两个家族的家学传统，更令人称奇的是，双方的现代成员在芝加哥对话中展现出的错误和洞见，也与祖辈的立场极为相似。朱利安犯的错误与托马斯·赫胥黎相同，查尔斯的纠正也和他爷爷给出的一致。而且，说到进步时，双方都很迷糊。和他爷爷一样，小达尔文的策略是反问，以寄生生物为例，抛出了一个很好的问题。而面对这一典型的捣糨糊之举，朱利安·赫胥黎的回应含糊不清，不切主题，效果无异于杯水车薪。

这也是达尔文主义传统中的令人不解之处。造成这种局面的根源，本身就是自相矛盾的，简直可以说是一个悖论。在自然选择的基本理论中，没有任何关于全面进步的表述，也没有给出实现可预期的全面进步的机制。然而，无论是基于西方文化，还是基于化石记录承载的无可否认的事实，都能找到让"进步"成为演化理论核心的理由。毕竟，最早的化石记录只有细菌一类，而现在形成了地位高高在上的我们。

查尔斯·达尔文曾尽情挥洒其生物哲学观念前卫的一面。事实上，在他早期的个人笔记本上，就记录有他的合理猜想。个中意味令人震惊，他为此欣喜若狂，在字里行间表露无遗。例如，他认为，我们对上帝的敬畏之情源于自身神经系统的某种组织化特性。他还说，只因自身的傲慢自大，我们才不愿承认思想有其物质载体。他写道：

> 敬神祇之爱，（乃一种）组织化之作用。啊，你这个唯物主义者！……较之重力乃物质之属性，思想乃脑之分泌的事实为何不让人觉得更加奇妙？原因在于我们的傲慢自大——我们对自身的崇拜。

尽管达尔文从未放弃自己的前卫看法，但随着年龄渐长，他有意克制那番欣喜，在呈现自己的观点时，尽量从大众能接受的程度出发。如此一来，就如第一篇所论，我们没能接受达尔文主义的真义，让人类自大的冠冕消失于无形，因而未能完成达尔文的那次"弗氏革命"，也没有完成的意

---

① 文中赫胥黎之孙即朱利安·索雷尔·赫胥黎（Julian Sorell Huxley，1887—1975），英国著名演化生物学家，现代综合论发展的重要人物。达尔文之孙即查尔斯·高尔顿·达尔文（Charles Galton Darwin，1887—1962），英国物理学家。索尔·塔克斯（Sol Tax，1907—1995），美国人类学家，其主编的三卷论著为《达尔文后的进化论》（*Evolution After Darwin*）。——译者注

愿。达尔文反对将进步视作演变机制的可预期后果，在他所有震撼人心的观点中，没有哪个比它更难以为大众所坦然接受。19 世纪的大多数演化生物学家（包括拉马克在内）提出的理论更加讨好，皆将“进步可预期”作为核心内涵。实际上，“演化”所指，本为达尔文所述之“兼变传衍”（descent with modification），但在大多数维多利亚时代的思想家眼里，这种生物学意义上的变迁即等同于进步。由此，“进化”受到大众青睐，进而取代“演化”，进入我们的词典。在英语的日常表达中，evolution（演进）意味着进步（字面义为“展开”）。它成为生物学术语，是由赫伯特·斯宾塞[①]推动的。达尔文最初对该词有所抵触，在其理论中，根本就没有将全面进步视作某种变化机制的可预期后果的说辞。evolution 的字眼也没有出现在《物种起源》第一版中，达尔文第一次采用它，是在 1871 年出版的《人类的由来》里。他从未喜欢过 evolution，那是斯宾塞的说法，只因该词已广为接受，他才勉强采用。

达尔文并不掩饰自己的“非进步论”立场。在一本宣扬生命历史进步论的重要论著的页边，达尔文批注道：“永远不要用更高或更低的说法。”古生物学家阿尔菲厄斯·海厄特[②]认为进步是生物的内禀属性，并提出基于此的演化理论。（我如今就在海厄特过去的办公室里工作，因此，对于我来说，这种联系有着特别的意义。）达尔文在（1872 年 12 月 4 日）给他的信中写道：“在经过漫长的深思后，我不得不确信，先天固有的上进趋向是不存在的。”

达尔文之所以反对进步论，不仅仅是基于在哲学方面的大体立场，还有特别的理由。这个理由与他自己提出的理论有关，在该理论框架下，有关进步的解释讲不通。与科学史上其他著名（且实为晦涩的）理念不同，自然选择理论非常朴素，基本上由三个不容否认的事实，以及一个显然以近三段论式推导得出的结论组成。（我所说的朴素，是针对自然选择的“主心骨”——其核心机制而言。不过，对选择具体如何操作的推断和引申，却是非常微妙繁杂。）有一则著名的轶事，话说赫胥黎知悉达尔文自然选择理论的内容时，最初的反应是骂自己“极度愚蠢”——这理论竟不是自个儿琢磨出来的。

---

① 赫伯特·斯宾塞（Herbert Spencer，1820—1903），著名英国学者，是备受争议的“社会达尔文主义”的提出者，但也是“适者生存”（survival of the fittest）短语（该短语终被达尔文采纳，在《物种起源》第五版中提及）的提出者。——译者注

② 阿尔菲厄斯·海厄特（Alpheus Hyatt，1838—1902），美国动物学家、古生物学家，师从路易斯·阿加西斯（见 166 页注①），是新拉马克主义的拥护者。——译者注

在《物种起源》开篇，达尔文用数章篇幅摆明了这三个事实：

1．所有生物皆趋于产生尽可能多的子代，在数量上超过可存活上限〔在达尔文所处的时代，这一原则有一个可爱的称呼——“超量生殖”（superfecundity）〕。

2．子代内部存在差异，而非如自同一原件复制出的众多复印件，一成不变。

3．这些差异性状，至少有一些会被继承，在未来代代相传。（达尔文当时不知遗传的机制，因为在20世纪早期之前，孟德尔的遗传原理尚未为人所接受。然而，第3个事实并不涉及遗传机制，只需肯定遗传现象存在即能成立。常识告诉我们，这种存在本身是无可否认的，就如我们知道黑人生黑娃，白人生白娃；父母个高，娃大亦高，诸如此类。）

若在这些事实的基础上进行推演，必能汇融成自然选择的原理：

4．倘若子代中必有一部分个体不能存活（因为可适的自然生态空间有限，不足以容纳所有个体），且所有物种内部皆存在个体差异，那么，幸存者往往（此处的“往往”指统计学意义上的平均表现，而非指无一例外）是对局部环境变化最适应的个体，尽管那些最适生的差异性状是在偶然中派上用场的。既然存在遗传机制，幸存者子代则趋于具有与亲代相似的性状。随着时间推移，这些受眷顾的变异个体的数量不断增多，终将成就演化之变。

如果您觉得以上对概念的呈现显得过于抽象，请看一个可能属实的示例（的确，这个例子有些简化，有所夸张。不过，若拿它来展示达尔文理论论证的核心要点，倒也不错）——西伯利亚早期温度适中，毛稀的大象十分适应那里的生活。随着地球进入冰期，北部开始积冰，导致气候变冷，具有茂密的体毛便成为一种决定性的优势。如此一来，体毛浓密的大象个体往往（如前所述，此处的“往往”非指无一例外。种群内体毛最浓密者也有可能坠入冰隙，不能生还）会更加成功，进而产生更多能存活下来的子代。既然毛密性状可以遗传，在后续世代中，拥有毛密性状的个体就会越来越多（因为在上一代中，体毛最密的个体成功生育的机会更大）。长此以往，多代之后，在西伯利亚栖息繁衍的大象终将变成身披长毛的真猛犸象[①]——原来那些大象的演化后代。

不错，大致就是这样。但是，您有没有察觉到，这个案例似乎有所缺漏（少了一项几乎所有时兴进化观都包含的决定性特征）——进步，一次未提？然而，自然选择讲的只是"在局部环境变化中适应"，得不出任何有关进步的推论。况且，真猛犸象的表现并非方方面面都在其他象类物种之上，更说不上总体上处于优势地位。其唯一"优良"之处，完全是针对局部环境而言的，即在寒冷气候条件下的表现较其他象种强（而在温暖气候条件下，占据优势地位的，仍是稀毛的祖先象种）。毕竟，自然选择仅仅导致对周遭局部环境（及其变化）的适应。

具有局部适应的特性，并不指望能导致"全面进步"[②]（无论如何定义这一模糊的概念）。局部适应可使得解剖学结构变得更加复杂，也可以使其变得简单。例如，一种著名的寄生生物——与藤壶源自同一祖先的蟹奴（*Sacculina*），其成体主要是生殖组织，看似一个形状不规则的袋子，（通过形状同等不规则的"根"组织，刺入寄主体内，如挂锚一般）紧贴于被寄生的蟹的腹面。（至少以我们的美学标准评价，）其貌其行的确邪恶，但其解剖结构也确实不比附着在您船底、以蔓肢在水中揽寻食物的藤壶复杂。

若局部环境的一连串变化能催生进步，自然选择也能产生一些可预期的结果。但是，类似的论证不可能成立。因为，放眼地质历史长河，局部环境的变化，如海洋的形成或干涸、气候变冷或变热等，实际上都是随机的。既然自然选择紧跟局部环境变化的步伐，那么生物的自然历史实际上也应是随机的。

正是这些论证，使得达尔文拒绝将进步视作自然选择"主心骨机制"的必然结果——因为，自然选择仅导致局部适应。尽管适应的结果常常确为精妙，但还算不上是公认的进步。若说上述猛犸象种优秀，其他某种象不也同等优秀？反之亦然。若让您从旗鱼、比目鱼、琵琶鱼、海马中选出"更强""更进步"的一类，您该基于什么标准来判断？是旗鱼生有的非同寻常的

① 真猛犸象（woolly mammoths），学名为 *Mammuthus primigenius*，又称"长毛象"。——译者注

② 全面进步，原文为 general progress，在本章及后续章节中亦被处理为"普遍进步"。——译者注

吻尖，还是比目鱼具有的无与伦比的拟态？是如琵琶鱼那般，背鳍鳍条末端特化成别具一格的“诱饵”，还是像海马那样，拥有适于在生境中升降自如的奇异体型？这种比较毫无意义，就是因为自然选择仅导致局部适应。尽管有些在细节上颇为奇巧，但无外乎是为了适应局部环境，不至于构成一系列具有普遍性的进步或复杂化事件中的一环。

理论非同寻常的特质让达尔文感到欣喜。毕竟，机制本身逻辑自洽，简单有效，且无须为普遍性的进步或复杂化提供理论基础。分析至此，形势尚佳，逻辑无误，事实明了。我应当就此结束有关达尔文的讨论，赞美他始终是一个思想前卫的知识分子——在他看来，生命历史上不曾有可预见的进步发生，而事实也证明，这显然不是他的西方同胞所能接受的。

这样，一个直白纯粹、英雄般无畏的形象跃然纸上。但若用这个形象来形容达尔文，却颇为失实。毕竟，史实（及传记）中的人物形象往往要“凌乱”得多。真实人物，尤其是像达尔文这样才华横溢、经历复杂的人，会留下很多不大自洽甚至自相矛盾的言辞。作为一个知识分子，达尔文的思想前卫不假。从政治方面看，他是个自由派。他强烈反对蓄奴，也为温和的社会改良辩护。但是，从生活方式上看，他绝对是保守的。他在衣食无忧的富足家庭里长大，自己也是一个富有的乡绅，改变安稳舒泰的生活现状非他所热衷。

此外，在达尔文乐享安稳的维多利亚时代，英国正处于工业发展和殖民扩张的鼎盛时期，进步被视作万物存在及其价值评判的根本宗旨，社会对进步的信奉程度在人类历史上空前绝后。一个时值祖国辉煌成就达到巅峰的英国贵族，怎么可能背弃奠定这种辉煌成就的原则？然而，自然选择只能导致局部适应，并不成就普遍进步。前者出于社会需求，后者出于智识性思考，由此而生的矛盾何以调和？

这种忠于冲突双方的尖锐矛盾表现得最为突出之处，出现在《物种起源》里的一个精美句子中。达尔文将它放在十分显眼的位置——末页[①]那著名的有关“如是生命之观，有其恢宏之象”的总结性末段开始之前：

---

① 由书末参考文献可知，作者引用的是《物种起源》第一版。第一版倒数第二段结束于第506页，而非末页507页。——译者注

自然选择以优势者为载体，以扩大优势为宗旨，故身心之所有天资将趋于进步完善。

看看，这话说得有多露骨。达尔文说的是“所有”天资，既包括“心灵”的“所有”属性，也包括身体的所有特征。我们不禁要问，在欣喜若狂地宣称自然选择机制动摇陈腐的进步教条（如前文所引之私人笔记所示）之后，达尔文怎能写下如此字句？

达尔文有关进步的表述显然自相矛盾，进而引发科学史家的广泛讨论，留下大量相关文献（详见 Richards，1992）。有些书以通篇生硬晦涩的论理，试图让达尔文的矛盾之词自圆其说、前后一致。但从另一个角度看，我想起爱默生的著名格言——“迂愚地强求前后一致，好比小气者内心之鬼作祟”[①]，或沃尔特·惠特曼《自我之歌》中的精妙诗句：

我是否容许己言前后矛盾？
既出此问，我自坦承。
（我乃心胸宽广、兼容并蓄之人）[②]

我认为，达尔文的观点中确实存在未能解决的冲突。身为思想前卫的知识分子，达尔文深知其理论之内涵，亦知其言外之意所指。但是，身处保守的社会阶层，达尔文自觉地认同其文化，并安享其中，不可能（在历史关键时刻）破坏其界定原则。

既认为自然选择机制只导致局部适应，而非全面进步，又表示在生命历史进程中，“身心之所有天资”朝着完美的方向进步，针对这显然矛盾的表述，达尔文当然也曾为了自圆其说而亲自下场。毕竟，他不能在自己的大作中留下如此之巨的逻辑漏洞。既然自然选择本身证明不了进步，达尔文的封

① 原文为“a foolish consistency is the hobgoblin of little minds”，出自爱默生于 1841 年发表的论文《论自立》（“Self-Reliance”），现已成英语谚语。——译者注

② 引文原文为“Do I contradict myself? / Very well then, I contradict myself ./ (I am large, I contain multitudes)”。长诗《自我之歌》（“Song of Myself”）是美国著名诗人沃尔特·惠特曼（Walt Whitman，1819—1892）的代表作，首次发表于 1855 年，收录于《草叶集》（*Leaves of Grass*），著名翻译家赵萝蕤将之译作《我自己的歌》，相应的译文为：“我自相矛盾吗？那好吧，我是自相矛盾的（我辽阔博大，我包罗万象）。”——译者注

堵尝试，就是在“主心骨机制”之外补充一系列与生态学有关的说明。

首先，达尔文将“斗争”划分为界限明确的两类，即其著名的“生存斗争”和“适者生存”。斗争可以是生物之间围绕有限资源的竞争（竞争的一种类型，在后文中称作“生物性竞争”），也可以是生物对恶劣自然环境的抗争（在后文中称作“非生物性竞争”，意指不涉及其他生物）：

> 我应先在此说明，我用“生存斗争”一词，乃取其广义及比喻义……在食物稀缺之际，两只犬类动物奋力争食，确可谓为求生存而斗争。但是，沙漠边缘的植物抗旱，亦被冠以“为求生存而斗争”之谓。（Darwin，1859，62 页）

（如沙漠边缘植物之间的）非生物性竞争不会催生进步，因为自然环境的变化不是定向稳恒的，局部适应只会产生进退皆有的一系列特征，谱系演化的方向也时而有变。但是，达尔文觉得，（如两只犬类动物在食物稀缺之际的）生物性竞争应能促成进步。其原因在于，若与同物种其他成员斗争，而不是同自然生境抗争，生物力学机能会得到全面提高——奔跑速度更快、耐受时间更长、思考能力更强——超越任何对环境的抗争，自然选择因而是最好的选项。由此，达尔文进而认为，在生命历史进程中，若生物性竞争比非生物性竞争重要得多，进步为整体趋向的说法就没有错。

但是，论证生物性竞争普遍存在是不够的，还需要另外一个步骤。若失利者移居他地，或落败者留在本地，但通过改变食物或栖居场所而幸存，因而使生存环境变得相对空阔——那么，这些在生物力学机能方面处于劣势的生物仍能得以继续生存。如此一来，没有近身肉搏的必要，全面进步也就不会发生。倘若生态环境永远挤满了形形色色的物种，生物性竞争的落败者则无处落脚，终将被胜利者消灭。若如此消灭接连发生，就应能形成全面进步的趋向。实际上，达尔文就大力宣扬这种大自然生物饱和的概念，并以异乎寻常的“尖劈”比喻为之辩护——将物种比作尖劈，自然则好比有尖劈锤入的表面。当空间全部被占用之时，一个新物种就好比一枚“无家可归”、尚无“地盘”的尖劈，要在此处立足，就得在现有尖劈之间找到缝隙，楔入其中，并步步为营，将别的一枚尖劈排挤出去。换言之，每有一入，必有一逐。能成功楔入乃至挤占，生物力学机能的提高应是关键：

> 可将自然比作插满一万枚尖劈的表面……每一枚尖劈代表一个物种，它们紧挨在一起，在外力的不断作用下，逐渐深入……有时，一枚……入得太深……挤出其他几枚；震荡和冲击的影响朝多个方向扩散，波及远处的尖劈。〔达尔文 1856 年手稿，收录于 Stauffer（1975）〕

于是，在《物种起源》里，达尔文以相似的措辞，写下了有关恒久饱和世界里生物性竞争的论证结语：

> 在这个世界的历史长河中，每一后继时期的生物都已在为求生存的竞争中击败了前一时期的生物。在某种程度上，它们在自然中所处的等级更高。这或许可以解释许多古生物学家尚未成形且定义不明的看法——作为一个整体，生物进步了。（Darwin，1859，345 页）

我并不是说该论述有什么明显的逻辑错误。我只是想弄清楚：对于所涉议题，达尔文为何要不厌其烦地为之辩护；对于他来说，该议题为何显得如此重要。我们知道，在此之前，达尔文刚提出反"进步论"的理由——自然选择的"主心骨机制"仅导致局部适应，不成就全面进步——并为自己反传统的意味而欣喜若狂。那么，为什么他又要不厌其烦地补充生态学说明——在恒久饱和的世界里，生物性竞争是为主导——并借由这扇后门，将"进步论"夹带回去？（达尔文当然知道，尽管为了堵漏，这一说明有其必要性，但其前提是站不住脚的。对于"生物性竞争是为主导"，他没有给出明确的机理。后来，克鲁泡特金[①]等人对他的挞伐正是抓住了这一点。至于"恒久饱和世界"，在一个关键问题上，又与化石记录证据强烈矛盾，后为达尔文招致无尽的麻烦。生命历史进程曾被数次大灭绝事件打断，最大的一次发生在 2.5 亿年前的二叠纪末，95% 的海洋无脊椎物种彻底消失。显然，在如此灭绝事件之后，生境不可能是"饱和"的。即便后来有任何进步，也会被下一次灭绝事件推回。达尔文非常担心论证会走向这一步，为了抽身而出，他只有宣

① 克鲁泡特金（Kropotkin），即彼得·阿历克塞维奇·克鲁泡特金（Pyotr Alexeyevich Kropotkin，1842—1921），俄国著名无政府共产主义者，涉猎领域较广，在进化论方面，他强调的是共同克服逆境的合作，而非你死我活的个体间竞争。——译者注

称，大灭绝是因化石记录不完美而构成的假象。然而，如今已有确凿的证据表明，地外物体的撞击曾触发过至少一次大灭绝事件——让恐龙死绝、让我们哺乳动物有机会扬眉吐气的白垩纪灭绝事件——“大灭绝假象说”由此被证明不成立。）

我无意揣摩达尔文的内心世界，得出什么特别的洞见。但我的确觉得，那有关进步的蹩脚而不自在的论证，是他个人两面——思想上的前卫者和文化上的保守者——交锋的产物。当时，他所热爱的社会，那个给他厚遇的社会，已经将进步奉为神明，使之成为时代口号和社会标签（我想起赫伯特·斯宾塞的著名论文《进步的法则及原因》[①]）。若要背弃自己的圈子，否定其核心前提，达尔文于心不忍，但自己提出的基础理论正是如此要求的。于是，他想到一个抽身而出的办法，炮制出一个牵强的解决方案——补充生态学说明。这就像是给一座大厦添加脚手架，脚手架有其独特的功用，但它不是支撑大厦所需，也支撑不起。可是，布满脚手架的建筑给人以混乱、未完工的印象。然而，为什么要给一座稳如泰山的可爱建筑强加如此的覆盖物呢？若要展示文化影响人类的威力，我不知道有哪个例子好过达尔文的这个故事——他那未能平息的思想斗争，理论逻辑与社会需求之间的拔河。这事关我们所持的预设立场，它隐藏在我们所同有的文化的最深处。如果达尔文都不能将自己从中解放出来，甚至是在打造了开启概念之锁的理论之匙后，我们又怎么会做得更好？

好吧。我们或许会明确，原先我们以为正确的“凡演化必有进步”实为文化偏见。而且，我们或许会承认，尚无可靠的科学论证支持上述进步是可预期的说法，在达尔文的时代没有，在我们的时代也没有。我们或许还会承认，所有权威的论证尝试，包括达尔文亲自下场在内，无一不陷入困境，或因预设的社会立场所驱，或因论证逻辑之弱，或因事实依据之缺。

然而，（即便在像我这样的老顽固看来，都）不容否认的是，生命历史的基本事实（可谓十分明确的基本事实）看似也表明，进步就是生命历史的核心趋向和本质特征。生命的最早化石记录发现于距今 35 亿年的岩石中，仅由

① 《进步的法则及原因》，作者列出的论文标题为“Universal Progress, Its Law and Cause”，应指发表于 1857 年的“Progress: Its Law and Cause”（章太炎译之为《论进境之理》，后也有人译之为《论进步：其法则和原因》），曾收录于 1864 年出版的 *Illustrations of Universal Progress: A Series of Discussions*，为其首篇。——译者注

细菌组成。在得以保存的地质记录中，细菌是最简单的生物形式。而现如今，我们有橡树、螳螂、河马，还有人。面对这样的历史，我们又怎能否认它所展现的最大主题非进步莫属？

不过，凡看似肯定之事，必有可疑之处。不错，现在有西貒、矮牵牛，还有能作诗的人。可是，地球依旧弥漫着细菌，昆虫也委实在多细胞动物中占大多数——被描述过的物种即已多达约 100 万，相比之下，哺乳动物仅约 4000 种。若进步真的那么显而易见，那我们的野餐为何会被蚂蚁搅乱？我们的生命为何会被细菌夺走？我们究竟该如何定义那虚无缥缈的进步概念？这令人不解，它正是贯穿于本章开篇赫胥黎和达尔文两家孙辈之间精彩对话的迷糊之处。现代的那个达尔文就如他爷爷那样，问了一个切中要害的问题——既然在一个不断演化的世界里，寄生生物已取得种种进步，那么该如何定义"高等"？现代赫胥黎给出的回应很模糊，却在不觉间包含了解答的希望——"我是指整体高度组织化，意即高等生物达到的那种"。但若要抓住这丝希望，澄清疑问，明确答案，我们就必须将整个议题进行彻底的概念重建。正是这种策略，让我们成功地破解 0.400 安打率悖论，其本身也构成了本书的主题——将演变的历史视作整个系统（即本书英文标题所指的"万物生灵"）当中（"千姿百态"）变异幅度的增减，而非如某种"东西"发生定向变化。

惯常思维将趋向视作定向变化的实体，而关于"进步"的断言正是这种思维的典型表现。万物生灵，千姿百态，我们却选取诸如"平均复杂度"或"复杂度最高的生物"之类的实体，将之作为评价生命的"重要"指标，寻找我们自认为理所当然的"与时俱增"的轨迹（就如本书首章图 1 所展示的那样）。然后，我们将寻得的这种渐增趋向打上"进步"的标签，再把自己锁进这种观念的牢笼，认定如此"进步"必为整个演化过程的实质性主导。

在第四篇接下来的章节里，我将继续采用已应用于其他诸例的相同策略。对于生命而言，我将视复杂度的差异为主导，且差异的幅度不会减小。然后，我将追溯其差异幅度的变化史。只有以这种相对周全的策略，才能使我们在承认"曾经只有细菌，而现在有矮牵牛，还有人"那显见事实之时，仍能理解在生命历史长河中，进步的情形既非普遍存在，也非可预期。简而言之，当达尔文的传统社会价值观被其前卫思想动摇时，他的见地是正确的。我们下面将了解的，就是达尔文为何正确的更深层原因。

13
初探微观世界案例，泛论体型演化通则

在前一篇里，我借用 0.400 安打率的案例，探讨了人类生物力学机能的潜在极限，或者说“右墙”，并进一步阐明，随着整体击球水平向该上限推进，安打率差异幅度注定缩小。本篇所探讨的，是生命历史进程中生物复杂度的演变。我应该这样说，这是一个几近如同前篇“镜像”的案例。我将以可想象的最简单生命形式为起点，或者说从“左墙”开始，展现在远离下限的异化过程中，整体内差异幅度注定增大的事实。乍看去，这两个案例似乎全然不同。就棒球而言，是竞技水平提升，挤向最好表现的“右墙”，整体之内的差距缩小；就生命而言，是复杂度的差异水平提高，但因以水平最低的“左墙”为变异起点，从而被曲解成生命历史上不可避免、不断向前的进步。

然而，从更深层次看，这两个案例又有着关键的相似之处。那是因为，在这两个案例中，人们最初有所误读，所犯错误之类型相同，后得出正解，纠正错误之模式亦同。两例所涉之错，皆在于将由差异个体组成的系统整体错误地以单一的“东西”，或者说一个实体代之，即用平均值或最佳案例来代表整个系统。因此，当我们尝试评价击球水平的变化时，所关注的往往是最佳表现的历史变迁，在意的是某个独立实体（成绩达到 0.400 水准的击球手）的存在与否。既然这种“东西”消失了，我们通常会以为，整个现象（即整体击球水平）在某种程度上有所恶化。但是，若我们以正确的方式考量，放眼个体表现“千姿百态”之整体（即集合所有常规参赛选手安打率的“钟形曲线”）的变化时，便会发现 0.400 安打率（应被正视为该“钟形曲线”之右尾，而非独立的“东西”）之所以消失，是因为安打率均值表现稳定，而两侧的差异幅度缩减了。于是，我在前篇中力陈，对于这种差异幅度缩减的现象，我们必须解读为整体竞技水平的提高。换言之，如果错误地将 0.400 安打率孤立成一种“东西”，单独加以考量，就会得出与事实完全相反的结论。单窥片面的“东西”之像，似乎会让人觉得击球水平呈衰败之势，而放眼整体，正视其内部差异之变迁，我们便会发现，0.400 安打率消失所代表的，实为竞技水平的整体提升。

同样，在过往的生命历史研究工作中，我们往往也会犯相同的错误——关注貌似显见的复杂度提升，或者说在意进步的趋向。同样，我们亦曾将复杂度表现“千姿百态”的“万物生灵”简化为一种“东西”——对于一个谱系，或选定一个复杂度指标，计算平均值，或直接选取某个特别的案例，将之认定为“佼佼者”（例如，复杂度最高或脑最发达者）——然后关注这种“东西”的历史变迁。既然我们所选“东西”的复杂度有着上升的表象（例如，从最初的细菌到后来的三叶虫，再到现在的人），我们又怎能否认进步是演化的实质性特征及核心驱动机理呢？

但是，我会通过相同的方式纠正这种错误，视生命为系统，亦即一个内部存在差异的整体，其复杂度的历史变迁遵循如此整体随时间推移的变化模式。一旦以这种开阔的视野正视生命史，我们就不可能再视进步为主导动力及实质趋向。因为，生命之始为细菌模式，形式最简单，堪比紧挨复杂度的“左墙”，而到 40 亿年之后的现在，生命仍处于同一模式，地位未变。若我们比较生命史不同时期的最复杂者，可能会观察到与时俱进的现象，但它们只是生命整体的小小右尾，远不足以代表“万物生灵”的实质。我们不能将这尾端的穷枝末节与整体的繁枝茂叶混为一谈——即便这一尾端正是我们自身所处的特有位置，因而有可能为我们所珍爱。

不错，末枝的位置可能会发生定向迁移，但它未必就代表了系统变化的因果指向。实际上，它可能只是系统内部完全随机波动的后果。其原因为何？在就“万物生灵”展开全面论述之前，我必须先解释清楚。之后，在下一章里，我会向大家展现，生物历史中貌似显见的进步实为同一假象，且在各个谱系的演化历史中，可能根本就不存在一般意义上的进步趋向。

下面，我先打一个抽象的比方——老师们在讲授概率论时爱用的一个经典隐喻，借以摆出我的论点。然后，我将给出一个实际案例。这个案例饶有趣味，所涉谱系的化石数据完整，好得非同寻常。我们生活在一个“自我相似”的分形世界——在这个世界里，局部的微观案例与最宏观的案例有着相同的结构。既然如此，我就可以这样说，所有化石中的最小者——海洋单细胞浮游生物的结构及以之为例所呈的有关解释，应完全等同于整个生命历史的相应内容。这些浮游生物鲜为人知，以之为例，不会让我们心生严重的偏见，进而影响到对生命历史的考量。既然如此，欲了解自然历史之全局，最好的办法，就是从该“自我相似”的案例——海洋单细胞生物入手。

如果说某种随机波动能表现出大致的方向性，在很多人看来，这显然是一种谬论。然而，这又是讲得通的。最好的手段，便是通过一个隐喻——一个被称作“醉汉蹒跚”的范例来阐释。比方说，（如图 21 所示）有个人在酒吧里喝到烂醉，然后摇摇晃晃地离开，来到门前的人行道上。人行道的一侧是酒吧的外墙，另一侧是水沟。他开始在人行道上行走，仍是摇摇晃晃，若晃到水沟一侧，就会掉进去，不省人事，行走过程随之结束。我们假设人行道宽 30 英尺（约 9 米），醉汉每一步摇晃的方向随机，且平均幅度为 5 英尺（约 1.5 米）。既然这是一个抽象的模型，不会发生在现实世界中，那么，为简单起见，我们可假定醉汉沿着与墙、沟平行的人行道前行，但每步摇晃的方向非左即右，要么朝墙摇，要么向沟晃，不会转弯。

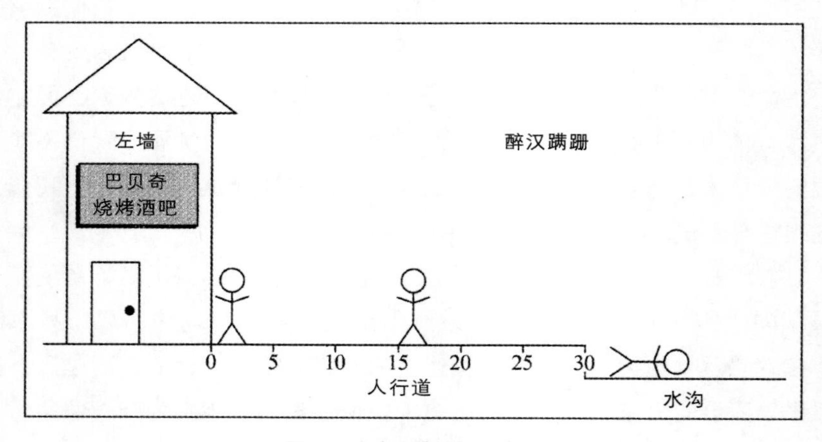

图 21 “醉汉蹒跚”示意图

若我们让醉汉完全随机地摇晃足够多的步数，他会止步于何处？答案是沟里，即便重走多次，也无一例外。其原因在于，每步向左摇或向右晃的概率皆为 1/2。酒吧外墙一侧相当于“反弹边界”[①]。醉汉若撞到墙，会原地不动，只待下一步摇晃将自己推往相反的方向。换言之，若要连续朝一侧摇晃，就只有一个方向是开放的，即晃进水沟的方向。我们甚至可以计算出醉汉跌进水沟之前所摇晃的平均步数。〔很多读者将会发现，该范例不过是另一种形式的“抛硬币看正反”。若以酒吧外墙为起点，以每步 5 英尺的幅度往水沟的方向摇晃（连续 6 步），达到 30 英尺，即跌入沟中，其发生概率和抛硬币结果连续 6 次为正面的概率相同（即 1/64）。若起点不同，概率也有所不同。例如，以距墙 15 英尺（约 4.6 米）的人行道正中为起点，摇晃方向不变，连续 3 次（发生概率为 1/8）就会跌入沟中。各步的摇晃方向是相互独立的，因此，下一步是左摇还是右晃，与之前的结果无关，只要知道起点为何处，就可计算跌入沟中所需的步数。〕

这个比方可谓老生常谈，我在此将其作为范例，只是为了阐明一点——在只有一侧存在“边墙”的体系内无既定方向地随机直线移动，若以“边墙”为起点，结果将是不可避免地远离“边墙”。醉汉每次都会跌入沟中，但单从其位移轨迹，我们看不出有任何趋于失足坠沟的指向。与之相似，衡量生命历史的某些均值或极值之变，也可以表现出某种方向性，即便该方向无演化之优势，亦非固有之趋向。

下面，我们就来看一个来自生命历史的相似案例。有孔虫（*Foraminifera*）是一类单细胞原生动物，能分泌骨骼状结构，或包裹细胞质，或积于其内，因而在化石记录中极为常见。〔其数量非常多，广泛存在于多个海洋沉积层中，因此，它们实际上可被视作追溯地质记录的最佳指示物之一。尽管公众大多未接触过，但有相当大一部分古生物学家专门研究它们（在我们这行里，其西名被简称为 forams）。〕大多数海洋有孔虫生活在海底的沉积物中，被称作“底栖型”。还有一小部分漂浮在开阔海域的近水面处，被称作“浮游型”。浮游型有孔虫物种具有流动性，因而在全球的分布范围非常广，进而在比较地理位置相隔较远的沉积层时特别有价值（而大多数底栖型有孔虫分布范围非常局限，因而没那么大用处）。所以，在确定新生代（即自 6550 万年前恐

① 在涉及多个参与者的案例中，这一“边墙”也可相当于“吸收边界”。凡触及者，必遭灭亡。不过，这对我们的解释没有影响（只要幸存的参与者足够多即能成立，而生命历史案例无疑亦是如此）。重要的是，参与者触墙后，不管是弹回，还是死亡，都不可能破墙而过，继续往先前的方向摇晃。——作者注

龙灭绝直至如今的时期）沉积层年代、重构水体先前的环境及迁移方面，浮游型有孔虫尤为重要。

现代浮游型有孔虫演化历史的基本轮廓早已被探明。它们起源于白垩纪（中生代的最后一纪，恐龙是当时陆地生态系统的主宰者），至今仍存，兴旺不减。在其演化过程中，曾经历过两次大灭绝，一次发生在白垩纪末（是生命史上的五次大灭绝之一，恐龙由此死绝。几乎可以肯定，这次事件的主因与大型地外物体撞击有关），一次发生在新生代规模最大的一次生物灭绝事件当中，每次都让大多数物种遭遇灭顶之灾，仅有很小一部分幸存而使其谱系得以延续。因此，我们可以把浮游型有孔虫的演化看作一部三幕剧，且各幕情节基本独立（仅由些许过渡性的细节相连），即分别为“第一幕：白垩纪”“第二幕：新生代早期（即古近纪）”“第三幕：新生代中期（即新近纪）”[①]。

常识和教科书都会告诉我们，这三幕中的情节发展皆遵循一个模式。正是这种看法，使得整个故事在学术圈中声名大噪。因为，古生物学家们梦寐以求的事，便是独立重复的试验能得出可预测的结果（这是历史科学家能想象到的最接近实验室试验的理想情形，即在相同条件下结果可重复）。在三次辐射之始，起点谱系的体型都很小，而在各次演化的过程中，不仅种类增多，体型也有所增大（至少我们之前被告知如此）。如果三次都能得到相同的结果，那么，我们所观察到的，或许就是一条演化通则的体现。事实上，古生物学家们如获至宝，认为本例的化石记录似乎证实了一条可靠的系统发育“法则”，且证据充分，因而将其视为该“法则”的最佳体现。

在过去，一代又一代人曾致力于归纳地质年代尺度上的类似演化“法则”（或者说通则）。但总体而言，这一策略是失败的。这是一个不断演变的世界，复杂而富有偶然性。前人曾提出过类似的“法则”，但它们往往会遭遇层出不穷的例外，鲜有不被击破者。不过，有一条通则不仅没被击破，而且，在不断累增的证据面前，似乎仍能屹立不倒。这就是“科普定律”（Cope’s Rule，以才华横溢又争强好辩的 19 世纪美国古脊椎动物学家[②]的

① 古近纪（Paleogene）和新近纪（Neogene）即新生代第三纪，前者包括古新世、始新世、渐新世，后者包括中新世、上新世。——译者注

② 即爱德华·德林克·科普（Edward Drinker Cope，1840—1897），美国著名古生物学家，与第五章提及的奥赛内尔·查利斯·马什进行过旨在竞争发现化石的所谓“化石战争”（Bone Wars）。——译者注

名字命名）——据观察，在大多数谱系的演化历史进程中，其成员的体型是趋于增大的。（和所有对演化的归纳一样，“科普定律”是相对大多数而言的，并非绝对性的表述。毕竟，也有很多谱系的体型是趋于减小的。不过，既然我们认为，在随机世界里，事件发生与否的概率各为50%，那么，在70%的谱系都表现为体型增大的情况下，我们行业称该现象为“法则”，所需概率也算是绰绰有余。）

从人们通常列举的证据来看，浮游型有孔虫的体型演变似乎肯定遵循“科普定律”。如图22所示，在第一幕的白垩纪里，物种体型尺寸最大值及均值与时俱增（第二幕及第三幕的情形亦同）。对于各幕中物种体型尺寸最大值及平均值趋增的证据，我不否认。但是，本书的目的，是以更开阔的视野重新审视这种被短视地刻画为某种“东西”定向变化的所谓“趋向”，进而呈现一种不同于以往观点且与其中一些相反的诠释——那不过是系统整体（“万物生灵”）内部的差异发生了变化。

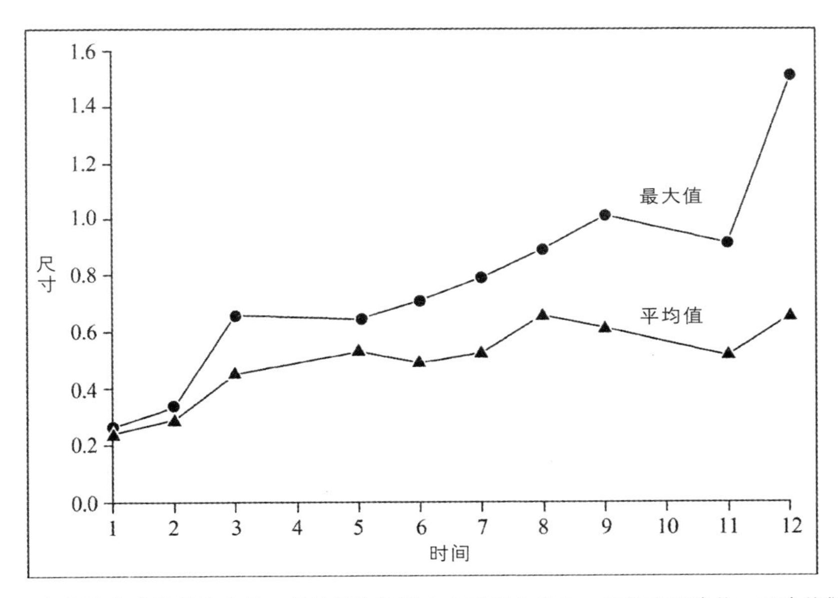

图22　根据均值或极值的变化，就认定有体型大小趋增的走向，这是不正确的。正确的做法，是从整体差异考虑。这样便会发现，上述趋增走向并不存在

那么，让我们采用本书倡导的手段，将三幕中差异随时间的变化全部展现出来〔图23根据377个物种初次出现时期的数据绘制而成，数据由伍兹霍

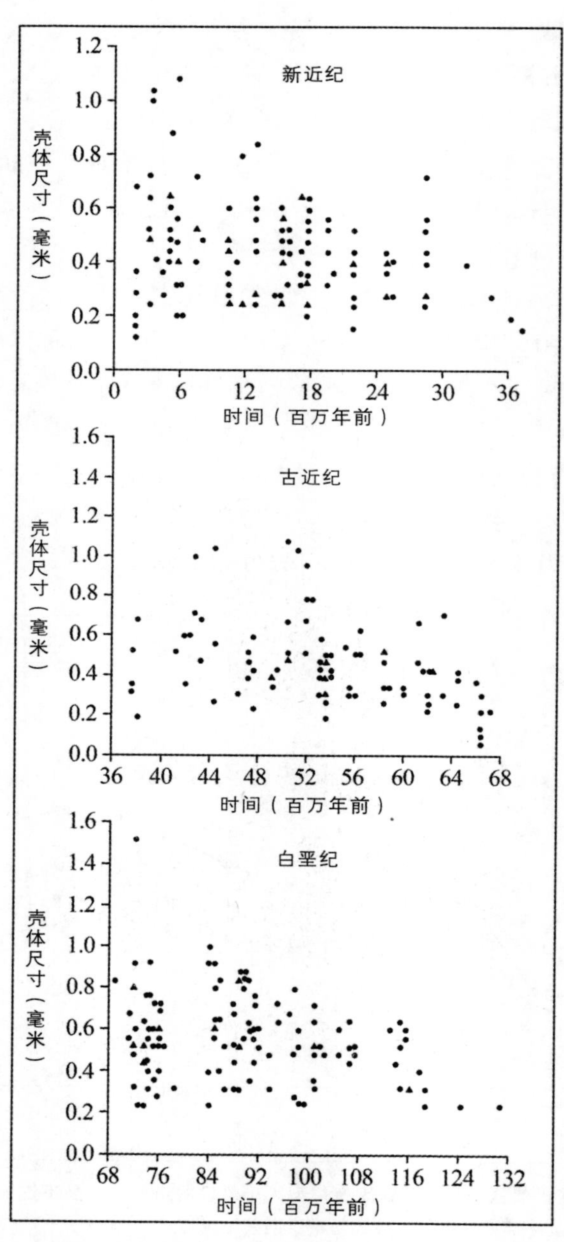

图 23　浮游型有孔虫三次演化辐射中各物种初次出现时的体型大小。由图可见，在每次辐射开始时（即各图右侧），物种体型小。不过，在之后的各个时间间隔里，尽管种类规模不断增加，但仍有不少物种保持着小的体型

尔海洋研究所[1]的理查德·诺里斯（Richard Norris）提供，我曾在一篇发表于 1988 年的学术论文中使用过］。就如 0.400 安打率并非孤立的“东西”，而是安打率“钟形曲线”的右尾，我们也必须视体型最大的有孔虫为整个类群体型分布的极值，而非自成一体的实体。当我们从系统整体考虑时，就不得不尝试其他模式的诠释。

所有对“科普定律”的传统诠释都指向“体型大理应有演化优势”。我的意思是，除了这样，人们哪会想到其他可能？体型明显增大确为普遍现象。既然如此，接下来我们必然想弄清“体型大即更好”的原因。最近，哈勒姆[2]在一篇讨论“科普定律”的论文中直白地给出了如下“显而易见”的看法（Hallam，1990，264 页）：

> 既然在演化的过程中，谱系成员体型增大是动物界的普遍趋向，那么，体型更大显然必有其利，可构成一个或多个方面的优势。

依传统策略，下一步便是罗列寥寥几条有利之处（常出自想象，或至少未考虑其他可能），使“自然选择青睐大个儿”在大多数案例中得以自圆其说。哈勒姆接着写道（列出的理由更适于解释大型多细胞动物而非有孔虫）：

> 人们提出的有利之处包括：更好的捕食猎物或威慑捕食者的能力、更大的成功繁殖机会、更多的体内环境调控、更强的单位体积体温调节能力。

在近年发表的另一篇题为《体型大小、生态优势与科普定律》（Brown 和 Maurer，1986，250 页）的论文中，作者提出了一项重中之重的优势：“垄断

---

① 伍兹霍尔海洋研究所（Woods Hole Oceanographic Institution），美国最大的海洋学独立研究机构，位于马萨诸塞州西南角的小镇伍兹霍尔（Woods Hole）。——译者注

② 哈勒姆，即安东尼·哈勒姆（Anthony Hallam，1933—2017），英国地质学家、古生物学家，专攻侏罗纪时期的地层学、海平面变化、古生物学研究。引文出处的完整信息未见于书末参考文献，应为 Hallam, A. 1990. Biotic and abiotic factors in the evolution of early Mesozoic marine molluscs. In R. M. Ross and W. D. Allmon, eds., *Causes of evolution*, 249–269. Chicago: University of Chicago Press.——译者注

资源所获得的生态优势，想必是构成一种选择压力，以促向更大体型演化。体型大的个体为……自然选择所青睐，是因为它们可以支配资源的使用，留下的后代进而比体型较小者更多。”

我也承认，若结论缺乏令人信服的逻辑或证据支持（或其他诠释行得通而作者根本未形成相应的概念），其中诸如“显然”甚至“想必”的字眼会让我感到非常不自在。这让我又想起（在第二章中引用过的）威尔逊转述的皮尔斯那令人毛骨悚然的教诲：“不要假装否认内心所信为实之事的真实性。”此类对“显然”的断言成为思考的阻碍。与此同时，非显然之见常常是真实可信的，而其中确为正确者（只要具有打破旧有偏见的威力）往往又极其引人入胜。图 22 展现出两个“显然”之处，一个是“明显”的演化趋向——体型增大，一个是“想必”的引申——如此增大的诸多利处是该趋向的成因，但两者都未必正确。这是一幅视角狭隘且具有误导性的图。

图 23 展示的则是整体差异的变化，虽可见体型最大物种的大小与时俱增，但从谱系整体看，并无大致趋向可言。体型小的物种不仅仍然存在，而且欣欣向荣（详见图 24，各幕中的最小者和最大者体型大小变迁历史被放到一起比较）。如果必须讲“趋向”的话，难道我们注意不到各幕中尺寸差异幅度的扩增？难道我们不该强调这一“趋向”？在这三幕中，每次演化都始于体型较小的“奠基谱系”。接下来，就是谱系规模与时俱增，小型物种持续欣欣向荣（且一直是最大的组成部分），而体型大小的差异幅度越来越大。既然大多数物种仍保持着小的体型，我们又怎能说体型更大者占有绝对优势？

“科普定律”传统诠释的支持者或许会这样回应：“不错，我明白你关于小型物种延续不断的观点，但有些物种变得更大，且没哪个物种比‘奠基谱系’的体型更小。因此，体型较大的优势必然存在一些（至少是统计学意义上的）。”好吧，其所言不虚，只是没考虑到一点，即本书的一个关键主题——“边墙”。

想想“醉汉蹒跚”比方中的边墙。若将醉汉随机位移的轨迹叠加起来，只会形成一个指向。因为，他以墙为起点，而他又不可能穿墙。再回想 0.400 安打率案例的“边墙”，那是一堵人类极限的“右墙”，最佳击球手虽可触及，却无法突破，只能双手贴墙，眼睁睁地望着平均水平的球手向其逼近，以至于自身竞技水平不退而安打率下降。在浮游型有孔虫的演化过程中，也存在相似的“边墙”吗？

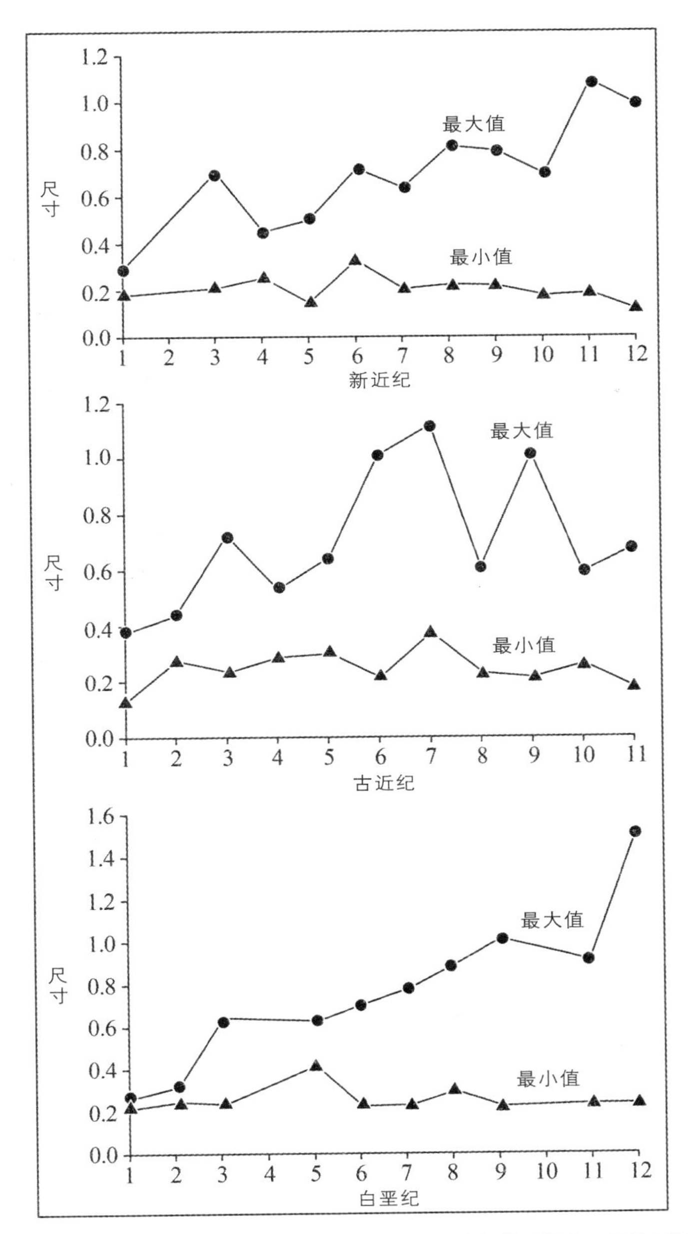

图 24　在有孔虫的三次辐射历史中，尽管最大物种的体型每次都趋于增大，但最小物种的体型或保持不变，或有所缩小。因此，总体趋向表现为体型大小差异的扩大，而非有方向性的体型大小变化

讲到这里，我们就会发现本例之所以令人信服的奇特之处——浮游型有孔虫的体型大小确有下限，存在一堵我们所能想象的最为确凿的“边墙”。对于我来说，如此言之有些玩世不恭的意味。因为，这堵“边墙”的界定纯粹是人为主观武断的假想，绝非取决于自然。但是，除了通过武断的人为划分，又有什么办法能得到更加明确的界定结果呢?

有孔虫是近乎（或者说实际上即为）微观的生物，若无辅助的视检手段，标本采集无从谈起。海洋沉积层中存在着大量的浮游型有孔虫化石。要研究它们，须将之从沉积物中分离出来。具体而言，就是用水冲洗，将所得冲洗液用套筛过滤。套筛是一系列层叠的网筛，自上而下，筛孔由大渐小。这样一来，最大的颗粒被截留在靠上的网筛上，而小于最下层网筛孔眼的颗粒则随水流走。尽管具体操作因实验室而异，但筛孔最小的网筛孔径通常为 150 微米。在操作中，若存在虫体小于 150 微米者（它们的确存在），它们会随水流进水槽，故不见于前述图表。因此，从实际操作的角度看，在我们所能认识的有孔虫演化中，150 微米着实是一堵代表体型最小尺寸的“左墙”。若那些“奠基谱系”发端于这堵“左墙”附近（实际上，三次皆为如此），那么，在之后的演化中，我们能观察到的物种的体型则不可能变得比它们还小。

既然存在这堵“左墙”，我们就不得不对整个故事重新加以评价。欲解释那貌似显见的“趋向”，仅假设存在这堵“边墙”，且每次演化以之为起点即可，我们何需更多前提？我们又何须讨论个头大有何等优势？毕竟，只有一个方向是开放的。有孔虫的体型不可能变得比演化之初还小，而不少物种的确以初始大小之身继续兴旺。至于其他物种，则在唯一开放的区间内不断壮大。

一些物种保持着小体型，但仅因为此，并不能完全排除“演化趋于形成大体型”的可能。或许只有少数落伍者的体型大小停留于最初的水平，而大多数则遵循“科普定律”，符合“更大即更好”的惯常解释。这样一来，浮游型有孔虫的“演化之戏”仍能被看作另一个“大则有利”的故事。然而，另有两类证据强烈表明，这最后的可能情形也不能成立。

首先，让我们确定各幕中最能代表物种“平均水平”的量数，以此来评价体型大小的演变历史。如果该“平均水平”趋于提升，那么，或许我们可以将体型变大视作整体的固有属性。在第四章中，我列举了用于估计平均水平的三大统计指标——平均值、中位数、众数。在该章中，我还讨论了各量数不适用的情形。尤其是当分布呈高度偏态时，平均值和中位数会给人错误的印象——因为，两者皆在偏斜的方向上被拉得很远（且平均值所受影响甚于中位数），即便拉长偏态曲线之尾的个体仅占极少数。若这种笼统的描述看似过于抽象，请回想一下先前有关年收入分布曲线的讨论。在那个例子中，"左墙"代表无收入，曲线原应呈钟形，只因几个比尔·盖茨般的大款一年狂进 10 亿元，分布便严重右偏。由此可见，绝大多数人困于零收入"左墙"和 3 万元的家庭年收入平均值之间，而盖茨及其（数量非常有限的）同伴远居几近无限延长的尾端。

在分布偏态程度如此之高的情形下，若将平均值作为"平均水平"或"中心趋势"的量数，会是一个糟糕的选择。因为，只需将一个比尔·盖茨计入其中，就会把平均值往曲线右向拉伸。这样，平均值左侧挣得 1 万元的 10 万人收入总和，才抵得上他一人的 10 亿元收入。由此，在如此之偏的收入分布曲线上，平均值所处的位置与最普遍的收入值相去甚远，位于"钟形曲线"被拉伸的一侧（对这一重要原理的图解以及更多讨论见于 53 页图 7）。中位数偏移的幅度不及平均值，但亦与曲线高峰相去甚远，且亦止于曲线被拉伸的一侧（亦参见图 7 及相应的讨论）。

由于这种假象的存在，基于诸如图 22 的诠释易沦为严重的曲解之辞，即希望（依循"科普定律"）将图中均值的稳步提升解读为浮游型多孔虫整个类群体型的普遍增大。然而，这种提升或许只能说明，随着时间推移，"钟形曲线"变得越来越右偏，但曲线峰值从未移位。因此，对于呈高度偏态的分布，我们一般青睐第三种描述"中心趋势"的主要量数——众数，或者说最普遍的值（即"钟形曲线"上峰值所处的位置）。

于是，我将三幕各等分为 12 个时期，并圈定各幕中有孔虫体型大小的总范围，将之等分为 10 个区间，再标出所含物种数最多的那一区间〔我称之为"十分位众数区间"（modal decade）〕，作为相应时期的代表。图 25 所示，即为我的分析结果，可见当我们以众数为量数时，在各幕中都不会发现任何"体型大小与时俱增"的趋向。（在白垩纪最初的 3 个时期，体型确有增大的表现，但随后大致持平；在古近纪近末的数个时期，反而表现为减小；在新近纪，则一直较为稳定。）换言之，体型大小最普遍者没有发生过实质上的增减变化，在浮游型多孔虫演化的三个阶段中皆为如此。

第二个可靠的证据，是我在 1988 年开展自己的研究时殷切渴望而不得的

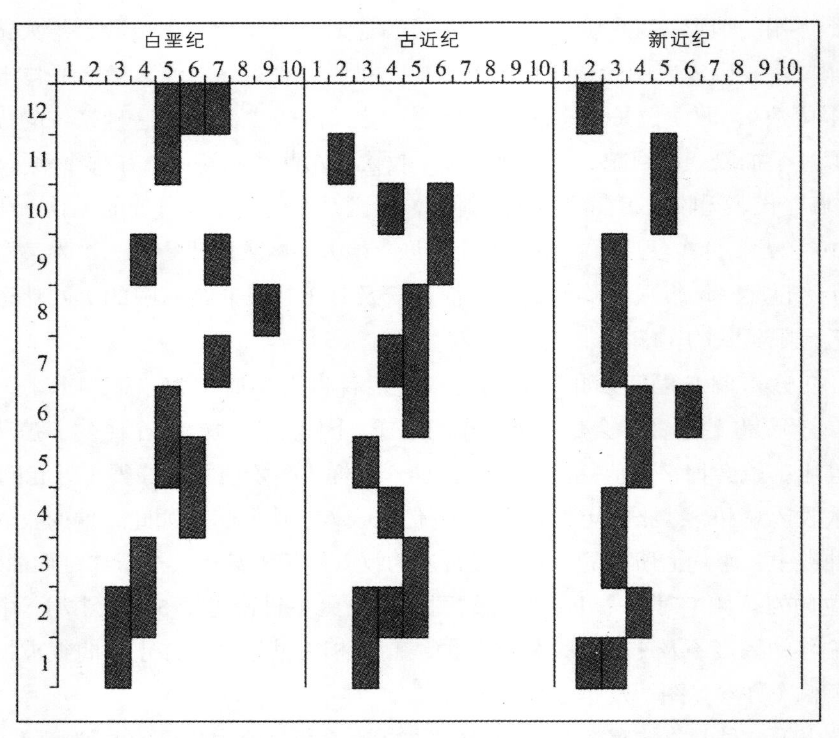

图 25 在来自三个辐射阶段的标本中，最常见的尺寸（左小右大）随时间推移（下远上近）的变化。若同一时段的阴影区不止一个，则说明各区所代表尺寸的出现频次相等。由图可见，有孔虫中最常见的体型，除在白垩纪初期有所增大，在各辐射阶段中均无趋增的势头。

另一组数据。那就是祖先与后代之间体型大小的实际差异，当时我尚不得而知。我们希望了解的是，后代体型较其最近祖先更大的趋向是否存在。如果在已知的演变案例中，体型缩小和体型增大表现得一样普遍，再谈体型增大的“动力”或“趋向”，则注定毫无意义，即便在物种体型最大值或名不副实的平均值上升的情形下——因为那不过是整体分布向右偏斜的程度随着时间推移逐渐变大使然。

我的同行现已提供了这一缺失的信息。来自佛罗里达州立大学的安东尼·J. 阿诺德（Anthony J. Arnold）及其合作伙伴 D.C. 凯利（D. C. Kelly）与 W.C. 帕克（W. C. Parker）对已知祖先 - 后代传承关系的 342 个新生代浮游型有孔虫物种进行配对，得到一个非常好的数据集，并以此为基础，绘成后代 - 最近祖先体型差值分布的“钟形曲线”，即图 26。其中，0 值代表后代与祖先的体型大小相等，负值代表后代体型更小，正值代表更大。如图 26 所示，这是一条没有偏斜的“钟形曲线”，进而可以证实，在浮游型多孔虫新物种的形成过程中，不存在体型大小或增或减的趋向，后代物种既有可能较祖先物种大，也可能较之小。研究人员给出明确的结论：“体型并无趋于增大的明显……势头，亦无明显迹象表明寿命取决于体型大小，更无迹象表明体型大小决定物种形成或灭绝的速率。”（Arnold、Kelly 和 Parker，1995，206 页）

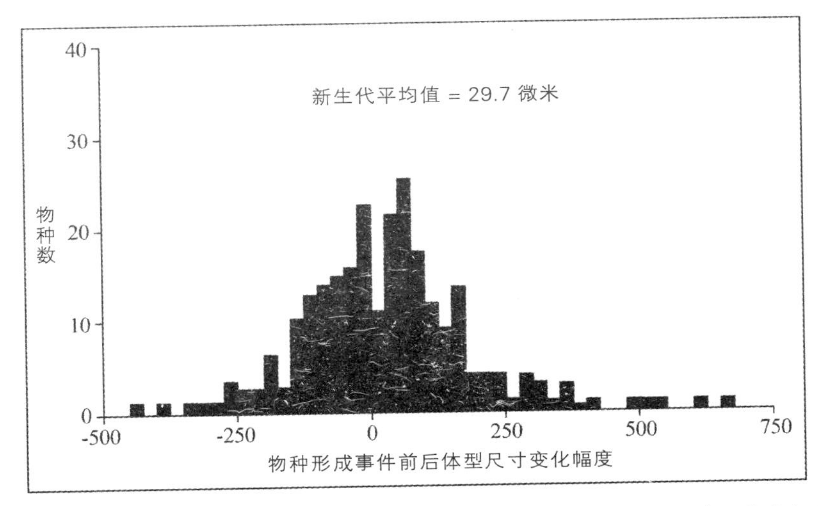

图 26　有孔虫演化过程中无体型增大趋向之证据。在图中，横轴数值大于 0 者，代表在成种事件中，有孔虫体型有所增大；小于 0 者，代表体型有所缩小。如图所示，数值频次分布呈正态，说明在有孔虫的演化过程中，体型既非趋增，亦非趋减

采用正确的方法，从系统全局的角度对差异加以考量，我们不得不否认存在任何体型增大的整体趋向或基本优势。然而，在三幕“演化之戏”中，物种体型最大值及均值都确有增加。对于这一现象，我们该如何诠释？令人感觉讽刺的是，我们所需的论证方向似乎正好与通常说辞（即不再可信的“大的体型具有‘显而易见、一目了然’的优越性”）渐行渐远。整个现象的形成基于三个因素：（1）“左墙”的存在，在本例中，“左墙”即体型尺寸的真正下限，但实由人为设定，取决于实验室套筛的最小筛孔尺寸；（2）在每次大灭绝事件发生之后，仅小体型物种（即近乎最小者）得以幸存，在由此开启的各幕演化之初，它们位于体型大小变化区间的下限；（3）在各幕演化

中，类群辐射成功，物种数量增多，整体多样性由此与时俱增。

鉴于这三个因素，我们会注意到，体型最大值有所提升，仅仅是因为“奠基物种”位于“左墙”，进而使体型大小变化区间只能朝一个方向拓展。不错，最常见的体型大小（即“十分位众数区间”）从未发生改变，后代较祖先体型更大的偏向并未显现。然而，在每一幕演化中，随着物种数量增多，体型大小变化区间朝着唯一方向拓展，有些（且只是少数）物种体型增大（但没有哪种能突破“左墙”，变得更小）。我们可以说，只有在这种情形下，即存在满足上述三因素的边界，且体型大小极值离初始边界越来越远时，“科普定律”才能实现。换言之，体型增大之变实为远离小体型状态的随机演化，而非步向大体型的定向演进。

请注意，我不是要否定这个故事的趣味性和重要性，也不否认体型最大值与时俱增。我要说的是，以正确的方法，放眼整个系统，考量其中的种种差异表现，而非短视地拘泥于均值或极值（即“定向变化的东西”），我们就不得不对这一案例做出与通常解读相反的诠释。在过去，抱以惯常之观点，我们会问，为何自然选择会眷顾大个头。以新的方式诠释，我们需要了解（但目前尚不得知）的却是，为何各次大灭绝事件的幸存者虽有不同，但往往是小体型物种，进而以寥寥几个体型近乎最小值的物种为起点，开启新的演化进程。这是一个规模局促的起点，但之后发生的种种变化，都是以之为始的类群成功扩展的结果。

本案例中的“反转诠释”是必要的（且富有魅力），由此可以想象，若对古生物学及进化理论中最古老的“既定事实”之一——“科普定律”所能解释的全部现象进行重新评估，或许能收获丰富的反转证据。我并不怀疑，其中一些案例或更宜用“定向变化的东西”来诠释，因而被归到传统阵营一边——也就是说，在这些案例中，大体型具有选择优势，使得一个类群内大多数乃至全部谱系所属成员的体型普遍增大（且非系统整体差异幅度变大，进而将极值变化误读为趋向的情形）。

但是，在调查过所有案例之后，结果势必将改变我们从前的既定看法，而且会让我们明白，无论是解构化石记录的现象学，还是揭示蕴含其中的演变因果，我们都应该选择“万物生灵，千姿百态”的视角，而非平均值或极值所代表的抽象量数。之所以如此，最主要的原因，在于某些受人推崇的“科普定律”案例纯属假象，实因短视而拘泥于极值变化所致。例如，我在芝加哥大学的同行大卫·雅布隆斯基[1]研究了采自墨西哥湾和大西洋美国海岸平原白垩纪晚期地层的蛤类化石记录，涉及所有属，年代跨度400万年以上。他发现，58属中，有33属在“广义上”（他如是称之，而我认为这种表达不恰当）遵循“科普定律”。理由就是，在这些属中，后期代表的最大者较相应的早期代表更大。但是，他又发现，就在这33属中，有22属的物种最小者，体型或缩小，或持平。由此可见，即便我们发现研究所涉属类中至少有2/3“大致”表现为体型增大，也不过是说明我们倾向研究上限，而非整个区间罢了。雅布隆斯基得出结论：“科普定律的表象实为体型差异扩大的结果，而非某种简单的定向变化趋势所致。”（Jablonski，1987，714页）

还有一些更符合该法则的案例，均值或极值确有增大，就如我在前面讲的浮游型有孔虫的故事中所展现的那样。之所以表现为增大，是因为谱系肇始于体型潜在变化区间的“左墙”附近，随着谱系成员数量增加，区间内所有的有效空间终会被占据——换言之，是均值或极值漂离最小值，而非整个谱系直接往最大值的方向演进（不要忘了，在各个谱系中，体型大小总会有一系列随机的变化，这种漂离即发生于斯时——一如“醉汉蹒跚”模型中的情形）。

1973年，我在约翰斯·霍普金斯大学的同行斯蒂文·斯坦利[2]发表了一篇现已堪称名作的奇绝论文，欲借此将这一重要论断发扬光大。他向我们展示（见引自其文的图27），起始体型小、起点贴近“左墙”的类群，经过一系列随机演化之后，体型均值或极值也会增大。他还建议大家留意系统整体范围内的右偏分布变化，而非将这类系统错误地抽象简化为诸如均值或极值的单一数值，仅跟踪其动态——以此检验其论点是否有效。在一篇发表于1988年的论文中，我提议使用“斯坦利定律”的说法，指代更宜用“无向漂离‘左墙’起点”诠释的均值或极值增大现象。我甚至会冒一冒风险，进一步猜测（实际上，我愿为此押上一大笔钱）——在表现有“体型均值或极值增大”（即符合“广义科普定律”）的谱系中，相当大一部分可以用“斯坦利定律”来解释，比传统认为的“大体型有选择优势”，因而朝着这个目标“定

① 大卫·雅布隆斯基（David Jablonski，1953—），美国古生物学家，美国国家科学院院士，2017年（美国）古生物学学会奖章获得者，主攻宏观演化方向的研究。——译者注

② 斯蒂文·斯坦利（Steven M. Stanley，1941—），美国古生物学家，以针对本书作者提出的“点断平衡”学说的实证研究著称，2007年（美国）古生物学学会奖章获得者。——译者注

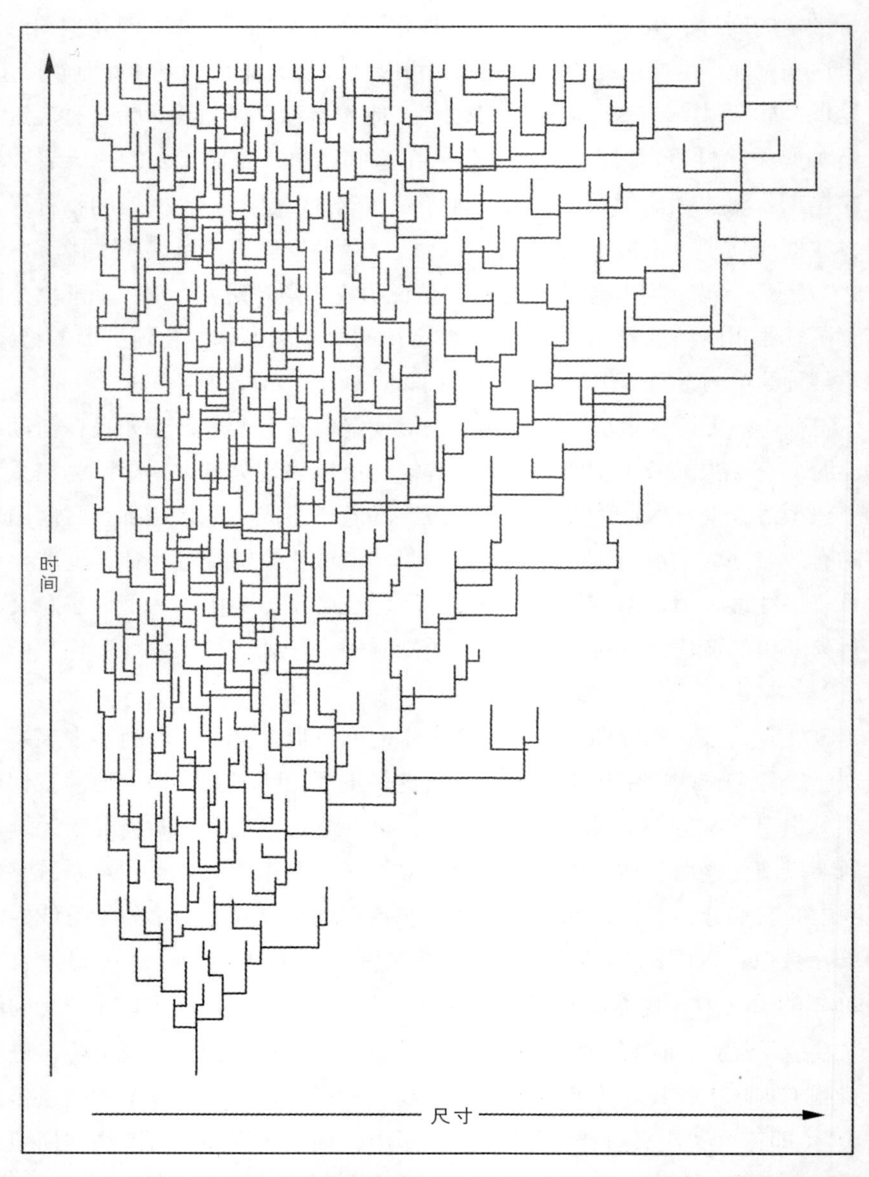

图 27　在一个分枝较多的演化序列中，体型均值和极值有所增大。对于这一案例而言，如此增大是演化起始于体型尺寸下限或者说“左墙”的缘故

向演进”的说法更加合理。

在此基础上，也是为了结束本章讨论，我十分乐意分享自己（为撰写本章而研究科普原著时）的发现——原来，在科普本人的文字里，上述更好的解释已有所反映。不错，科普在被后人称作“科普定律”乃至“科普法则”的现象上着墨颇多。但是，他将更多笔墨花费在另一堪称法则的议题上。他显然认为后者更重要，并亲自冠名为“非特化者法则”[①]（Cope，1896，172—174 页）。

该法则的表述为，在颇为成功的谱系中，奠基成员往往保持着“非特化”的状态，意即能够耐受范围非常广泛的生境和气候，但不具有为适应某种行为或生活方式而形成的复杂且高度特化的性状（如雄孔雀的尾羽，或考拉仅需取食一种桉树的叶子）。在我们这个复杂而有些随机的世界里，被称为演化法则的概念，至少需具有一定的广适性（而非专适性），能解释多数案例。若以此为标准，“科普非特化者法则”的表现尚佳，应能为当今的演化生物学家们所认可。

这些非特化的成员，体型也往往偏小（甚至可以说保持非特化的状态对小体型生物有利）。科普自己也承认这一点，在著作中重复过多次，可不是一时之念。但是，他从未将上述现象的内在关联完全打通。如果您还记得本书的中心主题，这一关联是显而易见的，即科普著名的有关形体增大的法则（“科普定律”）可能只是科普另一“非特化者法则”的偶生次要产物。主流谱系的奠基成员，往往是解剖学特征及行为尚未特化的物种，而非特化物种也往往具有小体型。因此，就主流谱系而言，“科普定律”所描述的体型增大实为一种假象，实因奠基成员体型小且位于“左墙”附近所致。尽管科普从未将这一切联系起来，但他说过下面这些话，足以让我们纪念：

> “非特化者法则”……描述了这样一个事实，某一地质时期高度发达、特化的类型没有成为后续时期类型的祖先，后续时期类型是自前一时期特化程度不高的祖先演化而成的后裔……这一法则之所以行之有效，在于所有时期的特化类型都没有适应后续新时期环境变化的能力……体型较大的物种需要大量食物维持生存，上述变化往往对其影响尤甚……

① “非特化者法则”（law of the unspecialized），在科普原文中为“Doctrine of the Unspecialized”。——译者注

在有些环境下，那些需要特异性食物维持的动物会死去，而杂食性动物可以生存。体型小的物种可依靠很少的食物生存，而体型大者不能。事实上……哺乳动物就起源自体型小的类型，或还在传承中保持如此体型。事实上，对于其他所有脊椎动物类群，情形皆为如此。

14

细菌数多势众，尾哪摇得动狗

论证概要

我相信，钻研自然历史的学生，凡见识丰富者，大多会意识到，化石记录中缺乏“西方式慰藉”里最令人渴望的成分——一个明确的进步信号，或者说支持“生命复杂度随时间推移稳步提升”观念的表现。该观念之所以没有赖以支持的基础证据，是因为在大多数自然环境中，构型简单的生物在数量上占有绝对性的优势。过去如此，如今依然如此。面对这无可否认的事实，“进步论”的支持者（我们这些投身于演化思想史的人士几乎都曾是）遂改变标准，却终究无异于抓救命稻草。（在这些人眼里，替代标准可能并非如一根纤弱的草秆。毕竟，不先领会本书之论点——所谓趋向，实为差异幅度之变化，而非“东西”之位移——何以识该替代标准之弱。）简言之，紧抓救命稻草的“进步论”支持者一心关注最复杂生物的变迁史，即仅仅短视地将目光聚焦于极值，以最复杂者的复杂度上升冒充普遍进步（若求典型案例，可再次参阅本书开篇所举之例及图 1）。然而，这种辩词终归不合逻辑，总会让受众中最具批判意识者感到被冒犯。

在与达尔文同时代的美国自然学家中，詹姆斯·德怀特·达纳[①]（至少在

① 詹姆斯·德怀特·达纳（James Dwight Dana，1813—1895），美国矿物学家、地质学家、火山学家、动物学家，美国国家科学院创院院士之一，曾兼任副院长，著有多部颇具影响力的矿物学教科书，曾试图调和神创论与进化论的主张，出版过多篇相关手稿。因病所困，他未能在第一时间阅读《物种起源》，但后来逐渐接受进化论。在《地质学手册》最后一版中，他写道：“……生物界的自然法则不是永恒，

阿加西斯[①]去世之后）堪称最伟大者。他和达尔文有着极其相似的经历（两人都在年轻时经历过漫长的海上航行，且都为珊瑚礁和甲壳动物分类而着迷），可谓知己。当他终于在19世纪70年代中期转向接受进化论时，采信的就是依据前段所述标准得出的判断。终其职业生涯，达纳秉信“进步成就万生”的理念，在从神创论到进化论的个人信念转变过程中，亦不曾动摇。但是，达纳只能以极端情形的历史变迁为例来肯定“进步论”——“生命体系自简单的海洋植物和低等动物而始，以形成人类为终，这一事实何等伟大”（Dana，1876，593页）。在1959年的对谈中，托马斯·亨利·赫胥黎之孙朱利安·赫胥黎也意识到这一问题的棘手，但（如第12章开篇所引）他在为“进步论”辩护时，亦未考虑其他标准。当达尔文之孙以众多寄生生物高度适应但解剖学结构简单为例提出挑战时，朱利安·赫胥黎以“我是指整体高度组织化，意即高等生物达到的那种”来招架。然而，“高等生物”（处于右尾的“极值生物”）所能“达到的那种”程度，并不能作为界定“整体高度组织化”的标准。因此，赫胥黎的辩护是不合逻辑的。

下面，我们就要进入本书的核心内容，对“生命历史进步论”传统辩词的批驳（不过，也有人觉得，棒球与生命史同等重要。因此，在论及两者在美国人日常生活中的地位时，他们更加看重对0.400安打率的正确诠释，而非对35亿年生命历史核心主题的理解，但我亦不会对此有什么微词）。在此，我将对“生命历史进步论”的辩驳归结为7点，并简缩成只占几页篇幅的文字。如此简缩，不是我有意任性而为，我也无不敬之心。若我在本书其他章节里未出差错，到此就已交代完背景，也进行过足够全面的论证。因此，紧接下来，就应罗列在宏观视野下的论述精义，仅需在新语境下点明提要即可。

随着时间推移，最复杂的生物趋于更加复杂，对此我并无异议。但是，这一事实的成立面局限而渺小，我所强烈反对的，是将之视作普遍进步，把它当成“进步乃生命历史发展实质性主导”的论据。那种夸大其词的说法正

（接上页）而是变化——演化。”（...the law of nature, as regards kingdoms of life, is not permanence, but change, evolution.）其详细生平可参考美国国家科学院于1919年出版的《院士生平传记》（*Biographical Memoirs*）第九卷（41—92页）。——译者注

① 阿加西斯，即路易斯·阿加西斯（Louis Agassiz，1807—1873），著名美籍瑞士生物学家、地质学家，是哈佛大学比较动物学博物馆的创立者，但坚持神创论，反对达尔文的演化学说。——译者注

是一种“尾摇狗”[1]式的荒谬表现，或者说是将小的副现象式后果[2]拔高成主要控因的徒劳企图。

下面，我先将这 7 点辩驳列出。在我看来，它们所基于的案例最能代表自“左墙”而始、差异幅度渐增的历史，也最能代表我对这一议题的理解。在这 7 点中，又有 3 点尤为关键，但通常也最易被误解，或最不被看重。在论述呈现之后，我将就此逐一展开评述。若您有所留意，将会发现，下面针对生命整体的整个论证步骤都与前述（微观视野下的）浮游型有孔虫的演化故事如出一辙，不仅逻辑相同，推测的原因也相同。

1. 生命须起始于“左墙”

地球约有 45 亿年历史。根据化石记录，生命起源于约 35 亿年前，且不大可能更早，因为地球曾经历过熔融期，约 38 亿年前才结束（最古老的岩石即形成于彼时）。根据大气和海洋最初的成分构成，以及自组织系统的物理原理，我们可以推测，最早的生命可能形成于原始的海洋之中，是一系列化学反应的结果。（长久以来，“原始汤”[3]是生命起源前海洋的代称，彼时，其中已富含生命起源必备的有机化合物。）无论如何，在这种自然起源的情形下，所形成生命的复杂度水平最低，我们可视之为“左墙”。（身为古生物学家，我愿意将这堵“左墙”视作化石记录的复杂度下限，它不会超出我们的想象，且受制于化石保存的完好程度[4]。）就这样，出于化学和物理学的原因，生命起始于“左墙”，彼时复杂度水平最低，以一种微乎其微的无形细点形式存在——您不能指望“原始汤”里能跳出一只狮子，并以此为生命历史的开篇。

---

① “尾摇狗”（the tail wagging the dog），原指重要因素被不重要因素控制的情形。在 20 世纪 90 年代，人们根据政治讽刺小说《尾摇狗》（*Wag the Dog*，1993）中出现的情节，将之引申为美国总统为掩盖自身丑闻而武力攻击其他国家的行为，由此亦称“尾摇狗综合征”（Wag the Dog syndrome）。按《尾摇狗》同名电影改编（1997）的导语，“狗何以摇尾？因为狗比狗尾聪明。如果狗尾比狗聪明，就会是尾摇狗”（Why does the dog wag its tail? Because a dog is smarter than its tail. If the tail were smarter, it would wag the dog.）。——译者注

② 副现象式后果（epiphenomenal consequence），此处的“副现象”指次生现象、作用、症状，或副产物，与心理学领域认为的“心理现象只是大脑等神经系统活动的副产品”的副现象论（epiphenomenalism）有别。——译者注

③ “原始汤”，作者在此处用的是 primeval soup，但一般称之为 primordial soup。——译者注

④ “……复杂度下限，它不会超出我们的想象，且受制于化石保存的完好程度”。原文为“lower limit of ‘conceivable, preservable complexity’”，意即“可想象、可保存的复杂度下限”。——译者注

2. 一直稳定地保持着最初的细菌模式

若我们的思想狭隘，专爱多细胞生物，就会把生命划分为植物和动物两大类（一如《创世记》前两章所述神创生命神话中的做法）。如果我们的思想更加开通，则会把划分界线放在单细胞和多细胞构型之间。不过，大多数生物学专业人士会说，意义最重大的决裂发生在单细胞阵营，即有了原核生物（或者说无细胞核、染色体、线粒体、叶绿体等细胞器的细胞）和真核生物（诸如变形虫、草履虫之类的单细胞生物体，具有多细胞生物细胞内的所有复杂组分）之分。原核生物包括被我们称为"细菌"的类群，其多样性极为丰富，也包括所谓"蓝藻"（blue-green algae），它们好比能进行光合作用的细菌，即现已广为人知的蓝细菌（Cyanobacteria）。

在化石记录的生命形式中，最早期者全是原核生物，或者说，不严格地讲，都是"细菌"。事实上，生命史的大半篇幅都在独讲一个细菌的故事。若以化石记录可保存的解剖学结构衡量，细菌处于我们所能想象的最低水平，即靠近复杂度"左墙"的位置（见图 28）。如今，生命仍保持着这种模式，还在原来的位置上。也就是说，生命处于细菌模式，开始如此，现在如此，将来也会如此，至少直到太阳爆炸、地球末日到来之时。万物生灵，千姿百态，若以正确的标准来评价生命，就会发现生命的复杂度模式从未变过。如此一来，我们又怎么可能再为进步辩护，说它是演化的实质性主导？（生命复杂度的"均值"或许确有增大，但是，在呈高度偏态的分布中，均值不是衡量集中趋势的评价标准，众数才是。有关讨论请参见第 4 章。）正如本章标题所言，细菌数多势众，它们才是生命不变的成功典范。

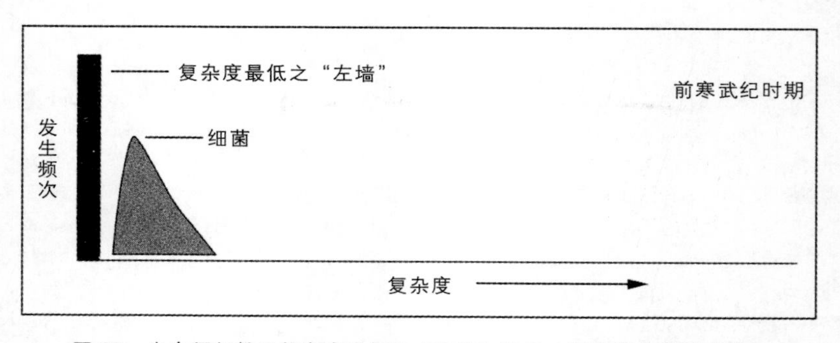

图 28　生命须起始于复杂度最低的"左墙"附近，细菌模式遂得以确立

3. 生命成功扩张，分布愈发右偏

生命必须起始于复杂度最低的“左墙”附近（见辩述 1）。之后，生命开始分化，但多样性变化的方向只有一个是开放的。因为，在细菌模式的起始处和“左墙”之间，没有什么可回旋的余地。细菌类群自身占据着起始的位置，且种类数量不断增多（见图 29）。只有远离“左墙”，朝着复杂度更高的方向，变异才有发生的空间。既然如此，偶有新物种会无意中“摇晃到”尚未被占据的位置上，使得全体物种复杂度的“钟形曲线”向右偏斜，且随着时间推移，偏斜程度越来越高。

图 29　随着时间推移，生命复杂度的频次分布向右偏斜的程度会越来越高，但生命所处的细菌模式从未变过

4. 以尾部极端情形代表整体分布乃短视之举

如图 29 所示，生命全貌确有所变。鉴于此，我们若还要为“普遍进步论”辩护，唯一能想象到的说辞，必是将右尾的不断延伸假定为整体提升的可预见表现。但这种说辞不过是“小尾摇大狗”般傻气愿景的体现（其荒谬是显而易见的，我们却往往不能领会。那是因为在我们的脑海中，狗的形象并不准确。我们将狗尾当成狗的特质，以为就如记住《爱丽丝漫游奇境》中

的柴郡猫那样，仅通过其“笑面”就够了）。

单以右尾为依据即可认定“普遍进步论”说辞之荒谬，主要有两个原因。其一，该尾如此之小，所代表的物种数仅占整体的极小比例（多细胞动物中，80% 以上的物种为节肢动物，只是我们常常认为，该门类下几乎所有成员皆为原始而欠进步的）。其二，随着时间推移，处于右尾端部的类群会发生改变。但是，将各时期右尾所代表的生物构型集合到一起，并不能构成一个连续的演化序列，而只能是一个离散的混杂系列。其中各个构型到达右尾之末的时间或有先后（依次为细菌、真核细胞、海洋藻类、水母、三叶虫、鹦鹉螺、盾皮鱼、恐龙、剑齿虎、人类），但都只是无意中“摇晃到”那儿而已。在前两次变迁之后，后续变迁所涉的构型之间，再无直接传承的关系。

5. 原因在于“边墙”和差异幅度之变；右尾是果，而非因

（如图 28 及 29 所示）随着时间推移，生命复杂度“钟形曲线”的形状会发生变化，但这一变化所代表的，并非一种纯粹的随机现象（尽管随机元素在其中发挥了很重要的作用）。曲线的形状及其变化，取决于两大重要影响因素，但皆与通常意义上的进步无关。其一，生命须起始于复杂度水平最低的“左墙”；其二，随着生命的数目和种类增加，复杂度频次分布曲线会呈右偏之态。简而言之，即“左墙起源”及随后的“差异幅度渐增”。鉴于这两点原因，右尾的形成和延伸势必会发生。但是，右尾的延伸，亦即支持“进步论”的任何潜在辩词的唯一（且短视的）依据，实为一种副现象，是上述两点原因的次要后果，并非在自然选择作用下形成更优生物构型的根本动力。事实上，这就如同“醉汉蹒跚”范例所展示的情形，只要生命体系始于“边墙”，在右尾的延伸过程中，对于各个类群来说，是否会落到尾末，也属于完全随机位移的范畴。如此一来，有“醉汉蹒跚”作为理论支持，有浮游型有孔虫演化作为事实依据，我们便可以认为，生命复杂度曲线的右尾之所以延伸，可能就是随机位移的结果，在所有谱系中皆为如此。所谓生命的进步，即由“背离简单起点的随机位移”所成就，而非某种动力所直接推动，推往“蕴含固有优势的复杂度水平”。

6. 有望将进步夹带进如此体系的唯一手段，虽在逻辑上可行，但从经验上看，错误概率很高

我有关系统整体的论证是可靠的——生命须起始于“左墙”，在随后不断

扩张的过程中，由于系统内所有成员的演变皆趋于随机，其分布曲线必然越来越向右偏斜。对于“普遍进步论”拥护者来说，这是一个巨大的讽刺。因为，这样一来，他们最看重的证据——“生命最复杂者不断复杂”，就沦为在如此体系（成员位移无偏向性）扩张过程中被动形成的消极后果。

即便如此，仍有一种支持“普遍进步论”的潜在说辞（尽管没什么威力，但尚能屹立不倒）。就生命系统整体而言，由于起始位置紧靠“左墙”，复杂度变化的方向只有一个。但对于某些小谱系来说，它们形成于中间的位置，可变化的方向不止一个（最早的生物起始于“左墙”不假，但对于最早的哺乳动物、最早的种子植物、最早的贝类来说，它们起始于中间位置，其后代变化的方向左右皆可）。如果我们对这样的小谱系进行研究，说不定会发现向右变化的明确偏向，亦即复杂度水平确有趋升的偏向。若确能发现，我们就能板上钉钉地说，复杂度提升是诸支系演化的普遍趋势。〔这种说辞更加机巧。它虽然不能解释图 29 所示的普遍变化模式（对于起始于“左墙”且不断扩张的系统而言，那仍可能是随机变化的后果），但是，若具体谱系的变化有向右的偏向，那么就会“增进”或“促成”系统的右偏态势。这样一来，这个系统的形成走向取决于两个要素，一为整体自“左墙”而始的随机变化，二为具体谱系变化的向右偏向——后者即可成为支持“普遍进步论”的一种辩词。〕

这一说辞听似也是可靠的，但根据现有经验，有两方面理由（尽管证据尚不全面）强烈显示它是错的。（我先将这两方面理由简述于此，在本章后续部分中再加以详述。）其一，我不知有何证据可以表明，在自然选择的过程中，存在向右的偏向（毕竟，自然选择只会导致对局部环境变化的片面适应，并不成就全面进步），而表现为向左偏向的佳例倒是有一个，那就是寄生生物。寄生是一种常见的演化策略，但寄生生物的解剖学结构比其自生[①]祖先要简单得多。（这样一来，就构成一种讽刺的情形——系统整体越来越右偏，其中的具体谱系却有略微反向偏斜、复杂度有所降低者！）其二，如今有古生物学家正对该议题进行直接的研究。他们尝试将“进步”这一难以界定的概念量化，考察具体谱系的历史数据的变化幅度。已完成的研究不多，但现有结果未显示存在向右的偏向，亦即所涉谱系中并无进步之势。

① 自生（free-living），即不需宿主的自由生活方式。——译者注

7. 即便狭隘地将关注焦点独置于右尾，也得不出人们心底最渴望的结论，满足不了我们渴求“进步大势”的心理冲动——形成像我们自身这般富有意识、处于支配地位的生物，我们眼中的那个可预期的合理演化结果

或许我们应该做出相当大的退让，与“普遍进步论”的最初说辞保持距离。即便如此，我们仍有望固守自己真正在乎的信念。我们可以如此应对：“好吧，您赢了。我理解您的立场——疑似进步的证据，即生命‘钟形曲线’右偏的程度不断加大，只是一种副现象而已，这右尾摇不动‘狗’身。而万物生灵的主体从来就没变过，众数还在原来的位置上。我的立场或许是狭隘的，但我有资格这么看。右尾所占比例虽小，或许还是一种副现象，可我中意它，因为我就站在尾末。我之所以愿意狭隘地将关注焦点独置于右尾，是因为于我而言，大千世界，万物生灵，就这一小小的副现象最重要。即便是您，也承认，只要生命扩张，右尾必能形成。而右尾必不断延伸，进而必然日臻完美，登峰造极——一如我等的出现。因此，我们是上帝眼中的当世最爱——复杂度必旷古绝今的生灵。”

（与最初宣扬的“所有演化之根本动因有其内在方向性”的论调相比）即便这一立场已退至令人生怜的地步，却仍是错的。右尾必然存在，但实际立于其上的究竟该是哪些生灵，却全然无法预见。它有一定程度的随机性，完全成于偶然——绝不是演化机理所注定的。如果我们能反复重演生命的历史，每一次都从“左墙”开始，而后多样性扩展，就几乎每一次都能形成右尾，但复杂度水平最高区域里的居客却总是与先前大不相同，不可预见，且大多不会形成拥有意识的生物。人类出现在右尾，完全是凭运气，绝非所谓“生命既定方向”或演化机理的不可避免之果。

无论有尾无尾、尾大尾小、尾上居客为何，生命的显著特征，是一直稳定地处于细菌模式，亿万年来未曾改变。

势众细菌之纷繁万象

我对古生物学的兴趣始于童年时对恐龙的迷恋。彼时，适于儿童阅读的生命历史书籍并不多。不过，在我的孩童时代，有相当大一部分光阴是在阅读它们中度过的。我还清楚地记得，那些读物都采用了一种相同的标准，根据化石记录，将生命历史划分成一系列“时代”——先是“无脊椎动物时代”，接着是“鱼类时代”“爬行动物时代”“哺乳动物时代”，最终，按曾经时兴的说法，迎来“人的时代”[①]。然而，在如今看来，这种称谓极尽偏狭，已鲜为人用。被划入的化石自然是所在“时代”的进步代表，被认为是“进化征程”的里程碑。

在过去 40 年里，我见识了针对这一划分体系的种种修订（然而，如第二章所述，人们仍坚持沿用这种陈旧的划分）。当然，语言卫道士再也不能容忍“人的时代”的提法。因此，我们开通思想，现在最多只用“人类时代”或“自我意识时代”来指代，其包容性更强。但是，我们也已经认识到，我们需要进一步开通思想，找一个包容性进一步加强的标签。因为，尽管我们取得了无与伦比的成就，但自身终归不过是哺乳动物之下的一个物种而已，不足以代表万物生灵之整体。有些思想开明者甚至认识到，即便采用“哺乳动物时代”的说法，也不足以凸显公平之义。毕竟，哺乳动物只是一个仅由 4000 余物种组成的小类群，而已被正式命名的多细胞动物就已达近百万种，其中 80% 是以昆虫为主体的节肢动物。鉴于此，上述思想开明者倾向以“节肢动物时代”指代当今。

若希望以此凸显多细胞生物的荣光，这般称呼也算公平。但即便如此，我们的视野仍未突破自身狭隘的尺度。如果我们必须选择一个组分来代表整体，就理当选择凸显生命恒久不变模式的那一组分。我们如今身处的是“细菌时代”。从 35 亿年前已知最早生物（当然是细菌）被包埋于岩石之内，形成已知最早的化石之始，我们的行星便一直处于“细菌时代”。

无论以何种合理或公平的标准评价，细菌都是地球上处于绝对优势的生命形式，且一贯如此。这是最显见的生物学事实，若有人不能领会，部分原因在于自身傲慢所致之盲目，但更主要的原因，则出在其视野尺度之局限上。我们习惯以自身的尺度观察现象，譬如以足为尺量物，以十年为数估龄，以为放之四海而皆准。然而，细菌个体太小，不为肉眼所见；存活时间之短，

---

① “人的时代”，即 Age of Man。从“性别政治”的角度，这种称谓或因 Man 有“男人”义，进而有以男人代表人类之嫌，可能导致“政治不正确”。加之本书一再强调，即便将当前称为“人类时代”，也是人类狭隘思想的表现，“人的时代”的说法自然更是“极尽偏狭”。——译者注

可能还不够我吃完一顿中饭，也不够我爷爷享用完他的晚间雪茄。不过，谁又知细菌如何“看”我们？在细菌个体“眼里”，人体或许就如一座座互不相连、永恒耸立（至少“地质”资源取之不尽）的大山，适于任何形式的探索，且鲜有危险，除非有“同伙”得寸进尺，惹祸上身，引来一剂青霉素。

下面是评判细菌处于绝对优势的部分标准。

历史跨度

我在前面已经提到，细菌的统治地位恒久不变。化石记录的最早生命是细菌，形成于约 36 亿～ 35 亿年前。自此而始，生命历史过去近半之后，更加复杂的真核细胞才首次亮相，依当前的最佳证据，即形成于约 19 亿～ 18 亿年前。很快，最早的多细胞生物——海洋藻类，也将登上舞台，但这类生物与本书中我们关注（或者说狭隘偏爱）的主要对象——动物（生命史）没有亲缘关系。直到约 5.8 亿年前，最早的多细胞动物才出现。彼时，生命历史已流逝 5/6。由此可见，细菌不仅是生命历史的常驻者，亦是其记录者。

此外，细菌在前寒武纪时期保持优势地位，其所留下的记录，并非岩石上的难辨之点。相反，它们改造了自身生存的环境，以高度可辨的形式沉积下来。而同时期的多细胞动物，到后来无一幸存，无缘“目睹”这种沉积效应。远古细菌的化石记录主要是以“叠层石”的形式存留下来的。叠层石由无数形状复杂的同心薄层黏合而成，截面通常形似包菜（见图 30）。其结构体量可观，却非来自细菌本身，而是被呈垫状体的细菌细胞截留，进而粘连为一体的层状沉积物。大多数叠层石形成于潮汐线附近。随着海平面的上下波动，它们不断地在干燥和复生两种状态之间转换，周而复始，形成高耸的波浪状层堆。如今，叠层石仍能形成，但仅限于某些非同寻常的环境。在那里，没有多细胞动物出没。而在其他大多数地方，有乐于噬食沉积生物的多细胞动物存在，叠层石难以形成。但是，在生命历史早期，大多时不存在潜在的噬食者，适于叠层石形成的生境遍布整个行星，叠层石亦遍布其中。

抗灭强度

在漫长的过去，细菌处于绝对优势的地位。回顾完过去，让我们转过身

图 30　现生的叠层石——沉积物被原核细胞截留，进而粘连形成的层状体

来，放眼未来。我们会发现前景依旧如此，细菌将长期处于同等卓越的地位。自生命之始，细菌便是数量最多的类群，可谓数多势众。我无法想象这一状态会发生改变，不管人类的创造力有多强大，即便在将来人类有望成为这个行星的新主宰之时。细菌的规模非常之大，种类之多无与伦比，生存的环境非常之广，代谢模式非常之多。我们的种种鬼把戏，无论是核能力，还是其他什么，很容易让我们自食其果，会在可预见的将来让我们走向毁灭。大多数陆生脊椎动物会被殃及，但那至多也不过数千个物种。甲虫种类将锐减，但它们有 50 万种之多，不至于遭受灭顶之灾。而对于细菌，我怀疑我们是否

能对其造成实质性的影响。这一类生物数多势众，不会被“核平”，我们所能想象的种种胡作非为，都不能把它们怎样。

分类地位

划分生命基本类群的历史是一个漫长的变迁过程，也是一则讲述人们逐渐消除偏狭思想，并逐渐认识到单细胞生物及其他“低等”生物的多样性和重要性的长篇故事。在西方，自古以来，人们大多时采用《圣经》核准的二分法，将生物分为植物和动物（并将其他所有无机物质归于第三类，一并构成古老的分类体系，甚至在声望颇高的“二十问内猜透你”[①]游戏开始，也如此发问——“是动物、植物，还是矿物？”）如此二分的举措产生了一系列实际后果，将生物研究划分为两个传统学术门类——动物学和植物学，便是其中之一。在这一划分体系下，无论多么让人觉得不妥当，无论“鞋拔”[②]的力度有多大，所有单细胞生物都必须被塞进其中某个阵营，要么植物，要么动物。这样一来，草履虫和变形虫就成了动物，因为它们能动，还能摄食，而能进行光合作用的单细胞生物，当然就成了植物。但是，如果一种生物既能进行光合作用，又能动，那该叫什么？况且，细菌是原核生物，以上划分所依赖的主要特征，它们一项也没有，该往哪个阵营里塞？不过，既然细菌有坚固的细胞壁，且其中有些物种能进行光合作用，它们落入了植物学研究的范畴。时至今日，当我们谈及自身的肠道菌群时，仍称之为“植物群”[③]。

到20世纪50年代中期，我升入高中时，人类知识的积累和思想开放的水平已达到一定高度，足以使人们放弃以多细胞世界的标准强行割裂单细胞生物类群的做法，且认为单细胞生物值得归于一个属于自己的单独界类，即通常所称的原生生物界（Protista）。

---

① “二十问内猜透你”（Twenty Questions），源于19世纪美国的一种问答推理游戏。由一人选题，答案保密。然后，一人发问，为一般疑问句。作答者即选题人，答是或否。若在二十问内得到答案，发问者赢，成为下轮作答者。否则，作答者赢，下轮继续为作答者。比较流行的第一个问题，通常为“是动物、植物，还是矿物？”（animal, vegetable, or mineral），尤其是在20世纪40年代的广播节目中。——译者注

② “鞋拔”（shoehorn），作者在前一著作《美好的生命》中常用的一个比喻，形容将可能关系较远甚至不相干的类群强行归于某一分类阶元内，犹如使用鞋拔，把脚硬塞进不大宽松的皮鞋。——译者注

③ “肠道菌群”的英文为gut flora，其中gut指“肠道”，flora即“植物群”。——译者注

12 年后，当我研究生毕业时，人们甚至更加重视单细胞生物，使得这身处“低端”的类群被进一步细分。彼时，“五界系统”大行其道（并从此成为被教科书采纳的规范）。其中，多细胞生物归于三个界类，分别为植物界、真菌界、动物界（大致分别代表了生产者、分解者、摄食者等生命的基本存在模式），它们位于“顶层”；单细胞真核生物处于“中层”，归于原生生物界；单细胞原核生物处于“底层”，归于原核生物界（Monera），包括细菌和“蓝藻”。推崇该体系的人，大多认可在原核生物和真核生物之间存在一个断层，可以作为生命的基本分界线，就位于原核生物界和新定义的原生生物界之间，由此使得细菌获得一个独立的分类地位，即便身处低层。

10 年之后，自 20 世纪 70 年代中期开始，随着遗传密码测序技术的诞生，人们掌握了解构细菌支系间演化关系的钥匙，得以绘制谱系图。〔对于我们熟悉的多细胞生物，我们知道如何依据解剖学特征（如脊椎动物的内骨骼特征、节肢动物的外骨骼特征、棘皮动物的多层状骨壳[①]和辐射对称特征）绘制出谱系树图，确定其中的主要演化类群。但是对于细菌，我们掌握的信息如此缺乏，在过去竟未能对其进行靠谱的谱系划分，而是草率地将这些或球状、或杆状、或螺旋状的单细胞生物全部集为一类，好比把它们全部塞进一个“麻袋”就封口了事。然而，即便仅鉴于细菌在这个行星上已安居如此之久的事实，我们也会怀疑——细菌之下应当存在更明确的划分，且明确程度甚于那些多细胞动物类群之间的界线。〕

在细菌基因组关键片段的核酸序列信息累增之初，一个不可思议的划分雏形便显现出来，令人始料未及。在过去数年中，随着支持证据越来越多，这一划分势态逐渐明晰。就是这个人们原以为原始，曾因解剖学特征看似不够多样，而被草草塞进一个小小“麻袋”了事的类群，实际上可以进一步分为两大类。各类规模之大，（从基因组的独特性和多样性考量）远甚于三大多细胞生物界类（即植物界、动物界、真菌界）之和。除此之外，生活在异常环境下的细菌，大多都集结在其中一类之下。这些细菌具有特别的代谢机制，可以应对（通常缺氧的）极端环境，或许曾在地球历史早期繁盛过。例

① 多层状骨壳，原文为 multiplated test，其中 test 指棘皮动物的小骨片（ossicle），是内骨骼的组成部分。——译者注

如，能产生甲烷的产甲烷菌、能耐受高盐环境的嗜盐菌、能在水近沸腾温度下乐得其所的嗜热菌。

随着第一批准确谱系图的亮相，将过去原核生物界一分为二，并各提升为新界类甚至域，似乎已在所难免。其一为细菌域（Bacteria），包括最常见的类型，或者说每当提起细菌时，能最快在我们脑海中浮现的那些（包括能进行光合作用的“蓝藻”、肠道菌群，以及能导致人类疾病的某些微生物，即我们通常所说的“病菌”）；其二为古菌域（Archaea），包括前段所述的那些在异常环境下生活的“奇葩”，它们之间的亲缘关系最近才得到认可。出人意料的是，所有真核生物，无论来自三个多细胞生物界类，还是仅为单细胞生物，都被归到第三大系统演化域，即真核生物域（Eucarya）。

图 31 出自卡尔·乌斯之手，他是我们这个时代重构生命组成的先驱。这张图一目了然，用来展示革命性的发现，效果十分震撼。我们现在得出三大系统演化域，即细菌域、古菌域、真核生物域，而三域中有两域完全由原核生物组成，换言之，即被生命那恒久不变模式的实践者——常言所道的“细菌”占据着。[①] 这样一来，演化多样性的三分之二以生命的这种既定模式存在。一旦认识到这一点，我们要领悟细菌的地位处于中心位置，就不费吹灰之力了。实际上，按当前的定义，组成细菌域的 11 大分支，两两之间的遗传距离不小于真核生物门类之间的平均差距，或者说，其差异不小于植物与动物之别（Fuhrman、McCallum 和 Davis，1992）。

在本小节之末，我提醒读者注意——与原核细胞生物的情形截然不同的是，三个多细胞生物界类所占的“地盘”有多么小。在生命的总谱系图中，三大域类好比三丛灌木，而三个多细胞生物界类只是其一之上的三个小枝。由此可见，仅经过了一代人的时间，人们对生命的认识就发生了如此之大的变化——我父母那一代的认识，是所有活物非动物即植物，而到了我成熟的年代，动物界和植物界不过是三丛灌木之一上众多小枝中的两个，而细菌在其他两丛上都有。不仅如此，两丛上全是细菌，为细菌所独占。

① 文中所述，是根据生物 rRNA 的 16S 或 18S 序列的同源程度划分生物的三域学说（three domain theory），由美国微生物学家、生物物理学家卡尔·乌斯（Karl Woese，1928—2012）及其同事于 1990 年正式提出。而早在 1977 年，乌斯及其同事便已提出将原核生物分为真细菌界（Eubacteria）和古细菌界（Archaebacteria），两者即分别为后来的细菌域和古菌域。域（Domain）是凌驾于传统分类系统中界（Kingdom）之上的阶元。——译者注

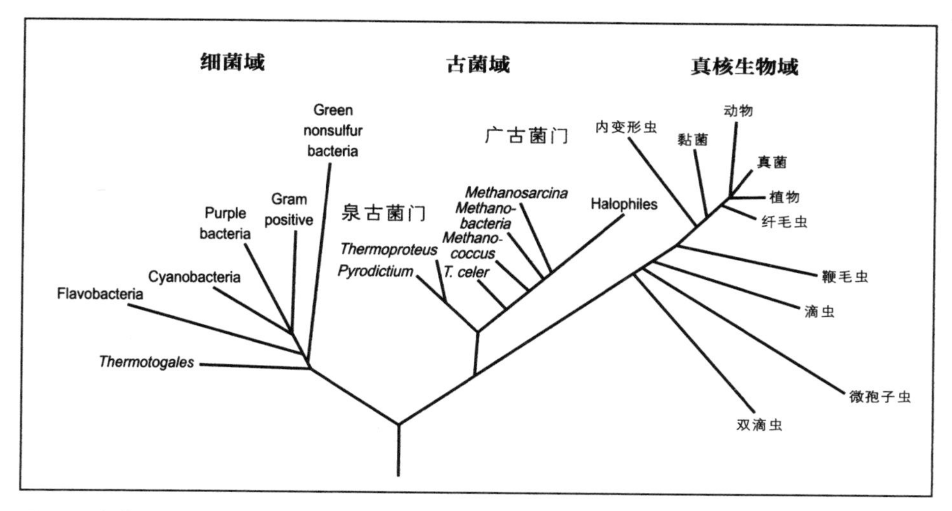

图 31　生命的系统演化树，可见两个原核生物域，以及仅有的一个真核生物域。无论是植物、动物，还是真菌，都只是真核生物域分支上的“小枝”

〔图中西文有拉丁学名（斜体），亦有英文俗名，分别指：蓝细菌（Cyanobacteria）、黄杆菌（Flavobacteria）、革兰氏阳性菌（Gram positive）、绿色非硫细菌（Green nonsulfur bacteria）、嗜盐菌（Halophiles）、甲烷杆菌属（*Methanobacteria*）、甲烷球菌属（*Methanococcus*）、甲烷八叠球菌属（*Methanosarcina*）、紫细菌（Purple bacteria）、热网菌属（*Pyrodictium*）、速生嗜热球菌（*T. celer*，即 *Thermococcus celer*）、热变形菌属（*Thermoproteus*）、热袍菌目（Thermotogales）。——译者注〕

发生广度

（如图 31 所示的）分类学的标准虽然可观，但仍不能说明细菌一定处于绝对优势的地位，而其根本原因，在所有谱系图中都有所体现。细菌构成生命之树的根部。在生命最初的约 20 亿年里，或者说生命历史的前一半时间中，构建生命之树的生物独为细菌一类。由此，树根和树干必定为细菌所独占，而作为晚期才形成的后来者，所有的多细胞生物，都只能在顶枝栖身。然而，尽管生命之树是这种拓扑结构，我们不能仅依据此，便称当前世界处于“细菌时代”。因为，累月经年，按说树根和树干到现在该处于颓势，只剩顶枝的多细胞生物大放异彩才对。然而，我们需要认识到，生命之树不仅大部仍由细菌构成，而且树的细菌根基依旧强健、充满活力，足以支撑起被称为“多细胞生命”的小小上部结构。细菌确实保持着绝对优势的地位，不仅是因为具有漫长而辉煌的历史，最主要的原因，就在于它们目前仍焕发着活力。欲领略细菌之发生广度，可以从以下两个方面入手。

1. 数量之多

但凡在生命能生存处，细菌皆能活得如鱼得水。毕竟，就如母亲所教诲的——“病菌”无处不在，存在于吸入的每一丝空气、吃进的每一口食物之中，我们要和它们做斗争，就得时刻保持警惕。下面列举的事实，就足以说明这一点。在一个人的一生当中，曾存在于肠道之内的大肠杆菌的数量，就远远超过了地球上过去和现有的人口总和。然而，绝大多数细菌并不是有害的病原，它们或对我们有益，或与我们毫不相干（大肠杆菌只是全人类正常肠道菌群中的一个物种而已）。

至于细菌的数量具体有多少，是难以准确估计的。尽管大家承认这一点，那些估数仍常见于有关细菌的科普文字中。例如，《大英百科全书》告诉我们：“1 克肥沃的园艺土中含有的细菌达数十亿，1 滴唾液中则含数百万。”又如，另有人写道，“在人类的皮肤上，每平方厘米藏纳的微生物个体有 10 万左右”（此处的微生物还包括细菌以外的单细菌生物，但微生物绝大多数是细菌），而“一勺高质量的土壤中含有 10 万亿细菌”（Sagan 和 Margulis，1988，4 页）。让我印象尤其深刻的，是关于菌群在人体中地位的表述，“细菌占了人体干重的 10%，其中有些虽非与生俱来，但没有它们，我们无法生存”（Margulis 和 Sagan，1986）。

2. 范围之广

细菌耐受温度范围之宽、代谢类型之多样，远非其他生物能及。因此，不仅其他生命形式能及的生境亦可为细菌所安居，而且，那些濒临生命耐受极限的边缘地带，从冰川上的寒窟，到黄石公园里的温泉，甚至海底热液喷口〔涌出的水温高达 480 ℉（约 249℃），只不过由于海底压力高，在这一温度下，水仍不会沸腾〕，则几乎为细菌所独享。在高于 160 ℉（约 71℃）的环境中，能存活的生命全是细菌。有关开阔海域和地球内部的细菌，我在后面还会补充一些新的信息。不过，即便只看来自陆地环境的常规数据，也能说明问题。例如在燃煤表面和黄石公园温泉里发现的嗜酸热原体菌[①]，能在温

① 嗜酸热原体菌（*Thermoplasma acidophilum*），原文所列学名为 *Thermophila acidophilum*，应为笔误。——译者注

度为 140 ℉（60℃）、pH 值为 1 或 2（酸度与浓硫酸匹敌）的环境里旺盛繁衍，当环境温度低于 100 ℉（约 38℃）时，就会被“冻”死。

效用深度

看某一生物在历史进程中发挥的作用、在芸芸众生中的地位如何，若只考虑对人类生活的重要性，其评价标准也是极为偏狭的。不过，即便用如此标准来评价细菌，大多时也能得到大致肯定的结论。由此，我下面就细菌对生命全体甚至对地球的效用性（至少是与之的内在关联）展开讨论。

1. 人类历史之前

在当前的空气组分中，人类所需之最重要者非氧莫属。它主要依靠多细胞生物——植物的光合作用来生成。然而，在地球大气形成之初，自由氧的含量显然很低，或许根本就没有。但是，就如当前的氧依靠植物维持，历史上氧的形成，也是生物作用的后果，别无其他可能。然而，虽说植物是如今大气中氧的主要贡献者，但空气中氧的积累开始于 20 亿年前，远早于植物这类多细胞生物的演化形成。大气中最早的氧，实为细菌光合作用的产物（即便如今有植物，细菌仍是空气中氧的一大供应源）。

但即便如今的氧主要来自植物，从演化的角度看，氧供应源的名头终归仍属细菌。因为，真核细胞中进行光合作用的细胞器——叶绿体，从“出身”上看，实为一种能进行光合作用的细菌。关于真核细胞的起源，有一种构思精巧、颇具说服力的解释——内共生理论。根据该理论，真核细胞的一些细胞器是在某些共生的原核细胞高度协作、整合的过程中形成的。从这种意义上讲，真核细胞始于一个细菌集落。既然如此，同为真核生物，我们人类身体每一基本组成单元的起源，也都可以回溯到该协作过程。

这一理论的说服力暂时只限于解释两种细胞器的形成——一进为线粒体，所有细胞都拥有的“能量工厂”；一为叶绿体，进行光合作用的细胞器。有关证据也看似足以令人信服——两者大小与细菌相当（原核生物比真核生物小得多，因此，一个真核细胞容纳多个细菌细胞不是问题）；外观和功能与细菌相似；各有各的 DNA 构成（也不复杂，毕竟，在漫长的演化过程中，大多数遗传材料已转移到核上）——这一切都表明两者的祖先皆为独立的生物体。这样一来，如今大气中的氧就算得上是细菌光合作用的产物，要么通过细菌直接释放，要么通过真核细胞中的细菌“后代”释放。此外，也有一些支持者把理论的适用范围扩大，用它来解释纤毛（被视作源自螺旋体门的细菌①）及其他细胞组分的形成。

在很多生物体内，都有与之共生的细菌寄居。在那些生物的核心功能的平衡运转中，共生细菌显示出强大的效用，发挥着重要的作用。这些细菌不像线粒体和叶绿体那样，完全与共生的另一方合为一体，但仍与后者有着不可切割的联系，即共生双方虽在分类地位上毫无瓜葛，但在生态学意义上，两者有着相互依存的关系。比如说，没有肠道菌群，我们就不能正常地吸收和消化摄入的食物。又如牛及近缘食草动物，它们消化所食之草，是通过一种被称为反刍②的机制，而消化本身必须依赖寄居于4个复杂的胃中的细菌。大气中的甲烷，约有30%可归结为反刍动物体内“产甲烷菌”的作用，至于释放方式，无非通过打嗝和放屁。〔G. 伊夫林·哈钦森是英国著名生态学家，就是这样一位极有文化素养的人，曾计算过因家牛排泄肠胃气体而释放到大气中的甲烷量，并将这一著名的计算结果在论文中发表。③这一数值相当高，更有人“煞有介事地设想，哺乳动物的主要功用是让生物圈里的甲烷分布均衡”（Sagan和Margulis，1998，113页）。〕

另有一类共生现象，与人类农业实践息息相关。氮为植物生长所需，作为重要的土壤营养成分，可以被植物吸收。游离于空气中的氮虽无处不在，却不能被植物直接加以利用，除非被“固定”下来，或者说通过化学转化，变为植物可用的形式。在豆科植物中，这种转化是借由诸如根瘤菌（*Rhizobium*）的共生细菌完成的。在根瘤菌的作用下，根上形成瘤状结构，

① 螺旋体门的细菌，原文为spirochete bacteria。尽管仍有人认为螺旋体是介于细菌和原虫之间的生物，但《伯杰氏细菌系统分类学手册》（*Bergey's Manual of Systematic Bacteriology*）早在2001年即已认定其为螺旋体门（Spirochaetes）细菌，并为学界所接受，详见该手册第2版第4卷（2011）。——译者注

② 反刍，指半消化的食物自胃回流到口腔，经再次咀嚼以便进一步消化的现象，字面义大致为“反复咀嚼”。有这种行为的动物即反刍动物，如牛、羊等偶蹄目哺乳动物。这些动物有四个胃，对于牛而言，共生微生物主要集中在最大的瘤胃（即毛肚的食材）中，对消化起决定性的作用。另见206页注①——译者注

③ G. 伊夫林·哈钦森，即公认的“现代生态学之父”乔治·伊夫林·哈钦森（George Evelyn Hutchinson，1903—1991）。文中所指论文应发表于1949年，其中有根据前人报道的主要牲畜（及大象）的肠胃气体数据和当时畜牧规模的统计数据计算出的甲烷排放量，详见Hutchinson, G. E., 1949, A note on two aspects of the geochemistry of carbon. *American Journal of Science*, 247 (1): 27–32.。——译者注

即成为其寄居之所。

还有些共生现象异常复杂，目标之精准近乎骇人听闻。有人报道过一种寄生于昆虫体内的线虫（一类浑圆的微小蠕虫），有用于害虫生物防治的潜能（Nealson，1991）。该线虫从昆虫的口、肛门或气门（即呼吸器官）进入体内，并游移至血腔（即有血液循环的体腔）。在那里，线虫释放出数百万与其共生的肠道细菌，使之进入昆虫的循环系统。这些细菌对线虫是无害的，但能在数小时内杀死昆虫。（若细菌仅凭己力进入昆虫体内，是无法到达血腔的，进而无处发起攻击。因此，细菌需要线虫敞开胃口，为之开路。）昆虫死后，发出生物光（也是细菌作用的结果），虫体颜色变深，但不会腐烂（或许是因为线虫还释放了某种抗生素，能在不伤共生细菌的情况下，杀死其他细菌）。在色和光的吸引下，更多线虫前来享用昆虫大餐。它们在此取食，不仅达到生长、繁殖的目的，还获取有用的细菌与之共生。昆虫被侵染后，每克虫体资源能养活的线虫可达 50 万条之多。

最近发现的深海“热液喷口动物群”令人称奇。它们生活在从喷口涌出的液体里。这些液体来自地球内部，温度高，富含矿物质。这一发现为我们提供了又一个细菌必然存在的有力例证，其本身也是一个异常奇特的共生实例。在生物教学中，有句古老的格言——“一切生物过程所需的能量，终归源于太阳”（我上初中的时候，它以装饰字体的形式出现在课本某章的标题栏中，至今让我记忆犹新。我还记得，老师为了解释太阳是能量源头而大费周章，选取了最迂回的溯源路径——海底蠕虫吃大鱼的腐尸，大鱼吃浅水水域中的其他小鱼，小鱼吃虾类，虾类吃桡足类，桡足类吃藻类细胞，藻类细胞的生长依赖光合作用，而光合作用的能量来源终归是太阳）。

然而，热液喷口动物群的能量终极来源是（导致喷液升温、矿物溶解等现象的）地球内部的热量。因此，该发现为我们提供了第一个与上述金科玉律相左的案例。这是一条与众不同的独立食物链，细菌就处于其底端。它们大多数属于硫氧化菌类，能将喷液中的矿物质转化为可供生物代谢利用的形态。在喷口附近，有些生物与这类细菌建立起共生的关系。这个动物群中的最大者，是一种被称作“巨型管虫”的翼套类蠕虫，其体长可达数英尺，但没有口、肠胃、肛门等器官。这种生物的形态过于简单，以至于分类学家都不能肯定它究竟属于哪一类动物（按当前的观点，人们乐于将其归于一个小的海洋蠕虫类群——须腕动物门之下）。不过，它倒是有一个较大的高度管带化器官，叫作营养体，其内充满了特异化细胞（含菌细胞），供与之共生的硫细菌寄居。这些细菌在营养体重量中所占的比例可达35%（Vetter，1991）。[①]

2. 人类有史以来

如上所述，细菌生成了大气中的氧，将氮固定到土壤中，帮助食草动物反刍，还构建了我们行星上唯一不以太阳为能量来源的食物网。不过，若从满足人类自身的需求和愉悦出发，仅列举相对狭隘的细菌用途，我们也可以开出一张长长的清单。例如：将污水分解为适于植物生长的营养物质；或能将海上溢油分散[②]，利于控污；通过细菌发酵，制作奶酪、酪乳、酸奶（我们制作酒精饮料，大多也通过发酵，但所用的酵母是真核生物），用酒精制醋，用糖制味精[③]。

若从广义上讲，细菌（及真菌）是生物残体有机质的主要分解者。基本生态循环由两个主要环节组成，生产（光合作用）与分解（将生物体转换为可用于再生产的形态），细菌即构成其一（在此循环中，动物摄食不过是一个转瞬即逝的插曲，没有它，生物圈也能良好地运转）[④]。有人做出如下结论（Sagan 和 Margulis，1988，4–5 页）：

---

① “巨型管虫”（*Riftia pachyptila*），汉译取自该种英文俗名 giant tube worm，但该俗名亦为另一亲缘关系较远动物的俗名，故加引号。该种主干上有翼状肌肉结构，称作 vestimentum，依词源，在此译作翼套，并将具有该结构的蠕虫类群称作翼套类（Vestimentifera）。该种曾被归于须腕动物门，亦有人专门另立翼套动物门（Vestimentifera）。但按现在的观点，这些门类都已被弃用，其所属类群的分类地位，为环节动物门（Annelida）多毛纲（Polychaete）西伯加虫科（Siboglinidae，另译作须腕科）。该种虫体大致可分为四个部分，自前端向后，分别为纵悬部（obturaculum，亦称为 branchial plume，即鳃羽）、翼套、营养体（trophosome，亦称为 trunk，即主干）、末体部（opisthosome）。含菌细胞（bacteriocyte）除出现于本种，还见于一些昆虫体内，供与其共生的细菌或真菌寄居。此外，本种并非无消化道，只是在个体发育的过程中消失了。——译者注。

② 分散（dispersion），此处指通过减少溢油和海水之间界面的张力，使前者更好地在后者中乳化，并最终得以降解的过程。——译者注

③ 味精，原文为“MSG”，即味精成分谷氨酸钠（monosodium glutamate）的缩写。——译者注

④ 关于生态循环两大环节的描述，作者在“生产”之后括号中的文字实为“植物光合作用，对了，还有细菌光合作用”（plant photosynthesis and, come to think of it, bacterial photosynthesis as well），但此段强调的是分解，若按原文翻译，则暗指细菌不止构成两个环节之一（虽然的确如此），而是强调对两个环节皆有染指，故有歧义之嫌。实际上，包括本段文字在内的本节部分文本，曾作为本书节选，刊登在《华盛顿邮报》1996 年 11 月 13 日号上。在节选中，“生产”后括号中的文字只有“光合作用”，译者认为该处理更合理，因而在此采纳。——译者注

因为有了细菌的介入，地球上生命所需的所有关键元素，即氧、氮、磷、硫、碳，才得以回到可利用的形态……生态平衡基于细菌和霉菌发挥的恢复性降解作用，确保在植物和动物死亡之后，宝贵的化学营养物质能回归地球生命体系。

有关细菌生物量的新数据

如上所述，细菌生存环境之广，必要功能之多，当然可以表明数多势众的细菌在芸芸众生中占据着绝对优势的地位，但能起到定论作用的，或许是另一方面的理由。尽管该理由的主张在过去令人难以置信，但如今即便仍未被证实，也被认为非常合理。我们承认上述有关细菌的种种加分项，但很多人认为，若论权重，生命的主体应是真核生物，尤其是森林中的树木。此外，在生物学领域，长期流传着一种老生常谈的观点，即地球生物量（有机质净重）的最大贡献者，非植物木质莫属。[①] 就算细菌无处不在、不计其数，其重量却轻如无物，无数个体加起来，才相当于一棵小树。由此，我们不禁会问，论生物量，细菌甚至无法接近真核生物，又怎么可能取而代之？然而，时至今日，基于在开阔海域及地球内部的新发现，我们已意识到，细菌在生物量上有可能也处于绝对的优势地位。

在《暴风雨》里，爱丽尔自称能化身为生命的各样形式，无处不在——"蜜蜂吮蜜处，即我吮蜜处；粪草铃花中，系我安歇处"[②]。细菌也是如此。在这个世界上，凡能维持生命处，细菌亦无处不在。在过去，我们对全球细菌总量有所低估。究其原因，在于我们自身所属类群的潜在生活环境过于局限，使得我们从不在意全局，未及至所有应探寻处。

---

① 关于生物量的估算办法，众说纷纭。有计鲜重者，有计干重者，有仅计有机质者，亦有将牙、骨等亦计入其中者。作者在"生物量"之后括号中的文字实为"有机过程产生的物质净重"（pure weight of organically produced matter）。众所周知，有机反应的产物中可有无机小分子（如水）。因此，作者似指"计鲜重"的估算，但后又提到"植物木质"，又似不计水。两难之下，译者将该段文字按"有机质净重"处理。此外，作者提到"wood of plants"，虽似指木本植物（woody plant），如后段相似语境下出现的树木（wood），但在此也似指植物的木质部（xylem），故处理为似是而非的"植物木质"。——译者注

② 《暴风雨》，莎士比亚喜剧。爱丽尔（Ariel）是剧中服侍普洛士帕罗（Prospero）的精灵，从剧中给出的人称代词看，这应是一个男性角色。以上引文出自第五幕第一场，是爱丽尔获得自由时的唱词开头，原文为"where the bee sucks, there suck I / In a cowslip's bell I lie"。其中 cowslip 即报春花科（Primulaceae）植物黄花九轮草（*Primula veris*），花萼钟形。这种植物常生于牛粪堆肥之上，且英文俗名源自古英语 cūslyppe（牛粪），故在此处理为"粪草"。——译者注

比如说，细菌在开阔海域中广泛存在，并发挥着作用，但直到20年前，有关记载才出现。采用常规方法分析水样，多达99%的细菌不会被发现（Fuhrman、McCallum和Davis，1992）。因为，我们只能对可培养者进行鉴定，而大多数细菌在很多培养基上都不能生长。现在，我们采用基因组测序的方法，以及其他一些技术，不再先用培养基大量培养，后对每个物种进行纯化，就能评估样品中的细菌在分类地位方面的多样性。

蓝细菌（即旧称中的“蓝藻”）有光合作用能力，对海洋浮游生物影响甚大，科学家们早已知晓。而异养细菌（其自身不能进行光合作用，而是依靠摄取外源营养维持）规模之巨，人们却鲜有认识。在沿岸海域，异养细菌占微生物总生物量的5%～20%，其所摄之食若以碳量计，则相当于消耗了总“初级生产量”（即光合作用的有机产物）的20%～60%。由此可见，异养细菌对沿岸海域海洋食物链底层生物的影响巨大。而杰德·A. 富尔曼（Jed A. Fuhrman）和他的同事在研究过开阔海域（无须多言，那里是地球上面积最大的生境）的异养细菌生物量后，发现在那种环境里，它们也处于绝对优势地位。例如，在马尾藻海①，异养细菌贡献的碳、氮量占全体微生物的70%～80%，并构成90%以上的生物表面（Fuhrman等，1989）。

我曾访问过杰德·富尔曼在南加州大学的实验室。当时我请他估算，较其他门类生命，地球上细菌总生物量的相对水平几何。在生物学人的私下讨论中，这种“在信封背面速估”式的计算由来已久，备受推崇。对于这种估算，大家不追求更高的精度，也不会把它放上台面。毕竟，由于没有更好的数据（例如，全球所有海域的每毫升海水细菌数均值），所得结论不得不建立在大量假设和“最好估计”的基础之上，而这些假设前提或许与实际情形大相径庭。不过，即便如此，这种计算仍适用于圈定数值的大致范围，或者说“水平”。富尔曼给我的“最好估计”，是海洋细菌生物量相当于陆地生物群总生物量（树木亦计在内）的1/50。这一结果看似不尽如意，但对于这类计算而言，结果在一个或两个“数量级”的范围之内，就算“处于同一水平”。〔数量级为比较如是粗估时所采用的标准量数。一个数量级就是比值为10。既然1/50在一个数量级（1/10）和两个数量级（1/100）之间，海洋细菌和陆地生命的生

① 马尾藻海（Sargasso Sea），也译作藻海、萨加索海，位于北大西洋西部，由流涡围成的离岸海，因漂浮有马尾藻而得名，百慕大即位于其西缘。——译者注

物量绝对“处于同一水平”。〕如果您意识到下面几点，便会发现这一结果甚至更加令人满意。第一，由于树木的生物量非常之大，过去所有的传统估计认定多细胞生物占绝对优势，而且领先好几个数量级；第二，富尔曼的估值未包括土壤细菌、肠道菌群、豆科植物根瘤菌等陆生细菌的生物量；第三，还有生活在“新（发现）”环境——地球内部的细菌，它们是潜在的更大生物量来源，在估算时也未被计入。若把关注点转向光彩夺目但不乏有争议的方向——地球内部细菌的数据，结果可能会让我们大吃一惊。①

对于这些新信息，我会选取一小部分，依（细菌类群形成）时序呈现。我会先从深海热液喷口附近讲起，再到地下油藏，最后才是一般意义上的岩石内部——这不失为一种指出“地内”细菌分布有连续性的好方式。在某种极端的诠释下，这一发现会让地表生物群显得微不足道，仅是一种例外表现，而地内细菌群或许才代表生命的普遍标准模式。

20 世纪 70 年代末，海洋生物学家们发现，位于深海热液喷口动物群食物链基部的生物是细菌。（如第 183 页所述，）整个群落的能量完全源自地球内部，而非太阳。人们已描述过的热液喷口可分为两类：一类是裂缝或更小的裂隙，涌出的水的温度在 40 ～ 70 ℉（约 4.4 ～ 21℃）之间；另一类是大的锥状硫化物丘体，高可达 30 英尺（约 9 米），喷出的过热水的温度可达 600 ℉（约 315.6℃）以上。研究人员在第一类裂缝的涌水中发现过细菌，但如人所料的是，细菌“从未被认为存在于硫化物烟囱②的过热水中”（Baross 等，1982，第 366 页）。

可是，到了 20 世纪 80 年代早期，约翰·鲍罗什③和他的同事们在源自硫化物丘体（也被称作“烟囱”）的过热喷水中发现了细菌群，其中有好氧性物种，也有厌氧性物种。他们从 650 ℉（约 343℃）的环境中采得水样，先

① 本段中出现两个与粗估有关的美国俗语，分别为“在信封背面速估”（back of the envelope）和“处于同一水平”（in the same ballpark）所指。后者中的 ballpark（棒球场）作形容词时为“大致”的意思，in the park 意为“大致范围之内”。——译者注

② 烟囱，此处引文使用的是“chimney”，下段中作者使用的是“smoker”，指下渗入海底地壳裂口的水被加热后向上喷出，形如冒烟的涌水。深海热液喷口（deep sea vent，即 hydrothermal vent）因涌水温度范围和化学成分差异而形成黑烟囱（black smoker）、白烟囱（white smoker）、低温喷口，下文研究的细菌分离自“黑烟囱”。——译者注

③ 约翰·鲍罗什（John Baross，1940—），美国海洋生物学家、天体生物学家，任职于华盛顿大学，合作伙伴之一为其妻乔迪·戴明（Jody Deming，1952—），为同在该校任职的海洋微生物学家。不过，在发表上述研究时，两人分别任职于俄勒冈州立大学和约翰斯·霍普金斯大学。——译者注

对其中的细菌进行培养，再将其置于实验装置中，在 265 个大气压的条件下，使温度上升到 480 ℉（约 249℃），而应试细菌仍生长旺盛。由此可见，细菌能够（也确实）在自地内涌出的高温（高压）水中生活（Baross 等，1982；Baross 和 Deming，1983）[①]。

就此，A. E. 瓦尔斯比[②]在英国顶级专业科学期刊《自然》上发表评述文章。他写道："收到鲍罗什和戴明合著论文的提交稿，是在愚人节前夕。我必须承认，得知要审读该文时，我的第一反应是怀疑这项任务的真实性。"瓦尔斯比在文章开头提及雷·布莱伯利[③]著名小说的标题——《华氏 451》，达到该温度，纸就会燃烧（借此销毁激进的图书，更轻易地控制人民的思想），而深海细菌生长环境的温度竟在其之上（Walsby，1983）。这看起来有些自相矛盾，但考虑到压力这一关键因素，就不至于此。生命离不开水，但未必是冷水。海底的环境压力极高，水在上述细菌能耐受的温度下不会沸腾。鲍罗什和戴明合著的论文以如下文字收尾，我们可以把它看作一种预言。

> 这些结果证实了如下假设，即对于微生物而言，在生命所必需的其他条件得以满足的前提下，其生长并不受制于环境温度，而是取决于液态水的存在。这极大地扩展了生命存在的环境和情形，不仅是在地球上，也在宇宙中的其他地方。（Baross 和 Deming，1983，425 页）

而到 20 世纪 90 年代初，已有数个科研团队发现，在石油钻井以及海

① 依作者引用文献（Baross 和 Deming，1983）所述，水样采自海面以下 2650 米处，采样环境温度实为 306℃（582 ℉），而非 650 ℉（343℃）。在进行升温实验之前，先将细菌从水中分离，并在 100℃的环境下培养 48 小时，之后另用预热至 90℃的培养基稀释待试。实验设置了 4 个测试温度，分别为 150℃、200℃、250℃（约 482 ℉，应为文中 480 ℉所指）、300℃。升温实验中所用的培养装置实为注射管，除了 150℃处理所用为玻璃质（容量 50 毫升）外，其他各处理皆为钛质（容量 120 毫升）。实验时，注射管安装于 750 毫升压力容器中，由包裹容器的加热套给热，压力泵给压。作者将这个装置称为"laboratory chamber"，译者在此处理作"实验装置"。——译者注

② A. E. 瓦尔斯比，即英国微生物学家安东尼·爱德华·瓦尔斯比（Anthony Edward Walsby，1941—）。——译者注

③ 雷·布莱伯利（Ray Bradbury，1920—2012），美国著名科幻作家、编剧，其代表作之一《华氏 451》（*Fahrenheit 451*）发表于 1953 年，故事背景为在 2049 年未来世界美国中西部的反乌托邦城市，由于人们转向新媒体，书本及书本知识被禁；由于建筑为防火材料，消防员灭火失去了意义，转而担负起焚书及烧毁藏书者住宅的职责。故事讲述的是一个名叫盖·蒙泰戈（Guy Montag）的消防员从思想觉醒到加入守护图书者行列的历程。——译者注

洋和大陆地下的其他环境中，也有细菌存在。由此表明，细菌可能广布于地球内部，不仅是在过热水涌出的表面，在北海海底及阿拉斯加北坡多年冻土 2 英里（约 3219 米）之下的 4 处油藏里（Stetter 等，1993）、在瑞典的一处 4 英里（约 6437 米）深的钻孔中（Szewzyk 等，1994）、在法国巴黎盆地东部 4 口油井里 1 英里（约 1609 米）深处（L'Haridon 等，1995）也有。[①] 在地下，水可以在岩石裂缝、岩间间隙甚至沉积岩本身颗粒之间的孔隙中迁移（“孔隙性”是岩石的一个重要属性，作为地下液体的自然富集机制的体现，为石油工业所看重——而且，现在看来，于细菌生活也很重要）。因此，即便上述数据并未表明地下细菌群在全球范围内无处不在或连成一片，我们也必然会考虑这种可能性——在我们脚下地底深处的大多数地方，微生物生机盎然。

面对这些数据，我们也不免生疑。最明显且最大者，则是基于细菌的另一基本属性——几近无法被灭绝（抗灭强度之高）而无处不在（发生广度之大）。这些细菌是从采自地底的水样中分离培养而得的，但我们怎么知道它们确实是生活在地底环境中的种类？它们或许是由采样地挖油井或打钻孔的设备带入的。（甚至更令人揪心的是）它们可能不过是地表环境中无处不在的普通细菌，最初躲过了我们试图确保无菌实验环境的种种措施，顽强地驻留在实验室里，最终导致样品被污染。（有关细菌奇异发现处的消息林林总总——有说在陨石上发现的；有说在有 4 亿年历史的盐类矿床中发现，处于休眠状态已千百万年的——结果全是平常的地表细菌污染所致。这样的故事饶有趣味，足以写成一本厚厚的书。我对第一次经“证实”的在陨石上发现地外生命的报道记忆犹新，但事后被揭露，那不过是常见的豚草花粉。阿嚏！）

众所周知，这种事故完全有可能发生。凡从事该领域研究者，一念及此，都会背脊发凉。我不是这方面的专家，无法给出总体意见。污染事故有发生的可能，对此我没有疑问（上述论文的作者们也不会有）。虽说如此，但实验已采取了所有已知可能的预防措施，也采用了确保实验环境无菌的最优方法。最有说服力的是，在这些分离自地球深处环境的细菌当中，有很多是厌氧性

① 按所引文献，文中的“4 处油藏”取样深度为约 3000 米；瑞典最深取样深度为 6779 米，但只从 3500 米深的水柱样本中培养得细菌；法国取样深度为 1670 米。——译者注

超嗜热菌（anaerobic hyperthermophile，即生活在极高温且无氧环境中的细菌，这是它们的术语称谓）。它们在地下环境中繁殖旺盛，但不可能出现在实验室里的污染杂菌中。因为，在一般的地表环境下，温度、压力皆“低”，氧气多多，这些细菌活不了。

威廉·J. 布罗德[①]在《纽约时报》1993年12月28日号上撰文，对这一案例进行了很好的总结：

> 有些科学家说，在地壳外缘数英里范围内，细菌可能无所不在。它们栖身于充满液体的岩石孔隙、裂缝、间隙之中，依靠地球内部的热量和化学物质维持。它们的主要生活环境可能是大陆之下或海洋深渊的热液。在那里，它们可以不断地汲取诸如石油、深层地下水等液体缓流中的营养物质。

若要将“细菌在地下发生广度非常之大”作为定论，我们还应进一步问：除了深海热液喷口、油藏这样的特异化环境，细菌是否也存在于普通的岩石或沉积层中（毕竟，水可以渗入其间隙和孔隙），甚至更加普遍？发出此问，可谓人之常情。对此，20世纪90年代中期出现的新数据似乎也给出了肯定的回答。

研究人员在太平洋5个地点海底以下最深达1800英尺（约549米）处的普通沉积层中发现了大量细菌（Parkes等，1994）。与此同时，在弗兰克·J. 沃伯（Frank J. Wobber）的带领下，美国能源部广挖深井，监测地下水中的无机源污染及潜在的细菌源污染（主要是为了了解细菌是否会影响深储在地下的核废料）。在这一过程中，须避免样品被带至井下的地表细菌污染，沃伯团队为此大伤脑筋。最终，他们在至少6处地点发现了细菌种群。其中，在维吉尼亚州的一处，采样深度达9180英尺（约2798米）。

为此，威廉·J. 布罗德另撰写一篇文章，仍刊登在《纽约时报》（1994年10月4日号）上。这一次，他甚至更加激动，但也不无道理：

---

① 威廉·J. 布罗德（William J. Broad，1951—），美国科学记者、《纽约时报》资深撰稿人，曾获得包括普利策奖、艾美奖在内的多项奖项。——译者注

岩石内部是否蕴藏芸芸众生的一分子？围绕这个问题，小说作家幻想之，名科学家假设之，实验家投身于斯，怀疑家挖苦之。但无论通过哪种方式，在数十年时间里，也未曾有人找到切实的证据——直到现在……原来，在这个行星地底深处，微生物繁殖旺盛，已然生机勃勃。

随后，另有研究人员发现，在美国西北哥伦比亚河玄武岩地表以下3000余英尺处，生活着种类丰富的细菌群落，并对之进行了描述。这些细菌属于厌氧类型，似乎从氢获取能量。在该处，氢是由玄武岩中的矿物质与渗入的地下水发生反应生成的。因此，和深海热液喷口动物群一样，这些细菌赖以生存的能量源自地球内部，完全不依靠光合作用，因而与所有常规生态系统所依赖的太阳能源没有任何联系。随后的室内研究证实了野外发现。研究人员将粉碎的玄武岩与去除溶解氧[①]的水混合，发现的确有氢生成。接着，他们把玄武岩放进采得的含有地底细菌的地下水样中，并将容器密封。就这样，在模拟地底自然环境的实验室条件下，这些细菌长势旺盛，最长可维持一年之久（Stevens和McKinley，1995）。

这些细菌群生自地底深部，不以太阳为能量来源，且与地表群落隔绝，毫无联系。发现者依科学界的传统，用一个幽默易记的缩写为之命名——SLiME（全称为subsurface lithoautotrophic microbial ecosystem，即“地下岩石自养微生物生态系统”。所谓“岩石自养”，不过是“只从岩石获取能量”的“高端”说法而已）。《科学》杂志刊登了对这项研究的评述文章，标题有几分挑衅的意味——《深部细菌仅靠岩石和水就能活？》（Kaiser，1995）。对于这个问题，答案似乎是肯定的。

我在康奈尔大学的同行汤姆·戈尔德[②]可能是美国最反主流的科学家之一。〔有位名生物学家（在此我不透露其身份）曾对我说，应当把戈尔德跟那些他认为存在的细菌通通深埋到地底下去。〕但谁也不会小瞧他，或者不严肃待之，因为他对的时候太多了（我们只会威胁把自己畏惧的人活埋掉）。

1992年，戈尔德在名望颇高的《美国国家科学院院刊》上发表了一篇非同寻常的论文，题为《深部热生物圈》（*The deep, hot biosphere*）。在文中，

① 溶解氧（dissolved oxygen），指以分子状态溶于液中的氧。——译者注

② 汤姆·戈尔德（Tom Gold），即天体物理学家托马斯·戈尔德（Thomas Gold，1920—2004）。——译者注

戈尔德完全证实了地底深部细菌群的重要性（其论据具有真正意义上的普适性，或者可以说至少有这种潜在可能）。〔他的这一作为颇有其个人风格。因为，彼时尚无普通地下岩石中存在类型丰富的细菌群落的数据。不过，这次他又对了。即便其引申未必全部正确无误，但至少在事实陈述方面，他是对的。在展开论述之始，他这样发问，“海底喷口是（深部细菌生命存在的）唯一代表吗？还是说，它们所代表的，不过是被发现的首例？”〕

纵观生灵万物，若有能将生境范围拓宽到常规的陆地和海洋之外者，首选显然是细菌。细菌的体型小得几乎可以挤进任何地方，其发生的环境范围因而比其他任何生物都广得多。戈尔德写道：“在如今所有已知的生命形式中，细菌所代表的，似乎是能够轻易地利用源自多种化学物质的能量的那种。”

戈尔德把地球内部的岩石和热液计入细菌的生境，极大地拓展了细菌的潜在发生范围。鉴于这些地方可能有细菌存在，戈尔德给出了对细菌生物量的新估值。这很关键，至少是因为结果支持我关于“细菌数多势众，处于绝对优势”的论点。当然，戈尔德得到的，仍是“在信封背面速估”式的计算结果，而对于这样的结果，我们必须保持谨慎的态度（但不要忘记，估值也可能会偏低，而非偏高）。它建立在大量假定条件的基础之上，从细菌发生地的深度、环境温度、岩石中能容纳细菌所需水分的孔隙空间体积，到这些水能承载的细菌数量，我们只能给出“最合理”的估计。如果实际值与估计值相差甚远（这完全可能），最终的计算结果就会大错特错。（我相信，读到这里，科学界以外的读者可以领悟到，为何在这个行当里，大家接受达到某一“水平”的大致估值，即便会出现一两个数量级的偏差。）

不管怎样，戈尔德对细菌总生物量的估值，确实建立在合理的假定基础之上。对于那些关键因素的估计，甚至算得上非常保守。因此，若渗入岩石的水中确有细菌存在，他得出的数字就可能在实际“水平”范围之内。戈尔德假定环境温度的上限范围为 230 ～ 300 ℉（约 100 ～ 149℃），深度范围为 3 ～ 6 英里（约 4.8 ～ 9.7 千米，若现实中更深处也有细菌，总生物量值实际值会比估值高很多）[①]。同时，他假定岩石体积的 3% 为孔隙，由此计算出适于细菌生存的水量。最后，他估计细菌质量约等于适生地下水质量的 1%。

① 按参考文献（Gold，1992），温度范围实为 110 ～ 150℃，深度范围实为 5 ～ 10 千米。——译者注

戈尔德将这些假定估计值代入公式，计算出地下细菌的潜在质量，结果为 2×10^{14} 吨。按他的话说，如果把这一体量的细菌平摊到地球所有陆地表面，可以垒 5 英尺高[①]。他写道，这等生物量可能“着实在现有的地表植物和动物之上”。基于这一估值，戈尔德给出措辞较为谨慎的结论。他写道：

> 目前，我们尚不知如何得到接近地下生命物质实际质量的估值，但唯一可以肯定的是，我们必须考虑这种可能性——它与地表生命的质量相当。

鉴于“地球生物量主要来自森林树木”的教条早已在人们心中根深蒂固，“地下细菌质量潜在更大”的结论所代表的，是对生物学传统认知的一大修正，也让“数众细菌”的声势大涨。不错，细菌不仅在数量上超过了地球上其他所有生物的总和（这不足为怪，毕竟细菌个体小），还可以依靠种类繁多的代谢方式，在更多地方生存，且凭借一己之功，构成了生命历史的前半部，其多样性在后来也无衰减之象。不仅如此，将地下种群计入后，细菌的总生物量（竟能在个体质量微乎其微的情况下）也会超过其他所有生命的总和，更毋言森林树木——这才是更令人吃惊之处。由此可见，细菌数多势众，在芸芸众生中，影响力最大，最为重要，一直都处于核心地位。对于这一点，至此，既已明证，已无须多言。

不过，戈尔德竟然往前又推进了一步，其异乎寻常之程度丝毫不减。如今，我们基本可以肯定，在这个太阳系的其他地方，没有寻常的生命存在，因为其他行星的表面都不具备维持适宜温度和液态水的条件。而且，这种地表条件在宇宙中可能极为罕见，使得生命成为一种非同寻常的宇宙现象。

但是，地球内部浅层的环境（岩石裂缝和空隙，液体可在其间流动）在其他世界里或许较为常见，无论是太阳系里的，还是以外的（在遥远的行星上，虽表面封冻，生命不可能发生，但内部的热量或能使液体产生，地下岩石里有形成适于细菌级别的生命生存的环境）。据戈尔德估计，“在我们的太阳系里，至少还有（包括大型行星的卫星在内的）10 个星体可能有产生微生

① 按参考文献（Gold，1992），实为 1.5 米高。——译者注

物的相似机会”，因为“大多数固态星体内部的环境与地球内部数千米深处没有太大区别”。

终于，我们可能需要把惯常之见完全倒转过来，考虑接受这样一种可能，即基于光合作用的常规地表生命，应该只是某一种现象非常特殊甚至有些怪异的表现形式。而这种现象的普遍形式，则通常表现在行星内部浅层中细菌级别的生命之上。我们得知有这等地内生命存在，不过短短 10 年。从一无所知到意识到可能普遍存在，这种转变一定是观念修正史上最不可思议的一次进步。戈尔德得出如是结论：

> 从整体能量来源来看，地表生命基于光合作用。它们可能只是生命的一个奇怪分支，是对一个行星的特异性适应的结果。这个行星的表面恰好具备利于它们生活的极罕见条件：适生的大气、与光源恒星之间的适当距离、表面水和岩石皆有等。底部生命基于化学物质，然而，其发生条件在宇宙中可能非常普遍。

换言之，细菌数多势众，不仅在地球上处于绝对优势地位（即便用质量衡量），可能还代表了全宇宙唯有的普遍生命模式。

右尾非势所趋

得当的道德论之所以得当，在于分清行为的意图和结果。比如说，有人被杀，若是冷血的凶手所为，我们理当对行凶者极尽鄙夷；若遇难者死于热心的善人之手，我们却会对杀人者抱以同情。那是因为，即便都导致不必要的死亡结果（例如商店业主中枪身亡），行为当事人（开枪的抢匪和警察）的意图却大不相同，死亡悲剧也可能是正当行为的无意后果（警察瞄向的是抢匪，但没瞄准，反而误杀店主）。

与之相似，解释自然历史的理论，得当者之所以得当，在于分清因果。达尔文的核心理论认为，自然选择着力于增强“在局部环境变化中适应”的能力。因此，在自然选择中形成的性状，例如（我在第 139 页讨论过的）真猛犸象身披的厚毛，其演化形成以适应为缘由，是明确原因的结果。但另有不少性状，对拥有者也至关重要，但其形成可能没有原因（或至少是间接产生的），是"无意"中遗留下来的产物，或次要后果。例如，我们的读写能力是当代文化的主要推动力。但没人会说，在自然选择的作用下，我们的脑容量变大，是为了让我们掌握读写能力。毕竟，当人类萌生读写意愿时，其脑容量和构型演化到现代水平已有数十万年。自然选择使我们的脑容量变大，是出于其他原因，脑力增强，是为了直接行使其他功能。而后来才形成的读写能力，不过是脑力增强的偶然或无意后果。

直觉告诉我们（这次我相信它非常正确），区分"直接导致之结果"和"间接构成之后果"，不仅是解析有机世界任一特定性状的重要原则，也是领悟演化理论任一普遍要领的根本前提。可预见性不是重点，因为对于一种现象而言，无论它事发有因，为其直接结果，还是成于偶然，构成其后果，都有可能被预见到。问题之关键，在于相应解析的本质属性及具体表现为何。故意杀人的凶手和无意过失的警察导致相同的结果（且可预见性的程度相同，因为从牛顿经典力学的角度看，只要事先掌握所有人的站位，明确无障碍物，以及扣动扳机的时机等，就可以推导出结果），我们却坚持"故意"和"意外"有别，只求对事件性质做出不同的评判。

同样，就"生命复杂度最高值不断攀升，'钟形曲线'右尾不断延伸"的成因而言，它既有可能（如传统观点所指）是演化或具备某种固有的驱动力，将生命推向复杂度更高的层次，也有可能（如我在本书中论证的主要观点所言）是生命必然起始于复杂度水平最低的"左墙"在先，差异幅度成功扩展在后，右尾的延伸只是在这一过程中偶生的次要产物，而生命一直维持着不变的细菌模式。直觉让我们意识到（这次又是正确的），它们是两条同归于一个预测结果的殊途。我们非常在意两者意义的不同，这也是理所当然的——在一种情形下，复杂度趋升是生命历史的既定走向；在另一种情形下，右尾的延伸是演化原则实践的消极后果，与主要结果大相径庭。在一种情形下，生命历史由进步主宰和塑造，是这一根本原因的核心产物；在另一种情形下，进步处于次要地位，比较罕见，其形成没有直接原因，非为有利，不过是附带而生的。

有关"直接所致结果"和"附带而生后果"之别的争论贯穿整个演化思想史。致力于阐明两者区别的文献应运而生，不仅有从科学角度入手的，也有从哲学角度出发的。在这些技术文献的交锋中，一系列行内人才听得懂的术语横空出世，深奥得让人望而却步（说实话，其中有些还是我炮制的），如

"适应"和"扩展适应"、"适配性状"和"拱肩性状"、"选择"和"分选"[①]（详见 Sober，1984；Gould 和 Lewontin，1979；Gould 和 Vrba，1982；Vrba 和 Eldredge，1984）。不过，我在这里将继续使用通俗的说法，分清"有意结果"和"附带后果"即可。

本书的主要主张，并不是要否认生命历史中的复杂度提升现象，而是要指出它成立的两个限定性事实。只是这样一来，就动摇了该现象以"演化实质性特征"名头构成的传统霸权地位。其一，该现象仅表现于"钟形曲线"右尾上的寥寥数个物种，而曲线整体所呈现出的，是不变的细菌水平的复杂度模式，可见"复杂度提升"的适用范围小得可怜，并不是普遍显现于大多数支系历史的特征。其二，该局限性现象不是某个动因的"有意结果"，而是作为其"附带后果"出现的，就如有些学者说的那般，是显现出的某种"效果"（Williams，1966；Vrba，1980）。而在"有意结果"的动因中，也不存在某种促成进步或复杂度提升的机制。

有人不死心，但最多也只会搬出托马斯[②]的主张，即"从长期看，复杂度不断攀升，呈进步之势。这是演化所显现出的主要效果，由此赢得我们的关注，让人无法忽视"（Thomas，1993）。换言之，该主张承认复杂度的提升是一种附带后果，一种"显现出的效果"，而非动因利导的主要结果。然而，它又认为"进步之势"仍能从演化的诸多附带后果中脱颖而出，最终以显现出"主要"效果而"赢得我们的关注"，人们不得不接受它。但是，若要使这种主张成立，除了基于人类狭隘而主观的欲望，将一种导致我们人类产生并稳坐自我定义之巅的"效果"认定为"主要"，还可能有什么别的判断标准？我想，真正处于绝对优势地位的细菌中的任一个体，若有可能的话，无不耻笑

① 扩展适应（exaptation），指在新环境下，某一性状表现出不同于原有功能的适应（adaptation）。这与预适应（preadaptation）的概念有些微相似之处，但所涉新功能无事先预备形成的意味。适配性状（aptation），指任何适应环境的性状，无论是在适应中形成，还是在扩展适应中形成，甚至非自然选择的主要产物。拱肩性状（spandrel），指自然选择的副产物（次生或次要的后果或产物）。选择（selection），指物种选择（species selection），即存在可遗传的物种级别的适应性状，可导致繁殖差异或物种灭绝（差异成种或差异灭绝），进而形成的宏观演化趋向可视作以物种为单位的自然选择。分选（sorting），指物种分选（species sorting），指形成上述演化趋向的根源特征属于种内个体级别，但其积累效应足以导致分化，因亦是内禀生物性状与环境互作的结果，有学者视之为广义的物种选择。——译者注

② 托马斯，应指罗杰·D.K. 托马斯（Roger D. K. Thomas），美国地质学家、古生物学家，1975 年以来供职于美国宾夕法尼亚州的富兰克林与马歇尔学院（Franklin & Marshall College），2011 年被选为美国地质学会会士。——译者注

为如此“尾巴”出头的假说，毕竟，“尾巴”上的种类规模如此之小，且距离生命的“众数中心”如此之远（无论是以质量统计，还是以历史连贯度统计）。我当然知道，细菌不可能具备笑（或思考）的能力，也意识到，我们所持的“人类更重要”的哲学主张，可能就是基于“我们与细菌有别”的演化后果。不过，别忘了，我们可无法在地表之下数英里[①]处靠玄武岩和水生存，也不能放弃源自太阳的能量，转而基于地球内部热量，以构成新型生态系统的核心，更不能成为大多数类太阳系中或许存在的宇宙生命的基本模式。

换言之，所谓“进步”，纯粹是一个附带后果（且仅局限于右尾狭小的范围），完全不能为如我们传统所希望的“人类生来重要论”（即第二章中谈到的在“弗氏革命”中阻碍我们捣毁信念根基而未能完成达尔文革命的曲解滥调）正名。我想，凡从事演化理论的研究者，只要曾考虑过本书议题（万物生灵，千姿百态，我们面对的是一部体现所有生命差异的历史，而非一个仅借由抽象简化的均值或极值讲述的故事），几乎都会得出同一结论，即表现为右尾延伸的所谓进步，必然是演化的一个附带后果，而非其主要结果。

因此，若仍不想放弃传统所希望的“进步为内在原因之外在结果”的观念，就不得不退而求其次——换一种说辞，虽不如原先的那般宏大，但也可能让人获得些许慰藉。坚守者会这样问，即便我们不得不承认，右尾延伸是自“左墙”而始的扩展事件的附带后果，但难道我们就不能认为，在生命“钟形曲线”的形成过程中，还存在其他动因，且其中的确包括导致进步者，是促成可预见进步的内在动力？

就如我在本章首节所列 7 点辩驳提要的第 6 点（见 170—171 页）所述，这种辩词并非不能成立，但要经得起实证检验才行。他们会说，生命整体始于“左墙”，因而只有一个扩展方向。这样一来，我们就不能以“生命整体”为例来检验进步动因的存在。因为，在这种情况下，均值右向提升所反映的，必有部分是“左墙”屏障构成的左向制约，而非任何潜在的动因。不过，若我们的研究对象是组成规模较小的支系，其奠基成员远离“左墙”，可往两个方向变异，则可以用来检验进步的普遍性。这些可“自由行动”的支系的复

① 原文所述为“6 英里处”。如前节所述，尽管按戈尔德的推测，细菌在岩石中的深度范围为 3 ～ 6 英里（见 192 页），但书中提到的有关玄武岩中细菌的研究（见 191 页），其采样深度为 3000 余英尺（如原文献所述，相关地层的厚度也不过 3 ～ 5 千米），远不及 6 英里，故在此处理为“数英里”。——译者注

杂度是否多趋于上升，甚至效果更明显，而鲜有下降？若果真如此，我们就可以断言，进步是演化所依循的普偏性原则，是自有其因的主要结果。这样一来，从整体上看，生命曲线的右尾延伸现象，就有可能是两个不同过程共同促成的——既为演化受制于“左墙”起源的附带后果，在可双向变异的支系中，也是其固有的复杂度趋升偏向的直接结果。

这种臆想在逻辑上是合理的，但从现有证据来看，又是经不起检验的。下面，我将从两个方面驳斥上述“固有进步论”。第一个的论述略短，且带有主观性；第二个的偏长，基于最令人信服的最新证据。

先说第一个方面。如果让我打赌，赌支系内复杂度自然变化的方向，（若一定要说存在或升或降的偏向）我会把一大笔钱（但不是我的全部财产）押到略微趋降，而不是传统喜好的趋升上。这一主张或许令人吃惊，我之所以如此站队，是因为我知道，纯粹意义上的自然选择，只会导致生物对局部环境变化的适应。这些变化本身是随机（而非“进步”）的，因为气候波动并未随时间推移而显示出某种趋向性。因此，在生命的“达尔文博弈”[①]过程中，若复杂度形成趋升或趋降的偏向，就须有在该方向彰显的普遍性优势。我能想出复杂度趋降可能存在的理由，虽说只有一个，但对于趋升，我却找不到任何辩护之词。由此，我认为，纵观所有支系的复杂度表现，略微趋降者应占压倒性的多数。所以，我会把注押到趋降上面。

对于支持“达尔文博弈”中复杂度趋升有普遍性优势的说辞，我向来觉得索然无味，完全无法接受。例如，有人认为，在针对有限资源的竞争中，拥有更精妙的身体构型，就可以获得适应性利好。难道构型更复杂就该占上风？ 我能想象有人会以哺乳动物的脑为例辩护，说复杂度提升就意味着拥有更灵活及更强大的算计能力。但是，我也可以想象，在同等多的情形下，更精妙的构型很有可能沦为累赘。构件越多，出错越多，则越不灵活。毕竟，只有当所有构件精准配合时，才不至于出错。

在“达尔文博弈”中获得成功（即形成局部适应）的案例中，有一种普遍模式貌似的确与复杂度显著下降的偏向有关——具体而言，即寄生的生活方式。在生物界，这不是一种罕见的现象，营寄生的物种可能有数十万之众，在所有生命形式中所占的比例不低。并非所有寄生生物都通过简化获得适应

① “达尔文博弈”（Darwinian game），指演化。——译者注

性利好，但有一个大的类群确实如此。它们生活在寄主体内深处，永久性地依附于斯，通过攫取寄主血液或已由寄主部分消化的食物，从中获得所需的全部营养。它们既不需要运动器官，也不需要消化器官，自然选择趋于成全这些器官的丧失。为了满足这种生活方式的特殊需求，另会有一个或多个器官演化形成。例如，附着寄主的钩状结构、分流寄主食物的吸食结构。不过，虽然另形成诸如此类的复杂结构，但在数量上远不及已丧失的器官。

这些固着不动的寄生动物通常呈袋状或管状，主要由繁殖器官构成，犹如附着在寄主体内器官上的简单繁殖机器。例如蟹奴，这种寄生于蟹等甲壳类的著名藤壶类动物，就仅由一个附着在寄主腹部的无形囊状体（相当于育囊）及一棒状结构组成。后者插入寄主体内，形成一系列根状分枝，蔓延到蟹体诸多组织，由此实现取食。[①] 又如寄生于人体肠道中的绦虫，体长可达20英尺（约6米），由上百个体节（链体）组成，而各节不过是内含子代的简单囊体。再如寄生于脊椎动物呼吸系统的舌形虫，整个舌形动物门[②] 的成员都具有十分精妙的吸血器官，却无司运动、呼吸、循环、分泌等功能的体内结构。

这样一来，若在自生生物的“标准”自然选择过程中没有任何偏向产生，而寄生生物又趋于简化，且无复杂度趋升的偏向加以反向制衡，那么，（既然寄生者简化，而非寄生者无趋向）大多数支系的演化历史则可能在整体上表现为复杂度略微趋降。请注意，即便大多数支系表现为复杂度趋降，在全体生命的“钟形曲线”上，右尾仍然是与时俱增的。对于左向偏移的物种，复杂度趋降，犹如进入人烟稠密的界域，不是难事。而对于右向偏移的物种，其后果可能意味着复杂度达到新的水平，即便犹如进入荒无人烟的新疆域，也只有极少者能实现。走出酒吧的蹒跚醉汉，即便出于某种原因，往回摇的

---

① 文中“无形囊状体”指蟹奴外体（Sacculina externa），“棒状结构”及其分枝指蟹奴内体（Sacculina interna）。“蟹体诸多组织”，原文为 crab's blood space，语义不清，可能指血窦，即器官之间的某些间隙，但循环系统并非蟹奴取食目标，故按分枝结构可蔓延到消化系统（吸取营养）及神经系统（控制寄主行为）的事实，做文中处理。——译者注

② 舌形动物门（Pentastomida），原名“五口动物门”系直译自拉丁学名，仍有人沿用。但该门类的动物只有一口，所谓“五口”指前部的五个附肢，其他四“口”实为两对钩状结构。因动物体形似脊椎动物之舌，故取其英文俗名（tongue worm）及门类异名（Linguatulida），以“舌形虫”代其中文俗名，改分类阶元中名为现名。——译者注

频次比往外晃高，但最终也会掉进沟里[①]，这是因为他撞上墙时会被弹回，掉到沟里则不会（而是趴下就起不来了）。就系统整体而言，即便其中支系的波动有趋左的偏向，其右向极值也能达到新高。

但是，我也能想出反驳自己关于寄生生物主张的理由。不错，寄生动物成体的确趋于简化，但若只关注成体，我们就会陷入另一类常规偏见（即便其影响无疑不如我们对进步的偏爱那般全面，或者说普遍，但它仍是一种严重扭曲的狭隘之见）。就如对人的定义，所参考的依据不只是已完成发育的成年人特征，毕竟孩童也是人。演化的影响作用于对象的整个生活周期，不只是施加于成体。固着不动的寄生生物，或吸食寄主血液，或分流寄主食物，较之营自生的寄主而言，其演化可能朝着更为简约的方向进行。然而，寄生生物的完整生活周期却通常朝着相反的方向演变，变得更加精妙复杂。有些寄生生物须适应两个或三个不同的寄主，才能完成一生。

蟹奴成体或许不过是无形的一团外体，以及与之相连的根状内体，但其幼体的发育过程却复杂得惊人（参见 Gould，1996）。有些种类的幼体营自生，以浮游形态存在。进入安扎阶段，它们会依附到螃蟹上，并生出锥刺结构，刺穿蟹体，注入些许细胞。这些细胞最终发育成成体的内体和外体。[②] 舌形虫的生活周期也十分复杂。其幼体先进入最初寄主体内，蛀穿肠道。当这一“家园”被脊椎动物取食后，已发育成熟的舌形虫转移到新寄主的呼吸道，或从胃部爬行至食管，再钻蛀到目的地，或钻穿肠道壁，进入血管，随血液循环到达目的地。在终宿部位，成体通过口部周缘的钩状结构附着其上。

---

① “最终也会掉进沟里”，原文为“end up in the road”，意即“最终会留在路上”，或“回到路上”。按前文（148—149 页）描述的“醉汉蹒跚”，醉汉在蹒跚一定步数后，会跌入人行道右侧的边沟，以示该事件为“左墙”存在时随机位移的后果。尽管此处的“在路上”可理解为若边沟不至于令人跌倒，醉汉则可能进一步向右位移至边沟右侧的马路，但下句否定了这种假设。此处描述的情形，是即便醉汉蹒跚向墙的概率大于向沟的概率（即左移偏向），但由于“左墙”的存在，他仍会掉进沟里（即右移后果），只是所需步数更多而已。——译者注

② 按作者推荐参考的文献，蟹奴所属的根头类〔现根头总目（Rhizocephala）刺胞幼体目（Kentrogonida）〕动物的幼体有三个发育阶段，依次为无节幼体（nauplius）、腺介幼体（cyprid）、刺胞幼体（kentrogon，又译作新轮幼体、藤壶幼体）。无节幼体即营自生的浮游形态，经过几次蜕皮后转变为腺介幼体。雌性腺介幼体吸附到寄主，转变为刺胞幼体。刺胞幼体通过锥刺结构（injection stylet）将成体原基细胞注入寄主血淋巴。实际上，这些细胞又称“蠕状幼体”（vermigon）。该文献后收入作者文集 *Leonardo's mountain of clams and the Diet of Worms*（1998），现已有汉译本，即《达·芬奇的贝壳山和沃尔姆斯会议》（傅强、张峰译，2020，商务印书馆），该文为其中的第十九章《根头类的胜利》。——译者注

由此可见，若要基于普遍原则，找出一个明确的或进或退的偏向，我可没有什么信心。不过，我们的确有大量可供实证的经验数据。毕竟，大多数多细胞生物支系并非起始于“墙”下。在随后的演化中，复杂度可升可降。如果我们能就衡量复杂度的指标达成一致，获得的支系数据足够多，或许就可以得出一个具有普遍意义的结论。然而，古生物学家开始对这个议题产生兴趣不过是最近几年的事。我们积累的数据还远远不够，尚无信心得出如此结论。但是，初步研究的结果让人看到很大的希望，因为我们至少已经找到处理和验证这个关键议题的途径。而且，已验证的几个案例，都指向一个非同寻常的结果，那就是尚未发现有复杂度趋升的偏向。这将是我在下面讨论的第二个方面的内容。

这方面的研究是由密歇根大学的丹·麦克谢伊开启的。如今，他在圣菲研究所专门从事复杂系统研究。③ 在这些技术文献当中，有不少必须以定义俗语为重心，对一条非常模糊、语义非常之广且部分之间还自相矛盾的俗语，做出不模棱两可且可量化的定义。这条俗语就是“复杂”。我们说某一物事比别的物事更复杂，但何为“复杂”？通俗的评定标准不止一个，选用时须依语境而定。“复杂”可体现于形态、发育、功能等不同方面。（借用麦克谢伊和托马斯所举之例）垃圾堆的形态非常复杂（其中内容多样，且各不相干），但功能非常简单（不过是一堆废物，以做填埋之用）。不过，我们认为功能简单的物事，于他者而言，可能是非常复杂的。例如，分量少得微不足道的食物，在觅食的海鸥眼里各有不同，必须区分得清清楚楚。

虽说这一问题的重要性和性质有强调的必要，但它毕竟是一个技术性话题，鉴于本书面向的是大众读者，我无意就此费太多笔墨〔但若感兴趣，可参考麦克谢伊（McShea，1992、1993、1994）及托马斯（Thomas，1993）的论著，其中有精彩的讨论〕。而且，既然“复杂”是一条语义多样的俗语，且各义项皆为人所用，我们会对其各个方面都感兴趣，我也不认为这个问题有

③ “如今，他在圣菲研究所专门从事复杂系统研究”，原文为“now at Santa Fe's Institute for the Study of Complexity”，鉴于该研究所名称有别于原文，故做改写处理。圣菲研究所（Santa Fe Institute）位于美国新墨西哥州圣菲，成立于 1984 年，以研究复杂适应系统（complex adaptive system）著称。从丹·麦克谢伊（Dan McShea，即 Daniel W. McShea）发表论文的署名单位看，他在该研究所工作的时间不长，在本书出版同年，便入职杜克大学，并留任至今，与同事罗伯特·N. 布兰登（Robert N. Brandon）合作，在复杂度和多样性方面著述颇丰。——译者注

普适性的解决方案可寻。（借用P. B. 梅达瓦[①]恰如其分的妙语）科学是“可解的艺术”——致力于提出可答之间的行当。我们必须亦唯一可以明确的是，欲衡量复杂之程度，应选择严格意义上的可量化指标，明确对俗语各语义所涉方面的取舍。（对于可取而未取的方面，将来或许有人会进行后续研究，也许您也会加入其中。）在这一点上，上述文献处理得当，令人欣慰，不像很多领域中常见的那般拖泥带水。

麦克谢伊选择从形态学的角度定义复杂度，不是因为这一方面在语义上近乎约定俗成，而是因为有定义明确的指标可选，有严格的验证手段可用。他写道：“如此为之，是为将拯救生物复杂度研究于主观印象式的估计、带有偏向性的案例、囿于理论的猜测之中，试图使之回归坚实的实证基础之上。”（McShea，1996）他的定量研究基于以下概念定义：

> 系统复杂度指某种被广泛认可的功能，它取决于不同组分的数目多寡（或差异程度）[②]及其组织方式的不规则程度。因此，异质、混乱或构型不规则的系统是复杂系统，例如生物体、机动车、堆肥堆、垃圾场。有序是复杂的对立面。有序系统是同质、冗余或规则的，例如栅栏、砖墙。（McShea，1993，731页）

麦克谢伊的主要研究对象是脊椎动物的脊柱。基于上述定义，他用组分椎骨之间的差异来衡量脊柱的复杂度（McShea，1993）。（鱼类的脊柱由至少40块椎骨组成，但椎骨大小相似，皆呈简单的盘状，可谓复杂度低。哺乳类的脊柱的椎骨数量虽少，但在大小和类型上皆有所分化，形成颈椎、“背椎”及支撑骨盆的荐骨[③]，可谓复杂度高）。在实际操作中，麦克谢伊测量每块椎骨的6项形态指标（5个线性变量和1个角度变量，见图32），再根据这些数据计算椎骨间的差异，作为衡量复杂度的指标。他计算的复杂度指标有3项，

---

① P. B. 梅达瓦，即彼得·布莱恩·梅达瓦（Peter Brian Medawar，1915—1987），英国著名生物学家，被誉为“器官移植之父”，因证实获得性免疫耐受现象，与他人共同获得1960年度诺贝尔生理学或医学奖，是本书作者及其“论敌”理查德·道金斯（Richard Dawkins）共同推崇的科学家。——译者注

② 括号中的文字为作者遗漏的引文内容。——译者注

③ 文中的“背椎”，原文为back vertebrae，应指胸椎和腰椎；荐骨，原文为sacral discs，根据字面义，似为骶椎椎间盘，但根据上下文，应指类似人类骶椎及其椎间盘融合而成的骶骨（sacrum），即荐骨。——译者注

即同一脊柱中，任两椎骨之间差异的最大值、各椎骨与椎骨均值之间差异的平均值、相邻两椎骨之间差异的平均值。①

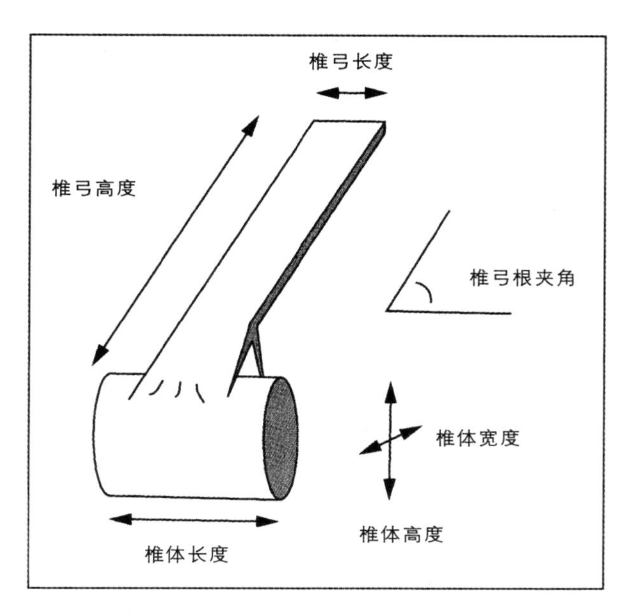

图 32　麦克谢伊研考椎骨复杂度演变史所采用的形态学指标

麦克谢伊的验证理念与本书观点可谓完美契合。他认为，趋向的形成有两种基本模式，且根本成因大不相同。他称之为“驱导型”和“消极型”，并强调它们是自然构成的“类型”，并非出于人类理解之便而生造的概念。他写道：“这些结果的确提高了以下观点成立的可能性，即驱导型和被动型机制是自然类型，与之相对应的，是两种区别明显、定义明确的宏观趋向成因。”（McShea，1994，1762 页）

驱导型趋向所对应的是传统观点，即组成元素演变带有偏向性，因而导致整体偏移。驱导型趋向会导致复杂度提升，如果演化通常眷顾更复杂的生物，支系内的所有物种都趋于发生如此变化。（换言之，在这种语境

① 前两项分别为极差、平均离差，第三项可称作“平均邻差”，在麦克谢伊的论文中，对三项皆取对数，分别代表复杂性的广度（range）、极化度（polarization）、不规则度（irregularity）（McShea，1993）。——译者注

下，自然选择就好比一个驾驶员，驱动着运输工具在其偏好的某个方向上前行。）消极型趋向（见图 33）所对应的模式不为人熟悉，却最好地解释了本书所讨论的复杂度变化，即总体趋向是附带后果，各物种本身没有偏好的方向。（麦克谢伊之所以称这种趋向为消极型，是因为好比没有了驾驶员，任何物种都不会受其操控，以在其偏好的方向上前行。但是，即便各物种的演化有如“醉汉蹒跚”那般随机位移，也能构成大致的趋向。）对于复杂度变化的消极型趋向，麦克谢伊也提出了我在本书中一直强调的制约因素——演化始于复杂度最低的“左墙”之下，随后的过程只有一个方向可行。

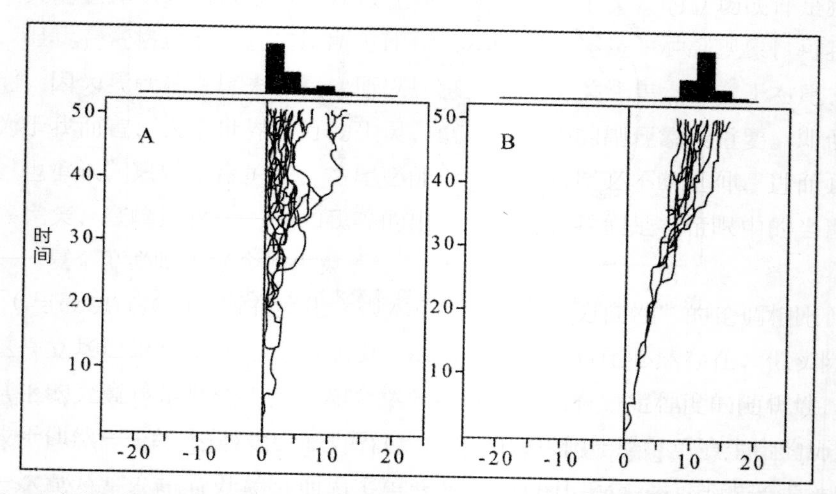

图 33　麦克谢伊定义的消极型趋向和驱导型趋向。消极型趋向（A）始于“左墙”，一直保持着起始位置上的模式，并向唯一开放的右向拓展。在驱导型趋向（B）中，最大值和最小值皆与时俱增

麦克谢伊提出，欲确定趋向是驱导型，还是消极型，应从三个方面加以检验。

1. 最小值检验

在消极型系统里，演化没有趋于更加复杂的偏向，总有物种尽可能地维持着简单的水平。因此，即便支系扩增，最低水平的复杂度也会被这些物种保留下来。在驱导型系统里，复杂度高的利处如此之多，使得所有物种的演化都偏向于它。因此，复杂度的最高水平和最低水平皆与时俱增。（生命一直

保持着细菌模式，且规模仍在不断壮大。这一事实充分表明，生命整体是一个消极型系统。）

这一检验虽有一定的指示性意义，但并不能将两种趋向完全区分开。原因在于，即便在驱导型系统里，也难免有几个物种保持着原先最低水平的复杂度。（在如此系统里，这种最低水平可能不会消失，但至少出现频次会越来越低。）

2. 祖先－后代变化幅度检验

这项检验效力强大、浅显易懂。首先，选取扩增的支系，确定祖先物种。然后，罗列出它所有的后代物种，逐一确定复杂度是升，是降，还是未变。最后，判断哪一类表现占多数。从原理上讲，这是所有检验中最具决定性的一项。然而，从实践操作看，它并非每次都能派上用场。原因在于，化石记录远非完美，我们常常无法确定祖先物种，或找不到足够的后代物种，从而无法进行正规的随机化检验，无从判断复杂度的走向。

3. 偏度检验

对于生命整体的演化，无论遵循消极型机制，还是驱导型机制，都会产生相同的结果，即复杂度曲线呈右偏分布，最大值出现在延长的拖尾上。麦克谢伊认为，若要明确趋向的模式，应选取起始处远离“边墙”（因而可双向扩张）的组分支系，考察其偏斜水平（见图 34）。如此一来，在驱导型系统中，组分支系应也呈右偏，因为所有物种的演化皆有趋于“进步”的偏向，因而往偏好方向演变的物种更多，由此将整个分布向右拉伸。然而，在消极型系统里，组分支系不呈右偏，因为物种复杂度提高和降低的机会均等，即复杂度降低的左移物种和复杂度升高的右移物种在种数上势均力敌。

麦克谢伊将这些检验应用于脊椎动物脊柱的演化研究（McShea，1993、1994）。可想而知，在椎骨整体的演化过程中，显然存在着某种趋向，因为最早的脊椎动物是鱼类，其脊柱由基本相同的椎骨组成；而后来出现的哺乳类，同一脊柱上的脊骨差异甚大。这种趋向属于消极型，还是驱导型？〔传统观点认为是驱导型，但一个事实却为消极型争取到最大的“余地”。就如同“左墙”之下复杂度最低的生物，或“绝对左墙”取决于最小筛孔尺寸的有孔虫

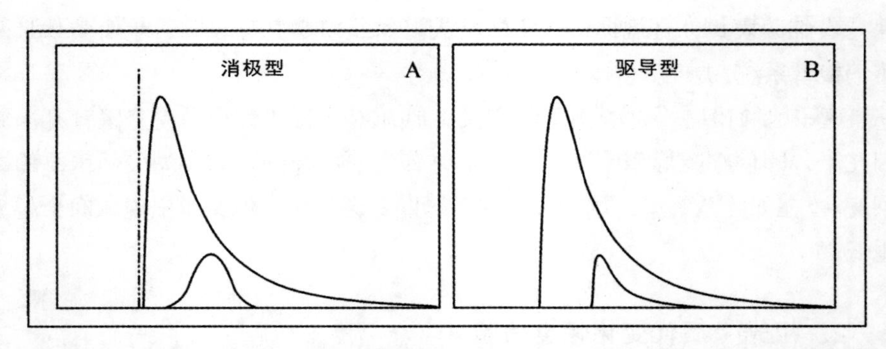

图 34　区分两种趋向的检验。在消极型系统中，整体呈右偏分布，但起始处远离“左墙”的组分支系呈正态分布

的奠基物种（见 157 页），从理论上讲，椎骨在最初形成时的复杂度（以麦克谢伊的指标衡量）也处于最低水平。既然鱼类奠基成员的脊椎由趋同的组分构成，其复杂度（在麦克谢伊的这项研究里，指组分椎骨之间的差异程度）就趋近于 0 。自此点而始，无路可退，只能向前。〕

麦克谢伊对哺乳类之下支系的研究为“消极型演化模式下复杂度也能提升”的观点提供了强有力的定量证据，由此支持本书的主张，即没有明显的复杂度提升倾向或偏向，作为生命演化的驱动力存在。麦克谢伊研究的支系有 5 个，其祖先或可确定，或可推定。因此，他采用了效力最强大的第二项检验。这 5 个支系分别为反刍类（“嚼反刍物”[①] 的一大类群，包括牛、鹿等）、松鼠科（Sciuridae）、鳞甲目 [②]〔身被鳞甲的一大食蚁动物类群，以分布于非洲和亚洲的穿山甲属（*Manis*）为代表〕、鲸类、驼类。

实际上，所有检验的结果都为“非驱导性的消极型趋向”观点提供了证据。麦克谢伊比较了一系列祖先与其现生后代的差异（理论上讲，总共比较 90 次，即研究对象来自 5 个哺乳动物类群，对各类群分别提取 6 个形态学指标，根据各指标值分别计算 3 个复杂度指标），发现复杂度有显著升降的只有

① “嚼反刍物”（cud-chewing），取自形容牛、羊等反刍动物貌似一直在嚼食的行为。反刍动物取食时不细嚼，几乎直接吞咽。食物在胃部经过初步消化，形成反刍物（cud），从胃回流到口中，以供咀嚼。这一过程即为反刍（反复食所取之食）。——译者注

② 鳞甲目，原文意为“整个鳞甲目”（the entire order of pangolins）。据作者引文（McShea，1993），所指应为穿山甲科（Manidae）。尽管穿山甲科为鳞甲目（Pholidota）唯一现存科类，但已灭绝的成员不独属此科，故在此去掉“整个”。——译者注

22 次[①]（其他各次的结果为差异不显著）。有趣的是，在这些有显著差异的结果中，有 13 次表现为降低，只有 9 次表现为升高。（从统计学的角度看，不能说 13 和 9 差异显著。不过，想到传统所期望的指向，我仍会觉得这一结果让人啼笑皆非。毕竟，复杂度降低的次数竟比升高的多。）

后来，麦克谢伊还对 3 个支系[②]的 3 个椎骨指标进行了第 3 项检验，即偏度检验。9 次结果的分布偏度均值为负（−0.19），虽肯定未达统计学意义上的显著水平，但对传统所持的"复杂度提升，且为驱导之果"观念〔以及组分支系曲线右偏（即偏度为正）的推论〕的打击非同一般。

由此，麦克谢伊如是总结自己的研究：

> 脊柱的复杂度可能未发生改变，仍处于最低水平（毕竟，实测最低值似乎仍与理论最低值相近）。对哺乳类之下的支系进行祖先－后代比较，未发现有分异的偏向。此外，支系的偏度均值为负。一切结果表明，这是一个消极型系统。

就如"孤燕不成夏"，一项研究成立，不代表所证之说放之四海皆准。但是，当我们严密的数据头回指向一个与传统观念如此不同的结论时，它必然会引起我们的重视，用更多数据加以验证。已知的其他研究尚不多，但结果也支持消极型而非驱导型的模式。在新奥尔良召开的美国地质学会 1995 年年会上，麦克谢伊在古生物学分组展示了新研究的初步结果。这次的复杂度与先前的定义大不相同——从发育学而非形态学的角度，将之定义为对某个结构在胚胎阶段形成有贡献的独立生长因子的数量。（在实践中，以指标两两之间的相关系数衡量，若为正，即代表两者是相同的生长模式；若为 0，则意味着两者对发育的影响模式不同。）

在该研究中，麦克谢伊与贝内迪克特·哈德格里姆松（Benedikt Hall-grimsson）及菲利普·D. 金格里奇（Philip D. Gingerich）合作，将这一方法应

---

① 作者原文对复杂度显著变化次数的表述为 24 次，但按后文及引文的结果汇总（McShea，1993，表 2），应为 22 次。按引文中的讨论，若加上潜在可计入的另外 3 次（2 降 1 升），结果则为 25 次，仍非 24 次。此外，麦克谢伊针对 5 个类群比较的实际次数实为 54 次。——译者注

② 3 个支系分别为反刍类、松鼠、其他哺乳类，指标为椎体高度、长度、宽度（McShea，1994）。——译者注

用于规模更大、更典型的一系列牙齿化石数据。相关化石采自怀俄明的大角盆地，是金格里奇多年来研究该地区哺乳类支系所积累的成果。他们也未发现有复杂度提升的趋向，遂得出“检验未探得非层级演变复杂度或升或降的变化趋向”的结论（McShea、Hallgrimsson 和 Gingerich，1995）。[①]

其他的综合规模研究只有一项。研究者选取了一种有趣的复杂度衡量方法，将之应用到与上述研究对象非常不同的生物类群中（Boyajian 和 Lutz，1992；私人通信）。这一类群本被视作复杂度驱导性提升的经典演化范例，但这项研究却又一次发现了仅有消极型模式存在的证据。

这项研究的对象是菊石。菊石是一类已灭绝的动物，与现存的珍珠鹦鹉螺有亲缘关系。它们有卷盘状的外壳，与现存的鱿鱼、章鱼同属头足类。动物躯体居于内部腔室，内腔与外壳的相接处称作“缝合线”（suture line）。鹦鹉螺的缝合线通常是直的，或略有波曲，但菊石的缝合线可谓蜿蜒曲折，还可回折成指状。以通常之见，蜿蜒和回折看似较笔直和略曲更复杂。在古生物学领域，就曾有这样一种老生常谈的论断，认为随着时间推移，菊石的复杂度也会不断提升。自古生物学学科开创之始，“菊石缝合线复杂度趋升”便已跻身有关无脊椎动物化石记录的“人尽皆知”的两大或三大“经典”趋向之列。

研究者用一种精巧的指标——“分形维数”[②]，来衡量菊石缝合线的复杂度。（在此之前，菊石复杂度趋升仅仅是出于主观论断，而非定量实证之果，因为无人能想出一种严格可靠的方法，用于衡量如此扭曲之线的复杂度。）分形已成为流行文化的热点，但在技术层面上，分形是介于不同普通维度之间的线或面。如果说直线的分形维数为 1，平面的分形维度为 2，扭曲之线的分形维数就在 1 和 2 之间，即其维数大于下限 1——不像两点决定的一条直线那样

① 非层级演变复杂度（non-hierarchical developmental complexity），麦克谢伊定义的一种复杂度模式。译者未能访问上文所述年会摘要（McShea 等，1995），但从该文第一作者在翌年发表的论文（McShea，1996）里寻得相关描述。麦克谢伊将复杂度分为两个二分维度，一个维度是对象（object）和过程（process），上文中的“演变”（development，也可能指发育或积累）应指此处的过程。另一维度为层级（hierarchical）和非层级（non-hierarchical）。按文中举例，军队里命令的下达和传达，就是一个信息的层级传递过程。而非层级过程指某一时间或空间尺度的互作，没有等级之别，例如，生物在分子水平上无高低之分。将两个维度的元素组合，即得到 4 种复杂度模式。——译者注

② 值得注意的是，此处讲述的“分形维数”（fractal dimension）概念，并非书中其他章节讲述的组分与整体“自我形似”的分形现象。——译者注

简单，但又达不到上限 2——虽蜿蜒曲折，但在两点之间的轨迹不至于填满整个平面。应用到缝合线，即其分形维数数值越高，则更“复杂”，诚如我们偏心所爱的那般。毕竟，依传统观点，最复杂的菊石支系，其缝合线也最蜿曲。研究者选取涵括整个菊石历史的 615 个属类，逐一计算其缝合线分形维数。然而，计算结果的数值范围下限仅略高于 1.0（结构非常简单，近乎直线），对于最复杂者，上限也只是刚过 1.6。

所有早期菊石的缝合线都相当简单，有些类群的分形维数逼近理论最低值 1.0（直线）。因此，与麦克谢伊的椎骨研究结果相似，支系奠基者的复杂度水平最低，若以此为起点，背之而去，就只可能朝着提升的方向位移。一堵真正的“左墙”成全了缝合线复杂度的提升，而人们之所以以为这是某种驱导型趋向所致，是因为后来形成的不少菊石的确拥有非常复杂的缝合线，而科学的想象力又总能鼓捣出一些可能成立的适应原因，解释为何复杂的缝合线更好（例如，可增强外壳抗静水压的能力，增大肌肉附着面积）并由此受到自然选择的垂青。

但是，研究者没有找到驱导型趋向存在的证据。所有证据都支持趋向可能为消极型的结论，即复杂度的提升是演化自水平最低之“左墙”而始的附带效应，且后来形成的支系没有复杂度趋升的偏向。在菊石的整个演化历史中，大多数支系物种的复杂度保持着较低的水平（图 35）。更重要的是，研究者选取了尽可能多的祖先－后代配对，在逐一比较过差异之后，并没有发现复杂度趋升的偏向〔与前文 158—159 页介绍的我的同行（Arnold 等，1995）在有孔虫祖先－后代配对中未发现体型趋增偏向的结果相似〕。最后，还有一个疑问——如果复杂度高如此之好，缝合线更复杂的属类存在的时期岂不是更长久？但是，研究者发现复合线复杂度和地质年代跨度长短之间并不存在相关关系（图 36）。

只有极少一部分科学研究被媒体报道。它们之所以被媒体看中，与研究本身之于业内人士的重要性没多大关联。但我们可以发现，这一决策与研究结论动摇人们所持（关于物事本质）惯常（且常为错误之）观念的程度有着更加紧密的联系。上述两项研究之于业内人士是重要的，但它们获得大众媒体广为报道的罕见机会，是因为都挑战了“众所周知”的东西——以为存在某种促使复杂度提升的驱动力，且为推动生命演化的决定性特征——并证明它可能是错误的。下面是两篇主要媒体报道的开头。一篇来自《纽约时报》

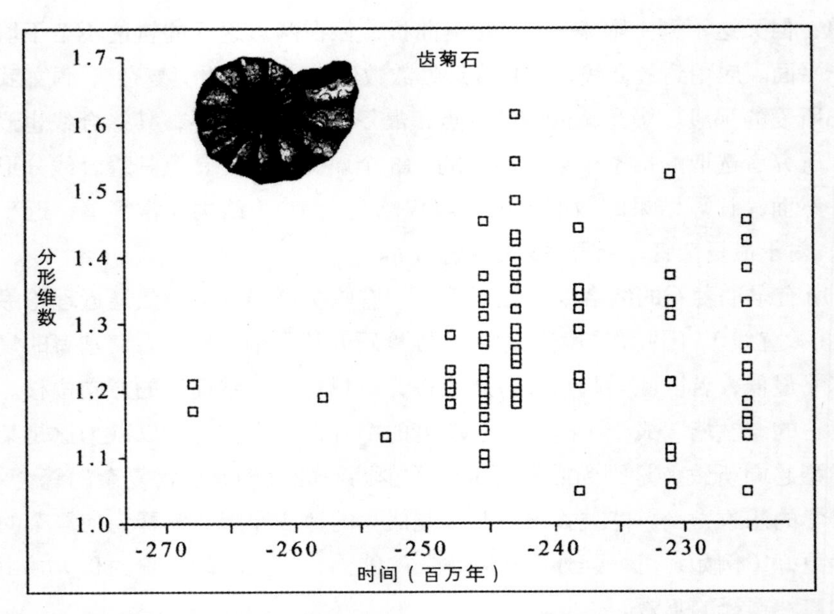

图 35　以分形维数衡量的一个菊石类群（齿菊石）的复杂度演化。最早形成的物种（图中左侧）靠近“左墙”，缝合线简单。在该类群的演化历史中，缝合线分形维数低值一直存在，甚至有所下降，但差异幅度亦有所扩增，只是朝着数值更高的仅有方向

（1993 年 3 月 30 日）刊登的卡罗 · K. 尹[①]的报道：

> 从“原始汤”里诞生的最早的单细胞生命，到由此演变形成的类别多样的生物，演化生物学家们在这丰富多彩的生命巡礼中探寻。巡礼参演者的复杂度不断提高，继续为这个行星增辉，也让探寻者为之赞叹。体积更大的脑、效率更高的代谢机制、更加复杂的社会体系，它们的演化形成无不支持一个常识，即复杂度在演化中有所提升。这一趋向如此明显，以至于有些生物学家认为，演化就是驱导复杂度提升的过程……不过，在分别基于哺乳动物椎骨和化石外壳的两项研究中，研究人员衡量了这些趋向，但宣称未发现导致复杂度更高的演化驱动力。

① 卡罗 · K. 尹（Carol K. Yoon，即 Carol Kaesuk Yoon），美国科学记者，长期为《纽约时报》撰写科学报道，以及包括著名生物学家恩斯特 · 迈尔及本书作者在内的多位生物学家的讣告（我国《科学世界》杂志 2002 年第 8 期刊登过译文）。——译者注

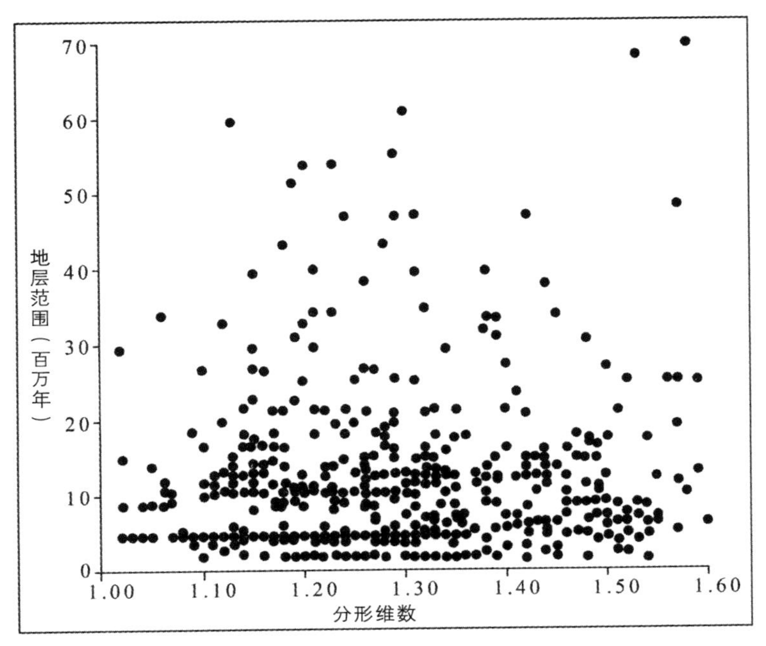

图 36　菊石属类存在的时间跨度（图中纵轴，以百万年计）及其相对应的分形维数（横轴）。若以存在时期长短论成败，可见复杂度与成功之间不存在相关关系

另一篇来自《发现》杂志（1993 年 6 月号）刊登的洛丽·奥利文斯坦[①]的报道：

> 众所周知，生物在进化中变得更优。它们变得更加先进，更加现代，更不原始。而且，据丹·麦克谢伊所言（他写过一篇题为《复杂与演化：众所周知的一切》），众所周知，生物在进化中变得更复杂。众所周知，从“原始汤”中聚合成形的第一个细胞，到复杂万分的现代人类，生命的演化是驱往复杂度更高的漫长征程。对于这“众所周知”的一切，唯一的毛病……在于没有证据表明它们是真的。

---

① 洛丽·奥利文斯坦（Lori Oliwenstein），时任《发现》杂志高级编辑，现为加州理工学院交流与特别项目机构负责人。所引报道题为《向前？向上？》（“Onward and Upward?”），她所引麦克谢伊文章原题为“Complexity and Evolution: What Everybody Knows”，发表于《生物与哲学》（*Biology and Philosophy*）1991 年第 3 期。——译者注

在智识的界域里，很少有什么顽固之见比众所周知却几乎无人能拿出证据的“真相”更难攻破。（毕竟，对于“显而易见”的事，有谁需要证据才信？）但同在智识的界域里，很少有什么作为比尝试击破那些“万古磐石”更有价值，哪怕是手持信息之锤，轻轻敲打。我热爱古生物学会的那句讽趣会训（无论是从字面义，还是比喻义，因为锤子是我们这个行当的主要工具）——*Frango ut patefaciam*（以揭而碎）——我击破，就是为了真相大白。

救命稻草之致命弱点

遭受攻击的人，在寡不敌众、绝望无援之际，本该调整策略。但是，他们常常不是寻求体面的退路，而是一意孤行，做无谓的坚守。这就是被我们称作“困军心态”的表现。戴维·克罗克特、吉姆·鲍伊和他们的战友死守阿拉莫[①]，身后极尽哀荣。但若他们体面地投降（毕竟身处无望危境，坚持抵抗必遭杀戮），应也能享有更实惠的殊荣（反正得克萨斯后来会从墨西哥独立）——20 多年后，在得克萨斯的某个酒吧里一边喝着啤酒，一边讲述精彩的战斗往事。

反驳“进步是演化固有驱动力”的论证是强有力的，支持“数众者为细菌”以及“形成右尾的趋向是消极型”的数据是可靠的。我相信，在这些事实面前，若仍希望秉持“演化使人类注定在这个行星上占据绝对优势、至高无上的地位”的观点，必会陷入某种程度的“困军心态”。那么，秉持者要转向何方，才能寻得自然天成的慰藉？毕竟，无论以哪种合理的标准，数众的细菌都处于绝对优势的地位，这一点不容否认。右尾的确存在，但就如狗尾，小小的附器摇不动狗身，生命之尾撼不动千姿百态、并包万物的生命整体。

---

① 阿拉莫（Alamo），现位于美国得克萨斯州圣安东尼奥（San Antonio）附近，原为西班牙天主教会在西属得克萨斯的传教点，墨西哥独立后，本归属墨属得克萨斯。但后因墨西哥国内环境不稳定，加之中央政府收紧在得克萨斯实施的宽松政策，（在美国政府的支持下）维护蓄奴利益的得克萨斯美国盎格鲁移民强烈反抗，于 1835 年爆发所谓“得克萨斯革命”。墨西哥中央政府出兵镇压，于 1836 年 2 与 23 日到 3 月 6 日间，在阿拉莫以优势兵力成功围歼反抗者，但其全歼行为激起更大反抗，政府军在随后的战斗中失败，未能阻止得克萨斯独立。戴维·克罗克特（Davy Crockett，即 David Crockett，1786—1939）和吉姆·鲍伊（Jim Bowie，即 James Bowie，1796?—1836）皆为死守阿拉莫的美国志愿参战人员之一，前者是落选政客，后者是游侠式的冒险家（鲍伊猎刀和已故著名摇滚艺人大卫·鲍伊皆以之命名），后被神化成美国传奇。——译者注

此外，右尾只是演化的一个附带后果，形成于生命自“左墙”而始（故受其制约）的消极性扩增之中，非以复杂度趋增为自然之善、演化动力而循之的原因或偏向所致。

秉持传统者被团团包围。他必须坚守右尾，那是他的“自然生境”、固有的势力范围。他必须抱着“困军心态”，誓死保卫自己那点可怜的地盘。所以，即便他不得不承认，这右尾可能不仅小，而且只是附带后果而已，但也要力辩，争取这最后一片潜在的自然舒适区。他会说：“至少得让我在自己的城堡里做主吧！难道这也不行吗？我曾以为，自己的界域遍及整个自然界。也就是说，世间万物的形成皆在预料之中，皆为我的最终起源而备。而现在，我准备承认，这种观点不仅是狂妄的，更是错误的。我所居处，不过是生命的小小之尾，而且是附带形成的。但是，（以“得当”的标准——神经复杂程度衡量）我至少是这尾上复杂度最高的生物，因而‘雄霸右方’，理所应当。无论过程有多消极，右尾总是要形成的，因而终归会产生像我这样的生物。所以，至少让我拥有这最后一丝慰藉吧，就如一句被恶搞的老歌歌词：‘肯定是我，绝妙的我，注定是我。’[①]

“简而言之，想象我是‘皮奥·诺诺’[②]（19 世纪的教皇庇护九世）。我的前任的世俗权力遍及欧洲，我也曾统治意大利的好大一片。虽说我现在的领地仅限于小小的公国——梵蒂冈城，而且还在罗马之内，但至少在这里，我是绝对的统治者。就此，我可以表明自己是绝对无错的。”

但即便是这种遐想（无疑有些疯狂，但身处重围之境，确易使被困之人心生不小的妄想和谬见），也无法成全有效的抗辩。这位老兄声称，因为生命整体的右尾注定会延伸，所以像我们这样的有主观意识的生物一定会演化形成。但是，这样一来就犯了典型的“范畴错误”。就本例而言，是“总体方向对，具体结果错”。右尾的形成的确在预料之中（虽说只是一个消极后果），但在某一时间节点，地球生命右尾上的具体生物为何，则有上亿种可能，结果无从预料，全凭偶然。将生命的记录带倒回现代多细胞动物起源的寒武纪生命大爆发，以此为起点，让生命重新演化。重演的结果，依然是地球生机

① 恶搞对象是发表于 1924 年的著名歌曲《注定是你》（*It Had to Be You*）。——译者注

② 作者在此用的是“庇护九世”（Pius IX，1792—1878）的意大利语写法 Pio Nono，皮奥·诺诺为其音译。——译者注

勃勃（也有生命的右尾产生），但其间的生物与现实中的情形天差地别，产生类人生物的可能必然微乎其微，生物形成自我意识的概率也极其之小。

无论总体格局的可预见性有多强，具体事件的发生都有着彻底的偶然性和低似然性（人类的形成显然是发生概率微乎其微的具体事件，不属于可预期的总体方向的范畴）。尽管这一主题不在本书讨论的范围之内，但我的确有必要在此处概述其精要（提取自我前一拙作《美好的生命》），就是因为在偶然性概念的挑战下，传统观念虽濒临颠覆，但还有最后一丝希望可抓，或许能证明人类是演化普遍原则的可预期结果。

展示演化历史的传统模型是“多样性不断丰富的圆锥”。在这一模型中，生命朝着更加进步的方向上行，朝着物种数量更多的方向外展，展现多细胞动物从寒武纪时期的简单形式开始，发展至今，达到现代如此之高的进步水平，如此之宽的多样性幅度。在这种图说中，演化途径实际上有可预测的线路可循，若要重演，每次结果至少大致是相同的。但是，在对伯吉斯页岩及其他地方的寒武纪动物群进行全面的重新研究之后，出现了一种完全不同的观念，认为倒置的图说可能更贴切。根据新的观念，解剖学构型的差异度在生命历史的早期就已达到最高水平。那些早期尝试的产物，大多在后来灭绝，得以“安居传衍”者，仅占最初诸多可能的少数。此外，我们有充分的理由相信，这种“多数灭绝，少数幸存”更像是彩票中奖，而非基于“进步者赢”之因的可预见胜利之果。在“纯粹”的生存“彩票模型”中，“彩票”随机分发。在最初的支系中，有幸存好运的只是极少数。如果重新随机分发，每次的幸存结果都会大不相同。在这些早期尝试中，我们所属的脊椎动物支系的地位极其卑弱，现在只发现两种出现在寒武纪的早期前体化石，一种是伯吉斯页岩的皮卡虫（*Pikaia*），一种是在中国澄江发现的云南虫（*Yunnanozoon*）（详见 Chen 等，1995；Gould，1995）。我们不得不默认，在大多数重演中，脊椎动物不会幸存乃至繁衍壮大。这样一来，我们当中的所有成员，从鲨鱼、犀牛到人，都不会出现在生命历史之中。

假设这一彻底偶然的好运事件只发生过一次，且后来的演化遵循“进步压倒一切”的标准，并产生可预见的结果，那么，我们可以视人类的出现几乎难以避免，就好比转好运之轮，必得好运。但是，彻底的偶然性是一种遵循分形的原则，在各个尺度上都发挥着巨大的作用。现代人类的形成需经历上十万个具体步骤，如果其中任一步骤出错，哪怕是非常之小、完全可行的变异，都会导致不同的结果，最终改变历史走向，形成其他演化路径——一条不会产生现代人类或拥有自我意识的生物的路径。

如果鱼类之下的一个小小古怪支系没有演化出能在陆地上承重的鳍（尽管其形成是出于在湖海中生活的其他原因），陆生脊椎动物可能永远不会产生。如果极其随机的大型地外物体没有从天而降，引发6500万年前的恐龙灭绝，哺乳类可能仍是小型动物，在恐龙世界的夹缝中苟且偷生，无法演化出更大的体型，达不到拥有自我意识所需的脑容量。如果规模尚小，势力单薄的早期人类没有在非洲大草原上“残酷时运的掷石箭雨”①（及潜在的灭绝事件）中幸存，那么，现代人类永远不会出现，更毋言遍布全球。我们只是一个美妙的意外产物，形成于一个无复杂化动力、结果不可预见的过程之中，并非依循（趋于形成能理解自身构造模式的生物的）演化原则的预期结果。

① “残酷时运的掷石箭雨”，莎士比亚《哈姆莱特》典故，出自第三幕第一场独白“生存还是毁灭”。——译者注

15 写在最后：也论人类文化

本篇讨论的大部分内容集中在两个方面：一则“左墙制约”，即生命起源于复杂度最低的“左墙”，使复杂度变化的走向受到限制；二则“消极型趋向”，即生命在起源之后的不断分化，客观上使复杂度变化呈现出向右（提升）的趋向。就如我在书中列举的其他例子一样，它们都强调评价一个整体（万物生灵）应从其内的所有差异（千姿百态）入手，才能得到正确的认识。而若用过去柏拉图式的策略，将具有差异的整体抽象简化成一个单值（或以平均值充典型，或专挑极值，让人为之惊奇或恐惧），继而追溯这一指标在时间维度上的变化，就只会导致错误和混淆。

本书的两个主要案例，一个是棒球赛季里 0.400 安打率的绝迹，一个是生命历史中驱导型的复杂度提升趋向的缺席。我所采用的，是同一种分析策略（研究整体差异而非抽象“精华”），但从不同的方向入手。棒球案例展现的是进取，触及人类极限的“右墙”；生命历史案例呈现的是扩增，远离复杂度最低的“左墙”。在第二个案例中，我视生命的演化为向右的消极扩张，由此游移到复杂度趋增的界域，但从未提及有关“右墙制约”的原则，即扩张最终会受其所限。不过，棒球案例展现了“右墙”塑造人类成就顶峰的力量，我们也应考虑它在人类历史中的潜在作用。

我们生活在一个存在极限的世界里。歌德引用过一句古老的德语谚语——Es ist dafür gesorgt, dass die Bäume nicht in den Himmel wachsen，意思是树长再高也注定长不到天堂。这种力学上的制约，反映在人类建造或自然形成之物上，是容易被人们接受的（其量化值亦不难算出）。我的家乡纽约州的州训就一个词——*Excelsior*（精益求精），意为“永远向上”。只是再向上，也到不了“天堂”……有一次，我在曼哈顿第五大道和38街路口一幢大厦的25楼凭窗眺望，窗外风景如画，20世纪追求最高的历史尽收眼底，一览无余。

身为一个有爱国之心的本地人和建筑迷，看到这一切，我感到热血沸腾——这些都曾是世界上最高的大楼。最先，是坐落在公园街15号的“公园街大楼”，1899年建成，高386英尺（约118米），打破了当时的纪录。1909年，“大都会人寿大楼”加入这一行列。该楼位于麦迪逊大道和24街路口，高700英尺（210米）。然后是位于百老汇大道南段的“伍尔沃斯大厦”〔1913年建成，高792英尺（约241米）〕。将目光转向东面，可见到位于莱克星顿大道和42街路口的“克莱斯勒大厦”〔1930年建成，高1048英尺（约319米）〕，再转回南面，可见四个街区外，位于第五大道和34街路口的“帝国大厦”〔1931年建成，高1250英尺（约381米），1951年安装电视塔后，高度增至1475英尺（约450米），它产生的影响在诸楼中最大，也占了我近一半的视野〕。最后，是往下城方向更远处的世贸中心双子座〔1976年建成，高1350英尺（412米）〕，因太远的缘故，看起来挺小。尽管如此，我知道芝加哥有大楼修得更高，但对于如此冒犯之举，地道的纽约人才不会心服口服。[①]

---

① 文中的公园街（Park Row），也译作“柏路”，因西南段位于市政厅公园（City Hall Park）东南缘而得名。公园街大楼（Park Row Building）位于公园街西南段路南，实高391英尺（约119米），共31层。它是当时纽约最高的建筑，但不是当时世界上最高的大楼，最高者为费城市政厅（167米）。大都会人寿大楼（Metropolitan Life Tower），即大都会人寿保险大楼（Metropolitan Life Insurance Company Tower），文中所述为西北座，位于文中所述路口东南。伍尔沃斯大厦（Woolworth Building），位于百老汇大道233号，市政厅公园西北缘南端对面。克莱斯勒大厦（Chrysler Building），加天线实高1046英尺（约319米）。帝国大厦（Empire State Building），“帝国州”为纽约州昵称，故名，加天线实高1454英尺（约443米）。世贸中心（World Trade Center），指已毁于2001年9月11日恐怖袭击的世贸中心双子座（Twin Towers），遗址位于市政厅公园西南两个街区外，现世界贸易中心一号大楼南。其中最高者为北座，实高1368英尺（约417米）。实际上，当双子座完全竣工时，楼高纪录已被1973年建成的芝加哥希尔斯大厦〔Sears Tower，现威利斯大厦（Willis Tower）〕刷新（442米）。文中的第五大道、麦迪逊大道（Madison Avenue）、莱克星顿大道（Lexington Avenue）为大致平行的东北—西南走向道路，第五大道在西，莱克星顿大道在东。以数字为序的街与这些大道垂直，南边序数低，北边序数高。百老汇大道（Broadway）是大致为南北走向的大道，但变化较多，主要路段不与上述大道平行。此外，应由于视野被遮挡，作者无法看到建成时期处于伍尔沃斯大厦和克莱斯勒大厦之间的华尔街40号大厦（40 Wall Street），该楼高283米，亦建成于1930年，但纪录仅保持了不到两个月，就被克莱斯勒大厦超过。另外，在大都会人寿保险大楼之前，建成于1908年的胜家大楼（Singer Building）曾保持过一年纪录（高187米），但该楼已于20世纪60年代末拆除。——译者注

"精益求精"有如此"节节攀升"的表现，或许给人一种错误的印象，以为扩增能无限地进行下去，但我们真的应该就此得出完全相反的结论。每一次超越，都好比"试超包线"①，是在挑战安全制约的极限，要冒巨大的风险。然而，就算人可以"升天"，建筑再高也到不了"天堂"，一如树的生长。每创一次新高，都需要工程技术的非凡进步。在现有技术的基础上再上层楼，势必越来越难。此外，随着时间推移，增幅也逐渐缩减，就如当运动员的表现接近生物力学极限的"右墙"时，体育纪录的提升幅度会越来越小（见第三篇）。1909年竣工的大都会人寿大楼，高度在前次纪录的基础上实现翻番。而最后几次冠军，较上一纪录保持者的高度，只提升了不到10%。

在本章里，我要讨论人类历史上最有可能撞上"右墙"的可能情形——文化的变迁。在本篇前几章中，我讨论了为何自然（或达尔文）演化出于其基本特点（即导致局部适应，而非整体进步）的原因，只能产生消极型趋向。即便复杂度提升，也只体现于小小的右尾，且就如狗尾摇不动狗身，它改变不了生命不变的细菌模式。在如此语境下，（虽说在通常情形下，生命组分支系受到生物力学或其他特异性限制，例如树触不到"天堂"，但）对于生命整体而言，"右墙"几乎不成其问题。因为它存在于遥远的未知处，生命整体尚不至于受其严重影响。

可是，人类文化的变迁却是一个完全有别于生命演化的过程，其发生基于非常不同的原则，出现驱导型趋向的可能性极大，或许可以成就实质性意义上的"进步"（至少在技术层面如此，无论这种变迁最终是否会为我们带来切实或道德意义上的益处）。鉴于此，让我深感遗憾的是，人们通常将人为产物和社会组织的历史变迁称作"文化演变"。演变即演化，形容自然历史和文化历史皆借其名，产生的混淆远甚于启发。当然，这两种现象在有些方面存在相似之处，毕竟所有囿于传承的历史变迁都有共同点。但在这里，差异远多于共性。而不幸的是，当我们言及"文化演变"之时，即在不觉中暗示，

---

① 试超包线（stretch the envelope，也作push the envelope），指挑战极限，试探危险边缘。包线（envelope），即飞行包线，按《航空科学技术名词》（2003）的定义，指"一系列飞行点的连线。以包络线的形式表示允许航空器飞行的速度、高度范围"。试图突破的行为，其目的可以是扩展范围，或为寻求其他手段创造机会，但有适得其反的巨大风险。这种说法出自20世纪中期航空航天领域，后来被广为采用。作者在第十一章中讲到"超越极限是几近疯狂的举动，常有意外甚至死亡相伴"（见129页）时，原文采用的就是这一说法。在后文中，作者还将提到。——译者注。

该过程与“演变”最广为所指的现象——“自然（或达尔文）演化”在本质上相似。就这样，同冠以“演化”之名，反而成就了人类自然和历史分析中最常犯，亦即最矫揉造作的一个错误——将分析对象过度简化，以为达尔文的自然范例也能完全用于解释我们人类的社会及技术史。我真心希望人们不再使用“文化演变”这种说法。为什么不采用更中性、描述更到位的说法呢，例如“文化变迁”？

达尔文演化和文化变迁的明显不同之处，主要在于文化具有某些潜力巨大的特质——爆发式的速变性和积增式的方向性，而这些正是自然所欠缺的。不到地质学尺度上几不可计的一眨眼工夫，人类文化的变迁对我们行星表面的影响已可谓天翻地覆。以达尔文的尺度，自然演化事件需历经无数代才得以发生，却没有哪一种的影响比得上文化变迁不到一瞬的威力。（实体所致的自然灾难，例如引发白垩纪大灭绝的火流星，能在地质尺度的一瞬间使很多类型的生物绝迹，但没有哪一种确信过程所致的自然演化，能以人类文化巨变的速度和规模实现。例如寒武纪生命大爆发，规模可谓宏大，实现可谓最快，却也历经了约500万年。）

而自然演化和文化变迁的最大差别，则藏在我们历史的一大事实之中。我们没有发现人体或人脑的典型形式在过去10万年中发生过任何变化的证据。对于广布的成功物种而言，停滞是一种典型的现象，而非（如大众误解的那样，以为）所期待的持续进步之变出现了异常。约1.5万年前的克罗马农人就是我们的同类。他们在拉斯科和阿尔塔米拉[①]的洞穴壁上留下的岩画，题材之丰，造型之美，我们只看一眼，便会即刻打心底确信，毕加索的心智并不比这些拥有同等大脑的祖先更强。然而，1.5万年前，农业尚未成形，久居型城市尚未修建，没有任何人类社会聚群[②]能产生符合我们定义标准的文明。而在过去1万年里，地质尺度上几不可计的一瞬间，从农业的诞生到芝加哥希尔斯大厦的耸立，人类文明的全部，无论是福是祸，就在这容量未曾改变的“主脑”的推动下建立起来了。显然，文化变迁的速度远甚于最快的

---

① 拉斯科（Lascaux）和阿尔塔米拉（Altamira），分别指拉斯科洞穴和阿尔塔米拉洞穴，前者位于法国西南部多尔多涅（Dordogne）省东部的蒙蒂尼亚克（Montignac）附近，后者位于西班牙北部坎塔布里亚自治区（Cantabria）北部海岸小镇桑蒂利亚纳（Santillana del Mar）附近。——译者注

② 社会聚群，原文为social group，一般指社会团体，但在此处及下文中显然指具有社会性的生物群体单位。——译者注

自然（的达尔文）演化。

在自然演化和文化变迁的诸多不同深层原因中，有两个是成就文化速变性和方向性的动力。

1. 构成特征

物种及以上级别的达尔文演化是持续且不可逆的。一个物种一经形成（即不能与其他物种交配并繁殖后代时），与直系祖先分离，便永远与之有别。一个物种不会与其他物种合并成新物种，也不会加入其他物种并成为他种。在生态学上，物种之间可以有多种方式的互作，但在生理学上，它们不会合并成一个生殖单元。自然演化就是这样一个持续分离和保持有别的过程。

文化变迁则是另一种情形。不同传统的融合与交汇，能带来强劲的提升。聪明的旅行者来到外面的世界，望一眼轮子，就会把这种发明带回家，当地文化便随之发生根本改变，永远不会回到从前。端一回枪，驾一回战车，再带回维持它们运转的技师和商人，就可以让一个疆域不广的平静之邦转变为一架征服扩张的引擎。共享传统所带来的影响，有着爆发式的成效性（或爆炸式的毁灭性），是人类文化变迁的驱动力。这种机制，在达尔文演化的慢速世界里却未有发现。

2. 传承机制

达尔文演化是通过间接、低效的自然选择机制实现的，但自然选择施加的是一种反向的削减作用，非为“无米之炊”。因此，首先须有完全随机的变异表现，为改变提供原材料。这样，自然选择才能运转起来，灭掉变异者中的大多数，只保留能更好适应局部环境的个别幸运儿。如此垂青，在历经无数代积累之后，才导致演化之变的发生。由此可见，局部的“改进”建立在导致无数死亡的“大牺牲”上，得以拥有“更好”的地位，是凭借清除适应不佳者的方式达到的，而非通过积极打造改进者实现的。

任何人都能联想到一种更加直接、有效的机制。难道生物就不能感知“于己有利”的性状，然后通过毕生努力去形成这些适应性特征，再以“改性遗传”的形式，将这些“改进”之处传给下一代吗？实际上，我们把这种推定机制称作“拉马克主义”或“获得性状遗传”。如果遗传以这种机制实现，自然演化就会如雷厉风行的扫黑组一般所向披靡，但事实并非如此。遗传是孟德尔式的，而非拉马克式的。生物个体或许的确穷其一生努力“改进”，但就如我求学时期的教科书上列举的陈腐荒唐例子，长颈鹿的颈向上伸得再长，或铁匠的右臂练就得再强壮，这些有利的“获得性状”也不会传递到子代，因为拥有这些性状并不会使遗传物质发生改变。很不幸，但事实就是如此。“达尔文主义”的机制虽然足够有效，但却是缓慢而间接的。

而文化变迁则是大不相同的另一种情形，其基本机制可能的确依循“拉马克主义”。一代人获得的任何文化知识，都可以传给下一代人。至于传承方式，有一个最高尚的称呼，那就是教育。如果我发明了第一个轮子，我的这一“精神结晶”不会（如纯粹的身体“改进”那般）因无法遗传而注定失传。我会把手艺传授给自己的孩子、学徒、所在的社会聚群，教他们如何造出更多轮子。这一点如此简单，又是如此深奥。阅读、书写、拍摄、教授、实践、实习、学习，因为所有这些人类独有的行为，知识才得以代代薪火相传，使我们的文化历史得到拉马克式的提升。“拉马克主义”是人类文化传承的独一无二的鲜明特征，它使得我们的技术发展史具备了自然（达尔文）演化所欠缺的方向性和积增性特征。

综上所述，文化变迁有别于自然演化的关键两方面，是交汇融合和拉马克式的传承。两者作用累加的净结果，不仅使文化模式获得巨大的提升，还凸显出与本书中心主题密切相关的关键区别。在自然演化中，不存在实现可预见的进步或复杂度提升的机理。而文化变迁有进步的潜力或内在的复杂化势头，毕竟拉马克式的传承是直接继承，可确保受青睐的创新的加入。再则融合不同的传统，能使文化博采众长，选择吸收来自不同社会的最有用的创新。

说到这里，我显然有必要就此补充一点说明。因为，即便具备固有“进步”的潜力，也不能保证它在现实中能实现。所有历史的形成都有着巨大的偶然性，这也意味着历史走向本有上千种可能。技术能积累，但可能祸福参半，不能保证为所有文化所接受。实际上，很多伟大的社会曾经主动放弃追求技术“进步”，以免传统秩序被之摧毁。在人类历史的关键节点，大明帝国[①]决定海禁，放弃跨洋运输和导航的技术。如果当初这一切没有发生，以欧洲向西扩张为中心的历史主题，就可能要变成东方向东探索新大陆了。17世

① 原文为imperial China，即“帝制中国”。——译者注

纪 40 年代初，日本对西方相对开放的政策已持续了一个世纪。西方的发明被人们接受，尤其是有助于掌握和巩固权力的火绳枪。但就在这一时期，德川幕府颁令禁止，切断了未来积累域外物事的可能，之前引进之物也大多被禁用。这“一刀切”的政策施行得突然且彻底，有不少在海外贸易城市定居的日本国民甚至被禁止回国。与西方的贸易缩减得几近于无，每年只有两艘荷兰货船抵日，且只能在长崎停靠，所有荷兰商人必须在出岛（通过一条狭窄的易守堤道与长崎相连的人工岛）上生活。

此外，显而易见的是，技术“进步”的积增未必导致文化提升，无论是道德意义上的，还是感性认知上的。而且，这类“进步”最终即便不以完全灭绝告终，也可能以毁灭收场，一如从核灾难到环境毒害的诸多可能情形。这让我想起一个问题——在我们这个宇宙中的其他恒星系里，如果另有大量高度发达的文明存在，为何它们至今未与我们接触？有一种解释，尽管提出时带有戏谑的意味，但在我看来，它不仅令人印象深刻，经久不减，而且值得我们深思。或许，若一个社会的技术积累到足以实现星际旅行（甚至星系际旅行）的水平，其技术能力就已突破道德限制，社会不得不经历一个潜在毁灭的阶段。而且，在如此关键的阶段结束后，可能没有哪个社会（即便有也极少）能完好如初。

尽管如此，且即便上述针对“技术复杂化”与进步的正确语意所指——“人类福祉”之间区别的说明非常重要，我仍不得不再次强调文化变迁与自然演化的关键区别同本书中心主题的联系，即文化变迁依循的机制，可成就一种技术上“总体趋于进步的驱导型趋向”——较之自然演化界域中达尔文机制凸显的“略微的消极型趋向”，实在大不相同。一旦进入整体呈驱导型趋向的轨道，位移就会变得非常从容、迅速。在这种导向的直接驱使下，位移主体就该撞向“右墙”了。正因为如此，我们的行为规则时常基于“右墙”制定，亦时常为之所苦（我在前篇中展示的棒球击球率历史变迁即为一例）。反观生命的演化，因庞大的主体持久处于不变的细菌模式，且右尾仅小小一撮，与“撞上差异整体‘右墙’”的主题几乎八竿子打不着。在对文化历史变迁与生命自然演化的诠释方面，以上所述即为两者的关键不同。下面，让我们从自身文化生活（受各自“右墙”影响的程度大不相同）的三个重要方面入手，分别加以详述（还有其他更多方面，请读者自行思考。我在此处略去，完全是因为自己的能力有限）。

1. 科学

天佑无知！如果我们聪明得多，或者开始研究的年头早得多，我们可能已逼近完整的（或至少足够的）知识的“右墙”。如此一来，就没有什么能让科学家感兴趣的难题可攻克了。但事实上，甚至到将来数代，人类也无逼近如此极限（而陷入新知枯竭）之忧。换言之，我们当前的知识储备距离可掌握量的“右墙”如此之远，科学并无失宠之虞。

当然，我并不是说所有科学分支都永远有研究的余地，或者我们永远不能把自然现实的某些有限方面研究透。但完结一个领域，总能开辟更多与之相关的领域，睿智之才永远不会担心无事可干。例如，如果您有描述鸟类新种的热情，一堵“右墙”会让您欲望全无，因为地球上的约八千种鸟可能已近全部被发现并加以正式描述。但为什么不把热情转向甲虫呢？已命名的甲虫不过数十万种，而有待描述的或许还有数百万种，您永远不必担心工作会完结。

我无意夸大其词或争强好胜。但某些知识博弈的胜利之果如此甜美，影响如此之广，对专业领域本质的体现如此有代表性，在我们眼里，其他成就与之相比，几乎不可同日而语。在我读研究生时，板块理论的风潮席卷了我所在的地质学领域。但振奋人心的时代时而有之，其震撼程度又何以与更早的一次发现相提并论？那是在 18 世纪晚期到 19 世纪初期的时代，当彼时的地质学家们确信地球已形成（一如现在我们所知的）数十亿年而非数千年时，他们的心情岂不更加激动？地质学在经历过这次伟大变革之后，虽有更多知识重构，但影响面无一能与之匹敌。而在生物学领域，令人激动欢愉的新发现年年都有，但人们再也无法体验“掌握演化之匙，重构整个自然”所带来的“顶级的智识快感”，因为那项伟业已经完成，殊荣归查尔斯·达尔文所独有，没我们什么事了。但在那之外，还有太多事有待我们去做，还有太多现象需要我们去理解，还有太多谜题，远远未到破解的地步，而由于当前世界观的局限，我们甚至还不知如何入手。所以，我们何须担心会撞上“右墙”？

2. 表演艺术

在所有领域的顶级人才中，来自该领域的佼佼者可能最接近人类极限的“右墙”，在着重身体力量和技巧且潜在回报丰厚（因而能吸引最好的人才，以维持卓越的表现）的行当里尤为如此。我甚至怀疑，在某些重要的行当里，最优秀的表演者早就站到人类极限“右墙”边上。试想，演奏音乐所需乐器的设计相对没有变过。难道艾萨克·斯特恩的演奏技艺会胜过帕格尼尼？难道弗拉基米尔·霍洛维茨会胜过李斯特？难道E. 鲍尔·比格斯会胜过巴赫[①]？对此我表示怀疑。在有些行当里，尤其是技艺失传、审美情趣有变者，现今的水平可能还不如从前。现如今，有谁能再现法里内利[②]的歌唱艺术？（甚至可以说，从古到今）有谁吹自然圆号（即难度虽大但适于演奏的圆号的前身）能不出错？

如第三篇所述，在体育运动领域，有些项目的纪录会持续大幅进步，尤其是在近来才给予激励和荣誉的项目（如女子田径）。但另有些项目，其纪录已接近稳定，或进步很慢，说明已经处于极限“右墙”之下的位置。

然而，在表演艺术领域，尽管很多行当已近乎触及“右墙”，但我不认为我们会对此极限感到忧虑。原因有两个方面，皆基于表演者和观赏者对该行业性质的认知。

其一，对于表演艺术，我们观众没有提出超越极限的要求。演绎达到了最佳水平，即便多次重复这等水平的发挥，也是完全可以接受的。我们不会期望帕瓦罗蒂每次唱得都比前一次还好，就如我们不会期望托尼·格温在每一赛季的击球率都有所提升。当我们为艾萨克·斯特恩对贝多芬小提琴协奏曲的演绎所倾倒时，不会在乎早在一个多世纪之前，帕格尼尼可能就已把该曲目演绎得同等出神入化了。换言之，我们的标准是绝对的，而非相对的。既然达到人类极限“右墙”之神圣境界的人如此之少，只要演绎能达到者，无论何次，无论何时，我们都会为之倾倒。在我们看来，如果一个表演者已达到这一境界，就只能安于其中，既无进一步提高的必要，也无须超越他人超群的罕见成就。

其二，人类有种能力非同寻常，那就是根据行业水平调整自己的期望和

---

① 艾萨克·斯特恩（Isaac Stern，1920—2001），20世纪下半叶影响颇大的美国著名小提琴家，曾于1979年应邀到我国进行过历史性访问演出。弗拉基米尔·霍洛维茨（Vladimir Horowitz），1903—1989，技艺非凡，堪称历史上最伟大的钢琴家之一、E. 鲍尔·比格斯，即爱德华·鲍尔·比格斯（Edward Power Biggs，1906—1977），美国英裔管风琴家。帕格尼尼、李斯特、巴赫不仅是伟大作曲家，也是伟大演奏家。——译者注

② 法里内利（Farinelli），为意大利著名阉人男高音歌唱家卡罗·布罗斯基（Carlo Maria Michelangelo Nicola Broschi，1705—1782）的艺名。——译者注

兴奋程度。当最好水平距离“右墙”还有一个橄榄球场那么远时，以码[①]计算的进步才能被视作出色。但当佼佼者距离“边墙”只有1毫米时，即便是1微米的进步，也会让粉丝欣喜若狂。

不过，这种追求进步的冲动，这种对提高丝毫必争的内心需求，对表演者的影响远大于观赏者。因为，这一领域的很多提高，对于观赏者而言，除了极为细心者能留意到，一般人根本不会察觉。但对于表演者而言，哪怕超越只有丝毫，为了抓住这一机会，他们常常也会不惜用命争取（甚至因之丧生）。如果这不属于“神圣的迷狂”[②]，那崇高的概念就失去了意义。只要我们当中的佼佼者有追求卓越高峰的冲动，如谚语“试超包线”形容的那般，无论巨大代价换来的提高幅度有多小，都要去尝试，不留有妥协的余地，人类就有希望。

在有的行当，佼佼者的表现已经十分接近牛顿原理允许的身体及生物力学极限，但行业信条仍驱使他们永无止境地寻求超越。这些行当又以马戏杂技为甚，我最爱的案例即来源于此。要知道，就如表演杂耍球时，悬在半空中的球的数量是有限的，空中飞人在空中连续翻转的次数也是有限的，只有如此，才能确保在随后的下行过程中不超过搭档能应付的速度，被成功接住。

儒勒·莱奥塔尔[③]于1859年发明了空中飞人杂技。然而，被接住之前，完成空翻三周的动作，在当时被认为是“不可能实现之举”，不少试图实现的表演者为此丧命（有些表演者，或志在必得，或性格莽撞，常常拒绝使用安全网，且即便在有安全网的情况下，若表演者落网姿势不当，也会摔断脖子）。直到1897年，才有人实现这一壮举，待到20世纪30年代，在伟大的空中飞人艺术家阿尔弗雷多·科多纳[④]的完善下，“三周翻”才成为标准动作〔他的成功概率约有九成，其空中速降最高时速高达60英里（约97千米）〕。他曾就自己的追求写道：

> 实现“三周翻”的历史是尝试者丧生的历史。自打有马戏表演起，

---

① 码（yard），美国长度单位，1码等于0.9144米。——译者注

② “神圣的迷狂”（divine madness），一种存在于不同宗教信仰的概念。指超然无我的疯癫、狂热等行为异常状态，或被解读为“神灵附体”“神仙下凡”，抑或“登仙成神”的必经“修行”阶段。——译者注

③ 儒勒·莱奥塔尔（Jules Léotard，1838—1870），法国著名杂技艺术家。——译者注

④ 阿尔弗雷多·科多纳（Alfredo Codona，1893—1937），墨西哥高空秋千杂技艺术家。——译者注

就不乏以在空中翻满三周为唯一志向的男男女女。从过去著名的跳圈表演者利用跳板训练的时代开始，他们奋斗了一个多世纪，才掌握这一技能。而“三周翻”杀死的人数，比死于其他所有马戏危险项目的表演者加起来还多。

在那之后，是朝着严格极限的“右墙”继续试探的历史，有喜悦，也有挫败。1982 年，米格尔·巴斯克斯[①]以每小时 75 英里（约 121 千米）的速度飞向担任接人搭档的兄弟胡安，首次在公开表演中成功完成了“四周翻”。后来成功再现的表演者寥寥无几，且无人能连续成功。（我曾目睹过五次尝试，有几次还是巴斯克斯兄弟的表演，但全部以失败告终。）但寻求超越的热情仍在继续，1990 年 12 月 30 日出版的《纽约时报杂志》上就刊登过一篇讲述苏联团队攻关“五周翻”（尚未成功）的长篇报道。

要在高空钢丝上完成造型，并维持平衡，组合的限定人数应遵从物理法则，但伟大的表演者们却继续追求挑战“不可能实现之举”（其结果，要么到达“右墙”，荣耀加身；要么失败身亡）。卡尔·瓦伦达[②]是历史上最伟大的高空钢丝表演家，在他的训练下，全家从事这门艺术，不断地挑战种种“不可能实现之举”，以取得更高的成就。一位仰慕者写道：“有人认为伟大的瓦伦达疯狂，我认为他非凡。”（Hammarstrom，1980，48 页）瓦伦达在钢丝上完成的七人塔造型堪称完美，但有一晚，在底特律的表演中，造型因主角失足而垮塌，导致两人死亡、一人瘫痪的惨剧。而瓦伦达本人，也因表演事故，在 1978 年 3 月 22 日丧命于波多黎各，终年 73 岁。当时，他正在两座海岸酒店之间十楼高空的钢丝上表演，被一阵忽来的强风吹落。

3. 创意艺术

如果说科学现状离“右墙”尚远，无触及极限之忧，而伟大的表演艺术

---

① 米格尔·巴斯克斯，原文为“Miguel Vasquez”，应为“Miguel Vazquez”，墨西哥杂技家族“巴斯克斯飞人”（The Flying Vazquez）成员。他在 1982 年与其兄弟胡安·巴斯克斯（Juan Vazquez）完成“四周翻”时，年仅 17 岁，其事迹收录于纪录片《最后的伟大空中飞人》（*The Last Great Circus Flyer*，2015）。——译者注

② 卡尔·瓦伦达（Karl Wallenda，1905—1978），著名的美国德裔高空钢丝表演艺术家，是“飞天瓦伦达家族”（The Flying Wallendas）的创建者，表演高空骑行钢丝叠罗汉，且不用安全网。——译者注

家虽近乎触及“右墙”，但不觉得局限的潜在提升空间能让自己灰心失望，那么，第三种领域——创意艺术，则可能让人陷入痛苦的两难。在这一领域里，我们以创新为评价伦理，将佼佼者的名誉授予推出新颖风格的人（在西方历史上，该标准并没有被一贯采用。但在当下，人们非常重视它）。

假使在四分钟之内跑完一英里的人数一旦达到一百人，“一英里跑”就不会再被认为是竞技性运动，这是难以想象的。但鉴于创意艺术的评价伦理所推崇的是原创艺术创作形式的不懈创新，古典音乐（及其他一些艺术类别）的历史变迁可能符合类似清形。一个作曲家在职业生涯大多时的创作，或许都基于一种风格，但后继者不会在方方面面沿用它，或不会沿用太长时间。如果存在取之不尽的潜在风格样式，等待着我们去发现和利用，那么，这种对创新永无止境的追求就永远能为我们带来喜悦。但或许这世上没那么多宝藏，或许我们已经探索了其中的大多数，甚至包括连有见识的部分听众都可以接受的。换言之，我们已经碰到一堵风格的“右墙”，一堵对于有包容心、有学识但仍非专业的听众而言，借由理解和热情便有望领略的音乐风格的“右墙”。

若有意见认为作品让人无法理解，艺术家往往会重复那已成为“真言”的标准反驳之词，即刻将任何存疑者贬低为无可救药的庸俗之人：“这种抱怨，只有可悲的、不中用的、老掉牙的守旧者才会有。同样的话，他们还曾拿来评价过贝多芬和凡·高。但未来会证明我们是对的，现在的杂音，在将来会被誉为伟大的创新。”当保守的乐人高调质疑贝多芬的“拉祖莫夫斯基”四重奏[①]是否能称为音乐时，作曲家如此回应：“它们不是供您欣赏的，而是写给未来时代的。”

好吧，有时的确如此。然而，这种断言是否总经得起考验？我们是否应该承认上述反驳的真言地位？我想，我们应该换到一个严肃的角度，用“右墙说”来解释。或许，可为人接受的艺术风格“宝藏”可以被取尽。毕竟，人类的神经机制未变，因而理解必有局限。或许我们可以触及潜在流行风格的“右墙”，只要我们坚持这种“追新”的评价伦理，就会有效地阻止新来者成为新千年的莫扎特，无论其潜在才能如何。

---

① “拉祖莫夫斯基”四重奏，即贝多芬第7—9弦乐四重奏（作品59号），为其中期作品，因献给俄国驻奥地利大使安德烈·拉祖莫夫斯基（Andrey Razumovsky，1752—1836）而得名。——译者注

我不知道如何解开这样一个谜题，我愿意称之为“德国病毒问题”。在（巴赫和亨德尔出生的）1685年到（舒伯特去世的）1828年间，小小的德语世界为我们贡献了巴赫、亨德尔、海顿、莫扎特、贝多芬、舒伯特等举不胜举的伟大作曲家完整的一生。但他们的现代对等者又在哪里？如今，在界域大得多的整个世界里，能接受音乐训练的人以百万计，但在20世纪末的作曲家中，您又能选出哪位可以与那些先辈相提并论？

我当然不会相信有一种现已灭绝的“音乐病毒”曾在彼时的德语世界肆虐。我们也不能否认，现今或有更多才华比肩甚至超越昔日巨人者正活跃在地球上的某地。他们在做什么呢？难道他们是在用非常晦涩难懂的风格创作，只有极少数前卫专业人士才能领悟其奥妙？他们是在从事爵士乐，还是（老天保佑我远离的）摇滚乐，抑或其他音乐类型的表演工作？我认为这些人的确存在于现实之中，但他们已成为“右墙”以及我们无情的创新评价伦理的受害者。

我没有任何解决方案可提。我不认为我们应该找到那些人，让他们掌握过去的风格，帮贝多芬完成“第十交响曲”，或者帮莫扎特把《李尔王》改编成歌剧。我非常明白如此行为不讨好的原因，但也确实认为，我们应该直面问题，重新思考上述那些为新颖风格辩护的下意识反驳、未来时代某某听得懂云云。

所谓“万物生灵，千姿百态”，指的是万事应着眼差异，视之为终极现实。同时，应降低均值和极值的地位，使之回归柏拉图式的抽象简化界域。最后，从这个具有普适性的差异整体模型里，我们获得的主要教训是什么？我自认是对现实有清醒认识的有识之士，是从“被外星人绑架”到“前世回归”等所有忽悠论调的死敌。我不愿想象，自己摆明的一种智识立场（但愿本书已尽其责），不定会沦为宣扬我们这个时代最大的忽悠之术——“政治正确”的工具。那种教条吹捧所有原生实践，因而不容许任何区分、评判、分析之举。

尽管如此，我仍认为，“万物生灵，千姿百态”的确能让我们认识到，应珍惜差异，即便是为了我们自己。形成这种认识，是基于演化理论和自然本体论不可动摇的理据，而非一个可悲的错误，认为应基于“反对即不敬”的荒谬理由而接受一切信念。所谓“卓越”，指的是差异表现之多，而非表现之最。差异范围之内的某些分子，或为优秀之代表，抑或为欠优之代表。而对于我们来说，奋力追求卓越，应兼顾存在差异的整体中的每一分子。在我们这个社会里，人们常常无意识地将过去的种种卓越表现通通打上平庸的标签。就这样，连锁的麦当劳淘汰了地方的小餐馆，大型超市消灭了街角的家庭自营货铺。在有如此导向的环境中，理解并维护“万物生灵，千姿百态”这一自然现实，有助于扭转局面，保护所有演变体系赖以运转的丰富原料——差异本身。

让我们满怀仰慕和敬意，把目光转向达尔文为他那革命性的著作《物种起源》结尾精心选择的字句。他没有为了赞美演化而颂扬人类心智的形成，或鼓吹任何复杂度注定更优的向上征程。他选择向差异致敬，以地球绕日旋转之重复单调（尽显牛顿定律之威严），反衬生命差异万象之纷繁熙攘（同时点明生命始于“左墙”）：

> 这个行星基于固有的引力法则周而复始地绕转，与此同时，演化从如此简单的开始，成就了无数最美丽、最奇异的生命形式，且仍在继续。

而在这终句开头，他已道出精义之所在：“如是生命之观，有其恢宏之象。”

译后致谢

2017年初夏，阴差阳错，我得到重译Stephen Jay Gould代表作Wonderful Life: The Burgess Shale and the Nature of History (1989)及其后续姊妹篇Full House: The Spread of Excellence from Plato to Darwin (1996)的机会。后者即本书原作，我的重译工作始于2018年初夏父母重游京冀返家之时，暂停于当年国庆父亲接受手术之日，重启于2020年初“新冠”肆虐前夕，后因种种分心之事，于2021年秋才完成初稿。再之后，在海南出版社的帮助下，经过数次修改，译稿质量得到大幅提高。在此，我要感谢海南出版社对我的宽容以及对终稿的贡献。2022年夏，在母亲踌躇于是否接受手术之日，我得到本书即将付梓的消息。对于本书译后文字，我本于清明期间准备过“读后心得”及“新译后记”，但由于篇幅过长，且未赶上编辑流程，这次不得不放弃。我本想修改旧代码，为新译本重制索引，也因时间所限，不得不留下遗憾。但若让我不对为本书贡献时间及精力的其他帮手道一声谢，我是十分不情愿的，因此，我要求补充这一小篇“译后致谢”。

我要感谢张瑞海博士、恽玲玲为我审读正文第一篇到第三篇的译文初稿，感谢王庆海博士为我审读“作者序”译文初稿，感谢焦晓国博士为我审读“译前释题”，感谢赵培新为我审读未及附于本书之后的“读后心得”及“新译后记”，感谢中国农业科学院农业环境与可持续发展研究所张国良博士、付卫东女士、宋振博士、王忠辉、王薇等同志为翻译提供的便利，感谢令我无比敬仰的师兄谢本贵让我与本书及其前作结缘。我还要特别感谢中国科学院古脊椎动物与古人类研究所古生物学家邓涛博士为我审阅第5章终稿并提出宝贵修改意见，以及著名古生物学家苗德岁博士慷慨推荐本书。最后，感谢在京鄂两地、大洋两岸的亲友们，没有你们的支持，我无法完成这次翻译工作。

郑浩

2022年7月26日凌晨于沙市太师渊

参考文献

Adams, D. 1981. The probability of the league leader batting .400. *Baseball Research Journal*, 82-83.

Arnold, A. J., D. C. Kelly, and W. C. Parker. 1995. Causality and Cope's Rule: evidence from the planktonic Foraminifera. *Journal of Paleontology*, 69:203-10.

Augusta, J., and Z. Burian, 1956. *Prehistoric Animals*. London: Spring Books.

Baross, J. A., M. D. Lilley, and L. I. Gordon. 1982. Is the CH4, H2, and CO venting from submarine hydrothermal systems produced by thermophilic bacteria? *Nature*, 298:366-68.

Baross, J. A., and J. W. Deming. 1983. Growth of "black smoker" bacteria at temperatures of at least 250°C. *Nature*, 303:423-26.

Boyajian, G., and T. Lutz. 1992. Evolution of biological complexity and its relation to taxonomic longevity in the Ammonoidea. *Geology*, 20:983-86.

Broad, W. J. 1993. Strange new microbes hint at a vast subterranean world. *The New York Times*, 28 December, C1.

Broad, W. J. 1994. Drillers find lost world of ancient microbes. *The New York Times*, 4 October, C1.

Brown, J. H., and B. A. Maurer. 1986. Body size, ecological dominance, and Cope's rule. *Nature*, 324:248-50.

Carew, R., and I. Berkow. 1979. *Carew*. New York: Simon and Schuster.

Chatterjee, S., and M. Yilmaz. 1991. Parity in baseball: stability of evolving systems. Draft manuscript.

Chen J.-Y., J. H. Dzik, G. D. Edgecombe, L. Ramsköld, and G.-Q. Zhou. 1995. A possible early Cambrian chordate. *Nature* 377:720-22.

Cope, E. D. 1896. *The primary factors of organic Evolution*. Chicago: The Open Court Publishing Company.

Curran, W. 1990. *Big Sticks: The Batting Revolution of the Twenties*. New York: William Morrow and Company.

Dana, J. D. 1876. *Manual of Geology, Second Edition*. New York: Ivison, Blakeman,

Taylor and Company.

Darwin, C. R. 1859. *On the Origin of Species*. London: John Murray.

Durslag, M. 1975. Why the .400 hitter is extinct. *Baseball Digest*, August, 34-37.

Eckhardt, R. B., D. A. Eckhardt, and J. T. Eckhardt. 1988. Are racehorses becoming faster? *Nature*, 335:773.

Eldredge, N., and S. J. Gould. 1972. Punctuated equilibria: An alternative to phyletic gradualism. In T. J. M. Schopf, ed., *Models in Paleobiology*, 82-115. San Francisco: Freeman, Cooper & Company.

Fellows, J., P. Palmer, and S. Mann. 1989. On the tendency toward increasing specialization following the inception of a complex system—professional baseball 1871-1988. Draft manuscript.

Figuier, L. 1867. *The World Before the Deluge*: A New Edition. London: Chapman & Hall.

Fuhrman, J. A., K. McCallum, and A. A. Davis. 1992. Novel major archaebacterial group from marine plankton. *Nature*, 356:148-49.

Fuhrman, J. A., T. D. Sleeter, C. A. Carlson, and L. M. Proctor. 1989. Dominance of bacterial biomass in the Sargasso Sea and its ecological implications. *Marine Ecology Progress Series*, 57:207-17.

Gilovich, T., R. Vallone, and A. Tversky. 1985. The hot hand in basketball: On the misperception of random sequences. *Cognitive Psychology*, 17:295-314.

Gingerich, P. D. 1981. Variation, sexual dimorphism, and social structure in the early Eocene horse *Hyracotherium* (Mammalia, Perissodactyla). *Paleobiology* 7:443-55.

Gold, T. 1992. The deep, hot biosphere. *Proceedings of the National Academy of Sciences* USA, 89:6045-49.

Gould, S. J. 1983. Losing the edge: the extinction of the .400 hitter. *Vanity Fair*, March, 120, 264-78.

Gould, S. J. 1985. The median isn't the message. *Discover*, June, 40-42.

Gould, S. J. 1986. Entropic homogeneity isn't why no one hits .400 any more. *Discover*, August, 60-66.

Gould, S. J. 1987. Life's little joke; the evolutionary histories of horses and humans share a dubious distinction. *Natural History*, April, 16-25.

Gould, S. J. 1988. The case of the creeping fox terrier clone. *Natural History*, January, 16-24.

Gould, S. J. 1988. Trends as changes in variance: a new slant on progress and directionality in evolution. *Journal of Paleontology*, 62(3):319-29.

Gould, S. J. 1988. The Streak of Streaks. *The New York Review of Books*, 35:8-12, 18

August.

Gould, S. J. 1989. *Wonderful Life: The Burgess Shale and the Nature of History*. New York: W.W. Norton.

Gould, S. J. 1991. The birth of the two-sex world. Review of "Making sex: body and gender from the Greeks to Freud," by Thomas Laqueur. *The New York Review of Books*, 38:11-13, 13 June.

Gould, S. J. 1993. Prophet for the Earth. Review of "The Diversity of Life" by E. O. Wilson. *Nature*, 361:311-12.

Gould, S. J. 1995. Of it, not above it. *Nature*, 377:681-82.

Gould, S. J. 1996. Triumph of the root-heads. *Natural History*, January, 10-17.

Gould, S. J. 1996. *Dinosaur in a Haystack*. New York: Harmony Books.

Gould, S. J., and N. Eldredge. 1993. Punctuated equilibrium comes of age. *Nature*, 366: 223-27.

Gould, S. J., and R. C. Lewontin. 1979. The spandrels of San Marco and the Panglossian paradigm: A critique of the adaptationist programme. *Proceedings of the Royal Society of London Series B*. 205:581-98.

Gould, S. J., and E. S. Vrba. 1982. Exaptation—a missing term in the science of form. *Paleobiology* 8(1):4-15.

Hammarstrom, D. L. 1980. *Behind the Big Top*. New York: A. S. Barnes and Company.

Hoffer, R. 1993. Strokes of luck. *Sports Illustrated*, 28 June, 22-25.

Holmes, T. 1956. We'll never have another .400 hitter. *Sport*, February, 37-39, 87.

Huxley, T. H. 1880. On the application of the laws of evolution to the arrangement of the Vertebrata, and more particularly of the Mammalia. *Proceedings of the Zoological Society of London*, 43, 649-61.

Huxley, T. H. 1880. The Crayfish, *An Introduction to the Study of Zoology*. London: C. Kegan Paul and Company.

Jablonski, D. 1987. How pervasive is Cope's rule? A test using Late Cretaceous mollusks. *Geological Society of America, Abstracts with Programs*, 19:7, 713-14.

James, B. 1986. *The Bill James Historical Baseball Abstract*. New York: Villard Books.

Kaiser, J. 1995. Can deep bacteria live on nothing but rocks and water? *Science*, 270:377.

Knight, C. R. 1942. Parade of life through the ages. *National Geographic*, 81:2 (February), 141-84.

Laqueur, T. 1990. *Making Sex*. Cambridge, Mass.: Harvard University Press.

L'Haridon, S., A.-L. Reysenbach, P. Glénat, D. Prieur, and C. Jeanthon. 1995. Hot subterranean biosphere in a continental oil reservoir. *Nature*, 377:223-24.

MacFadden, B. J. 1984. Systematics and phylogeny of *Hipparion*, *Neohipparion*,

Nannippus, and *Cormohipparion* (Mammalia, Equidae) from the Miocene and Pliocene of the New World. *Bulletin of the American Museum of Natural History* 179:1-196.

MacFadden, B. J. 1986. Fossil horses from "Eohippus" (*Hyracotherium*) to *Equus*: Scaling, Cope's law, and the evolution of body size. *Paleobiology*, 12:4, 355-69.

MacFadden, B. J., and R. Hulbert, Jr. 1988. Explosive speciation at the base of the adaptive radiation of Miocene grazing horses. *Nature*, 336:6198, 466-68.

MacFadden, B. J., and J. S. Waldrop. 1980. *Nannippus phlegon* (Mammalia, Equidae) from the Pliocene (Blancan) of Florida. *Bulletin of the Florida State Museum Biological Sciences*, 25:1, 1-37.

Margulis, L., and D. Sagan. 1986. *Microcosmos*. New York: Simon and Schuster.

Matthew, W. D. 1903. *The Evolution of the Horse*. American Museum of Natural History pamphlet.

Matthew, W. D. 1926. The evolution of the horse: A record and its interpretation. *Quarterly Review of Biology*, 1(2):139-85.

Mayr, E. 1963. *Animal Species and Evolution*. Cambridge, Mass.: Belknap Press of Harvard University Press.

McShea, D. W. 1992. A metric for the study of evolutionary trends in the complexity of serial structures. *Biological Journal of the Linnean Society of London*, 45:39-55.

McShea, D. W. 1993. Evolutionary change in the morphological complexity of the mammalian vertebral column. *Evolution*, 47:730-40.

McShea, D. W. 1994. Mechanisms of large-scale evolutionary trends. *Evolution*, 48:1747-63.

McShea, D. W. 1996. Metazoan complexity and evolution: is there a trend? *Evolution*, in press.

McShea, D. W., B. Hallgrimsson, and P. D. Gingerich. 1995. Testing for evolutionary trends in non-hierarchical developmental complexity. Abstracts, *Annual Meeting of the Geological Society of America*, New Orleans, A53-A54.

Nealson, K. H. 1991. Luminescent bacteria as symbiotic with entomopathogenic nematodes. In L. Margulis and R. Fester, eds., *Symbiosis as a Source of Evolutionary Innovation*, 205-18. Cambridge, Mass.: MIT Press.

Oliwenstein, L. 1993. Onward and upward? *Discover*, June, 22-23.

Parkes, J., and J. Maxwell. 1993. Some like it hot (and oily). *Nature*, 365:694-95.

Parkes, R. J., B. A. Cragg, S. J. Bale, J. M. Getliff, K. Goodman, P. A. Rochelle, J. C. Fry, A. J. Weightman, and S. M. Harvey. 1994. Deep bacterial biosphere in Pacific Ocean sediments. *Nature*, 371:410-13.

Peck, M. Scott. 1978. *The Road Less Traveled*. New York: Simon & Schuster.

Prothero, D. R., E. Manning, and C. B. Hanson. 1986. The phylogeny of the Rhinocerotoidea (Mammalia, Perissodactyla). *Zoological Journal of the Linnean Society*, 87:341-66.

Prothero, D. R., and N. Shubin. 1989. The evolution of Oligocene horses. In: D. R. Prothero and R. M. Schoch, eds., *The Evolution of Perissodactyls*, 142-75. Oxford: Oxford University Press.

Prothero, D. R., C. Guérin, and E. Manning. 1989. The history of the Rhinocerotoidea. In D. R. Prothero and R. M. Schoch, eds., *The Evolution of Perissodactyls*, 321-40. New York: Oxford University Press.

Prothero, D. R., and R. M. Schoch. 1989. Origin and evolution of the Perissodactyla: summary and synthesis. In D. R. Prothero and R. M. Schoch, eds., *The Evolution of Perissodactyls*, 504-37. New York: Oxford University Press.

Richards, R. J. 1992. *The Meaning of Evolution*. Chicago: University of Chicago Press.

Rudwick, M. J. S. 1992. *Scenes from Deep Time*. Chicago: University of Chicago Press.

Sagan, D., and L. Margulis. 1988. *Garden of Microbial Delights*. New York: Harcourt Brace Jovanovich.

Simpson, G. G. 1951. *Horses*. Oxford: Oxford University Press.

Sober, E. 1984. *The Nature of Selection*. Cambridge, Mass.: MIT Press.

Stanley, S. M. 1973. An explanation for Cope's rule. *Evolution*, 27:1-26.

Stauffer, R. C. (ed.). 1975. *Charles Darwin's Natural Selection*. Cambridge, UK: Cambridge University Press.

Stetter, K. O., R. Huber, E. Blöchl, M. Kurr, R. D. Eden, M. Fielder, H. Cash, and I. Vance. 1993. Hyperthermophilic Archaea are thriving in deep North Sea and Alaskan oil reservoirs. *Nature*, 365:743-45.

Stevens, T. O., and J. P. McKinley. 1995. Lithoautotrophic microbial ecosystems in deep basalt aquifers. *Science*, 270:450-54.

Szewzyk, R., M. Szewzyk, and T.-A. Stenström. 1994. Thermophilic, anaerobic bacteria isolated from a deep borehole in granite in Sweden. *Proceedings of the National Academy of Sciences* USA, 91:1810-13.

Tax, Sol (ed.). 1960. *Evolution After Darwin*, 3 volumes. Chicago: University of Chicago Press.

Thomas, R. D. K. 1993. Order and disorder in the evolution of biological complexity. Draft manuscript.

Vetter, R. D. 1991. Symbiosis and the evolution of novel trophic strategies: thiotrophic organisms at hydrothermal vents. In L. Margulis and R. Fester, eds., *Symbiosis as a Source of Evolutionary Innovation*. Cambridge, Mass.: MIT Press, 219-45.

Vrba, E. S. 1980. Evolution, species and fossils: how does life evolve? *South African Journal of Science*, 76:61-84.

Vrba, E. S., and N. Eldredge. 1984. Individuals, hierarchies and processes: towards a more complete evolutionary theory. *Paleobiology*, 10:146-71.

Walsby, A. E. 1983. Bacteria that grow at 250°C. *Nature*, 303:381.

Whipp, B. J., and S. A. Ward. 1992. Will women soon outrun men? *Nature*, 335:25.

Williams, G. C. 1966. *Adaptation and Natural Selection*. Princeton, N.J.: Princeton University Press.

Williams, T., and J. Underwood. 1986. *The Science of Hitting*. New York: Simon and Schuster.

Wilson, E. O. 1992. *The Diversity of Life*. Cambridge, Mass.: Harvard University Press.

Woese, C. R. 1994. Universal phylogenetic tree in rooted form. *Microbiological Reviews*, 58:1-9.

Yoon, C. K. 1993. Biologists deny life gets more complex. *The New York Times*, 30 March, C1.

图片来源

1A "Ideal Landscape of the Silurian Period," from Louis Figuier, *Earth Before the Deluge*, 1863. Neg. no. 2A22970. Copyright © Jackie Beckett (photograph taken from book). Courtesy Department of Library Services, American Museum of Natural History.

1B "Ideal Scene of the Lias with Ichthyosaurus and Plesiosaurus," from Louis Figuier, *Earth Before the Deluge*, 1863. Neg. no. 2A22971. Copyright © Jackie Beckett (photograph taken from book). Courtesy Department of Library Services, American Museum of Natural History.

1C "Fantastic, Scorpionlike Eurypterids, Some Eight Feet Long, Spent Most of Their Time Half Buried in Mud," by Charles R. Knight. Courtesy of the National Geographic Society Image Collection.

1D "Mosasaurus Ruled the Waves When They Rolled Over Western Kansas," by Charles R. Knight. Courtesy of the National Geographic Society Image Collection.

1E "Pterygotus and Eurypterus," by Zdemek Burian, from *Prehistoric Animals*, edited by Joseph Augusta. Neg. no. 338586. Copyright © 1996 by Jackie Beckett. Courtesy Department of Library Services, American Museum of Natural History.

IF "Elasmosaurus," by Zdemek Burian, from *Prehistoric Animals*, edited by Joseph Augusta. Neg. no. 338585. Copyright © 1996 by Jackie Beckett. Courtesy Department of Library Services, American Museum of Natural History.

2A, 2B Reprinted with the permission of Simon & Schuster from *The Road Less Traveled* by M. Scott Peck. Copyright © 1978 by M. Scott Peck.

8 "Genealogy of the Horse," by O. C. Marsh. Originally appeared in *American Journal of Science*, 1879. Neg. no. 123823. Courtesy Department of Library Services, American Museum of Natural History.

9 "The Evolution of the Horse," by W. D. Matthew. Appeared in *Quarterly Review of Biology*, 1926. Neg. no. 37969. Copyright © by Irving Dutcher. Courtesy Department of Library Services, American Museum of Natural History.

10, 11 From "Explosive Speciation at the Base of the Adaptive Radiation of Miocene

Grazing Horses," by Bruce MacFadden and Richard Hulbert, Jr. Copyright © 1988 by Macmillan Magazines Ltd. From *Nature*, 336:6198, 1988, 466-68. Reprinted with permission from Macmillan Magazines Limited: *Nature*.

14, 19 Adapted from illustrations by Philip Simone in "Entropic Homogeneity Isn't Why No One Hits .400 Any More," by Stephen Jay Gould. *Discover*, August 1986, 60-66. Adapted with permission of *Discover*.

15 Adapted from an illustration by Cathy Hall in "Losing the Edge: The Extinction of the .400 Hitter." *Vanity Fair*, March 1983, 264-78. Adapted with permission of *Vanity Fair*.

16, 22, 23, 24, 25, 27 Adapted from "Presidential Address," by Stephen Jay Gould. Copyright © 1988 by Stephen Jay Gould. *Journal of Paleontology*, 62:3, 1988, 320-24. Adapted with permission of *Journal of Paleontology*.

17 Adapted from *The Bill James Historical Baseball Abstract*. Copyright © 1986 by Bill James. New York: Villard Books, 1986. Adapted with permission of the Darhansoff & Verrill Literary Agency on behalf of the author.

18 Reprinted by permission of Sangit Chatterjee.

26 Adapted from "Causality and Cope's Rule: Evidence from the Planktonic Foraminifera," by A. J. Arnold, D. C. Kelly, and W. C. Parker. *Journal of Paleontology*, 69:2, 1995, 204. Adapted with permission of *Journal of Paleontology*.

28, 29 Adapted from illustrations by David Starwood, from "The Evolution of Life on the Earth," by Stephen Jay Gould. *Scientific American*, October 1994, 86. Copyright © 1994 by Scientific American. All rights reserved.

30 "Modern Stromatolites." Copyright © by François Gohier. Reprinted by permission of Photo Researchers, Inc.

31 Adapted from "Universal Phylogenetic Tree in Rooted Form." Copyright © 1994 by Carl R. Woese. *Microbiological Reviews*, 58, 1994, 1-9. Adapted with permission of the author.

32 Adapted from "Evolutionary Change in the Morphological Complexity of the Mammalian Vertebral Column." Copyright © 1993 by Donald W. McShea. Evolution, 47, 1993, 730-40. Adapted with permission of the author.

33, 34 Adapted from "Mechanisms of Large-Scale Evolutionary Trends." Copyright © 1994 by Donald W. McShea. *Evolution*, 48, 1994, 1747-63. Adapted with permission of the author.

35 Reprinted by permission of George Boyajian.

36 Adapted from "Taxonomic Longevity of Fossil Ammonoid," from an article by George Boyajian, in *Geology*, 20, 1992, 983-986. Adapted by permission of Geology.